高等院校计算机任务驱动教改教材

U0366673

Linux
基础教程

张恒杰　李喆时　张　彦　编著

清华大学出版社

北京

内 容 简 介

本书以目前最新的 Debian 11 为蓝本,从实用的角度介绍了被广泛应用的 Linux 操作系统的使用及利用 Linux 操作系统架设常见网络服务器的方法。内容包括 Linux 基础、Linux 的安装、Linux 常用命令、Shell 与 vi 编辑器、用户和组管理、网络与软件管理、文件系统和磁盘管理、Linux 网络基础配置、DHCP 服务器配置、DNS 服务器配置、Samba 服务器配置、Apache 服务器配置、FTP 服务器配置等内容。

本书内容深入浅出,知识全面且实例丰富,语言通俗易懂。本书是校企合作的产物,以培养技能型人才为目标,注重知识的实用性和可操作性,强调职业技能训练,是学习 Linux 技术的理想教材。

本书既适应了 Linux 初学者,又兼顾了技能提高者,适合作为本科和高职高专院校相关专业的教材,同时也是信息类职业技能竞赛选手不可多得的参考资料,还可作为中小型网络管理员、技术支持人员以及从事网络管理的工作人员的参考书。

图书在版编目(CIP)数据

Linux 基础教程/张恒杰,李喆时,张彦编著. —北京:清华大学出版社,2023.4
高等院校计算机任务驱动教改教材
ISBN 978-7-302-62646-6

Ⅰ.①L… Ⅱ.①张… ②李… ③张… Ⅲ.①Linux 操作系统-高等学校-教材 Ⅳ.①TP316.89

中国国家版本馆 CIP 数据核字(2023)第 018477 号

责任编辑:张龙卿
文稿编辑:李慧恬
封面设计:曾雅菲　徐巧英
责任校对:刘　静
责任印制:丛怀宇

出版发行:清华大学出版社
　　　　网　　　　址:http://www.tup.com.cn,http://www.wqbook.com
　　　　地　　　　址:北京清华大学学研大厦 A 座　　　　邮　　编:100084
　　　　社 总 机:010-83470000　　　　邮　　购:010-62786544
　　　　投稿与读者服务:010-62776969,c-service@tup.tsinghua.edu.cn
　　　　质量反馈:010-62772015,zhiliang@tup.tsinghua.edu.cn
　　　　课件下载:http://www.tup.com.cn,010-83470410
印 装 者:北京鑫海金澳胶印有限公司
经　　销:全国新华书店
开　　本:185mm×260mm　　　　印　张:15.5　　　　字　　数:375 千字
版　　次:2023 年 4 月第 1 版　　　　印　　次:2023 年 4 月第 1 次印刷
定　　价:49.80 元

产品编号:097270-01

前　言

　　Linux 是开源的多用户、多任务的操作系统,也是国产操作系统源发处。在个人计算机和工作站上使用 Linux,能十分有效地发挥硬件的功能,使个人计算机可胜任工作站和服务器的功能。与其他操作系统相比,Linux 在云计算、大数据、物联网、人工智能等应用中占有明显优势,在教学和科研等领域中也展现出广阔的应用前景。

　　Linux 产品有很多版本,可谓"百花齐放"。Debian 是一个广泛用于各种设备的基于 Linux 的操作系统,其使用范围包括笔记本电脑、台式计算机和服务器。Debian 是由自由及开放源代码软件组成的,并将始终保持100%自由。它是每个人都能自由使用、修改以及分发的免费操作系统。Debian 还是许多其他发行版的基础,例如流行的 Ubuntu、Kali、Knoppix、PureOS、Tails 以及国产 Deepin 等操作系统,因此,各类技能大赛中大多采用 Debian 作为考核版本。

　　本书以最流行的 Debian 11 为蓝本,全面系统地介绍了 Linux 的概念、应用和实现。本书共分为 13 章,各章主要内容如下。

　　第 1 章介绍了有关操作系统的一些概念和术语,并较全面地介绍了Linux 操作系统的功能、版本和特点。

　　第 2 章介绍了 Debian 11 的安装方法及基本操作。

　　第 3 章介绍了在 Debian 11 环境中执行系统命令,包括如何使用相应的命令对文件、目录、进程及软盘等进行管理。

　　第 4 章介绍了 Debian 11 系统用户和组的管理。

　　第 5 章介绍了 Debian 11 文件系统的类型、文件系统的管理及命令。

　　第 6 章介绍了 Debian 11 操作系统的进程管理及系统服务管理等内容。

　　第 7 章介绍了 Debian 11 操作系统的网络配置管理及软件安装、卸载等内容。

　　第 8～13 章分别介绍了 NFS 服务器、Samba 服务器、DNS 服务器、Web服务器、FTP 服务器、DHCP 服务器的功能、安装、启动及配置方法。

　　本书是编者在多年 UNIX/Linux 教学、实践的基础上编写的,充分考虑到本书的读者范围,内容由浅入深。在每章的开头部分简要提出学习任务,然后分层次讲解有关的概念和知识,最后讲述具体的应用技术,如命令格式、功能、具体应用实例以及使用中可能出现的主要问题等。本书语言通俗易懂,将问题、重点、难点归纳成条,便于教学、培训和自学。

本书由张恒杰编写第 1 章和第 2 章,李喆时编写第 3～5 章,张彦编写第 6～8 章,陈颖编写第 9～11 章,企业工程师姚红参与了内容设计与编写。全书由张恒杰统稿。

限于编者水平有限,加上时间紧迫、Linux 技术发展迅速,故书中难免存在疏漏、不足甚至错误之处请广大读者发现后及时予以指正,也恳切期望大家提出建议,在此表示感谢。

编　者

2023 年 1 月

目　录

第 1 章　Linux 简介

Linux 是当前极具发展潜力的计算机操作系统,云计算、大数据、人工智能技术的应用不断推动着 Linux 操作系统的广泛普及和深入发展。

本章学习任务:

- 了解 Linux 的发展史;
- 了解 Linux 的版本及特点;
- 掌握 VM 的安装方法;
- 掌握 VM 的使用技巧。

1.1　Linux 概述

1.1.1　Linux 的起源

Linux 是一套免费使用和自由传播的类 UNIX 操作系统,它主要用于基于 Intel x86 系列 CPU 的计算机。这个系统是由遍布全球的成千上万的程序员设计和实现的,其目的是建立不受任何商品化软件版权制约,并且全世界都能自由使用的 UNIX 兼容产品。

Linux 最早始于一位名叫 Linus Torvalds 的计算机业余爱好者之手,当时他是芬兰赫尔辛基大学的学生。他当时想设计一个代替 MINIX(Andrew Tannebaum 教授编写的一个操作系统示教程序)的操作系统,这个操作系统可用于 386、486 计算机或奔腾处理器的个人计算机上,并且具有 UNIX 操作系统的全部功能,因而他就开始了 Linux 雏形的设计。1991 年 10 月 5 日,Linus Torvalds 在新闻组 comp.os.minix 上发表了 Linux 的正式版 V0.02。1992 年 1 月,全世界大约有 100 个人在使用 Linux,他们为 Linus 所提供的所有初期上传的源代码做评论,并为了解决 Linux 的错误而编写了许多插入代码段。1993 年,Linux 的第一个“产品”版 Linux 1.0 问世,它是按完全自由扩散版权进行扩散,它要求所有的源代码必须公开,而且任何人不得从 Linux 交易中获利。1994 年,Linux 决定转向 GPL 版权,这一版权除了规定有自由软件的各项许可权之外,还允许用户出售自己的程序。1997 年,制作电影《泰坦尼克号》所用的 160 台 Alpha 图形工作站中,有 105 台采用 Linux 操作系统。1998 年,Linux 赢得大型数据库软件公司 Oracle、Informix 和 Ingres 的支持,在全球范围内的装机台数最低估计为 300 万台。经过遍布于全世界 Internet 上自愿参加的程序员的努力,加上计算机公司的支持,Linux 的影响和应用日益广泛,地位直逼 Windows。

Linux 以它的高效性和灵活性著称,支持多种文件系统及跨平台的文件服务,可胜任文件服务器和 FTP 服务器用途,并提供了 UNIX 风格的设备和 SMB(server message block)

共享设备方式的文件打印服务。多数 Linux 发行版本都提供了以图形界面方式或标准 UNIX 命令行方式的系统管理功能,可以快速高效地管理用户及文件系统。Linux 内置 TCP/IP,并支持所有基于 Internet 的通用协议,可用于 Web 服务器、邮件服务器和域名服务器等。在系统安全性方面,Linux 提供了包括文件访问控制、防火墙及代理服务等多种功能,对基于 Windows 的各类病毒具有天然的免疫能力。另外,Linux 还支持多处理器,可运行于 Intel、Alpha、Sparc、Mips 及 Power PC 等多种处理器平台上,并已具备较好的硬件自动识别能力。

另外,Linux 操作系统可以从 Internet 上直接免费下载使用,只要用户有快速的网络连接即可,而且 Linux 平台上的许多应用程序也是免费获取的。此外,使用 Linux 还可以帮助企业节省硬件费用,因为即使是在 386 计算机上,Linux 及其应用程序也能运行自如。不过,像其他软件一样,Linux 也存在一些问题,如发行版种类太多,易用性不够以及服务与技术支持不如商业软件和支持硬件种类相对较少等。但瑕不掩瑜,Linux 众多的优点还是得到了许多用户的喜爱。

现阶段,Linux 广泛应用于手机、平板电脑、电视机顶盒、游戏机、智能电视、汽车、数码相机、自动售货机、工业自动化仪表与医疗仪器等嵌入式系统中。在此不得不提一下基于 Linux 开源系统的安卓系统(Android),安卓在如今的智能设备操作系统市场上占有率遥遥领先。此外,在 IT 服务器应用领域是 Linux、UNIX、Windows 三分天下,利用 Linux 系统可以为企业构架 WWW 服务器、数据库服务器、负载均衡服务器、邮件服务器、DNS(domain name system,域名系统)服务器、代理服务器(透明网关)、路由器等,不但使企业降低了运营成本,同时还获得了 Linux 系统带来的高稳定性和高可靠性。随着 Linux 对 OpenStack、Docker、Hadoop、Python 等云计算、大数据技术的良好支持,该系统已经渗透到了电信、金融、政府、教育、银行、石油等各个行业,同时各大硬件厂商也相继支持 Linux 操作系统。这一切都在表明,Linux 在服务器市场的前景是光明的。当然,在个人桌面应用领域,Linux 完全可以满足日常办公及家用需求,如使用浏览器,收发电子邮件以及进行实时通信等。

1.1.2　Linux 的版本

Linux 的版本可以分为两类,即内核(kernel)版本与发行(distribution)版本。

1. 内核版本

内核版本是指 Linux 开发者开发出来的系统内核版本号,如 4.18.0-80.el8.x86_64 的命名规则格式通常为 M.S.R-B.D.X。

(1) M(major)表示主版本号,有结构性的变化时才变更。

(2) S(secondary)表示次版本号,有新增功能时才变化。如果是偶数,则表示该内核是一个可放心使用的稳定版;如果是奇数,则表示该内核加入了某些测试的新功能,是一个内部可能存在着 Bug 的测试版。

(3) R(revise 或 patch)表示修订号,有较小的内核隐患和安全补丁时才变更。

(4) B(build)表示编译或构建的次数,一般是增加少量新的驱动程序或缺陷修复。

(5) D(describe)用于描述当前版本的特殊信息。一般 pp 表示 Red Hat 的测试版本(pre-patch),smp 表示该内核版本支持多处理器,EL 表示 Red Hat 的企业版本 Linux (Enterprise Linux),FC 表示 Red Hat 的 Fedora Core 版本等。

（6）X 表示位数，i686 代表的是 32 位的操作系统，x86_64 代表的是 64 位的操作系统。

2. 发行版本

众所周知，仅有内核而没有应用软件的操作系统使用极为不便，而一些组织或公司将 Linux 内核与应用软件和文档包装起来，并提供一些安装界面和系统设置与管理工具，这样就构成了一个发行版本。在发行版本中，一般也用数字表示其版本号。此外，RC 表示候选版本（release candidate），几乎不会增加新的功能了。R 表示正式版（release），alpha 表示内测版本，beta 表示公测版本等。

Linux 有很多发行商，如国外的 Ubuntu Linux、Debian Linux、CentOS Linux 和国内的 Deepin Linux 等。

1）Ubuntu Linux

Ubuntu 是一个以桌面应用为主的 Linux 操作系统，其名称来自非洲南部祖鲁语或豪萨语的 ubuntu 一词，意思是"人性"以及"我的存在是因为大家的存在"，代表的是非洲传统的一种价值观。Ubuntu 基于 Debian 发行版和 Gnome 桌面环境，而从 11.04 版起，Ubuntu 发行版放弃了 Gnome 桌面环境，改为 Unity。以前人们认为 Linux 难以安装甚至难以使用，在 Ubuntu 出现后这些都成为历史。Ubuntu 也拥有庞大的社区力量，用户可以方便地从社区获得帮助。自 Ubuntu 18.04 LTS 起，Ubuntu 发行版又重新开始使用 Gnome3 桌面环境。

Ubuntu 不仅使用与 Debian 相同的 deb 软件包格式，还和 Debian 社区有着密切联系，其直接和实时地对 Debian 社区做出贡献，而不是只在发布时宣布一下。许多 Ubuntu 的开发者也负责维护 Debian 的关键软件包。Ubuntu 的产品标志如图 1-1 所示。

2）Debian Linux

广义的 Debian 是指一个致力于创建自由操作系统的合作组织及其作品。由于 Debian 项目众多，内核分支中以 Linux 宏内核为主，而且 Debian 开发者所创建的操作系统中绝大部分基础工具来自 GNU 工程，因此 Debian 常指 Debian GNU/Linux。

常见的 Debian Linux 最早由 Ian Murdock 于 1993 年开发，可以称得上迄今为止最遵循 GNU 规范的 Linux 操作系统。该版本有三个系统分支，即 Unstable、Testing 和 Stable。其中，Unstable 为最新测试版本，包括最新的软件包，但是也有相对较多的 Bug，适合桌面用户；Testing 版本经过 Unstable 中的测试，相对较为稳定，也支持了不少新技术；Stable 一般只用于服务器，上面的软件包大部分都已经过时，但是稳定性能和安全性都非常高。Debian 的产品标志如图 1-2 所示。

图 1-1　Ubuntu 的产品标志

图 1-2　Debian 的产品标志

3）CentOS Linux

CentOS、RHEL 和 Fedora 都是红帽公司的产品。CentOS（community enterprise operating system，社区企业操作系统）是基于 RHEL（Red Hat Enterprise Linux）的企业级 Linux 发行版，在 2004 年 5 月发布，是基于 Linux 内核的 100% 免费的操作系统。RHEL 需

要向 Red Hat 公司付费才可以使用,并能得到相应的技术服务、技术支持和版本升级。Fedora 是一套功能完备和更新快速的免费桌面操作系统,Red Hat 公司把它作为许多新技术的测试平台,被认为可用的技术最终会被加入 Red Hat Enterprise Linux 中。

根据 GPL 许可证,Red Hat 免费向公众提供 Linux 发行版的来源,CentOS 重新命名这些来源并自由分发。CentOS 完全符合 Red Hat 的上游分发政策,其提供了一个免费的企业级计算平台,并努力与其上游源 Red Hat 保持 100% 的二进制兼容性。红帽公司通过安全和维护更新,对每个 CentOS 版本提供支持。几乎每两年发布一个新的 CentOS 版本,每个版本每 6 个月定期更新一次,以支持更新的硬件和地址漏洞。这将带来安全、可靠,具有低维护成本以及可预测和可重现的 Linux 环境。CentOS 的产品标志如图 1-3 所示。

4) Deepin Linux

Deepin(深度操作系统)是由武汉深之度科技有限公司在 Debian 基础上开发的 Linux 操作系统,其前身是 Hiweed Linux 操作系统,于 2004 年 2 月 28 日开始对外发行,可以安装在个人计算机和服务器中。

深度操作系统是基于 Linux 内核,以桌面应用为主的开源 GNU/Linux 操作系统,支持笔记本电脑、台式计算机和一体机。Deepin 包含深度桌面环境(DDE)、近 30 款深度原创应用,以及数款来自开源社区的应用软件,支撑广大用户日常的学习和工作。另外,通过深度商店还能够获得近千款应用软件的支持,满足用户对操作系统的扩展需求。深度操作系统由专业的操作系统研发团队和深度技术社区共同打造,其名称来自深度技术社区名称 deepin 一词,意思是对人生和未来深刻的追求和探索。

深度操作系统是中国少有的具备国际影响力的 Linux 发行版本,截至目前,深度操作系统支持近 50 种语言,用户遍布世界各地。深度桌面环境(Deepin DDE)和大量的应用软件被移植到了包括 Fedora、Ubuntu、Arch 等十余个国际 Linux 发行版和社区,在开源操作系统统计网站 DistroWatch 上,Deepin 长期位于世界前十。Deepin 的产品标志如图 1-4 所示。

图 1-3 CentOS 的产品标志　　　　　　　　　图 1-4 Deepin 的产品标志

1.1.3 Linux 的特点

相对于其他主流操作系统,Linux 系统有以下特点。

1. 稳定的系统

Linux 是基于 UNIX 概念而开发出来的操作系统,具有与 UNIX 系统相似的程序接口和操作方式,继承了 UNIX 稳定且有效率的特点。安装 Linux 操作系统的主机连续运行 1 年以上不曾死机、不必关机是很平常的事。

2. 免费或仅需少许费用

由于 Linux 是基于 GPL 基础的产物,因此任何人均可以自由获取 Linux,仅需少许费用即可获得"安装套件"发行者发行的安装光盘。不像 UNIX 那样,需要负担庞大的版权费用，当然也不同于微软需要不断地更新系统，并且缴纳大量费用。

3. 安全性、漏洞的快速修补

如果经常上网，就会听到人们常说"没有绝对安全的主机"。没错。不过 Linux 由于支持者众多，有相当多的热心团体、个人参与开发，因此可以随时获得最新的安全信息，并随时更新，相对较安全。

4. 多任务、多用户

与 Windows 系统不同，Linux 主机上可以同时允许多人上线工作，并且资源分配较为公平，比起 Windows 的多用户、多任务系统要稳定得多。这种多用户、多任务是类 UNIX 系统相当不错的功能。管理员可以在一个 Linux 主机上规划出不同等级的用户，而且每个用户登录系统时的工作环境都可以不同。还可以允许不同的用户在同一个时间登录主机，以便同时使用主机的资源。

5. 用户与组的规划

在 Linux 机器中，文件属性可以分为可读、可写和可执行，这些属性可以分为 3 个种类，分别是文件拥有者、文件所属用户组、其他非拥有者与用户组。这对于项目计划或者其他计划开发人员具有相当良好的系统保密性。

6. 相对较少资源耗费

只要一台奔腾 100 以上配置的计算机就可以安装 Linux 并且使用顺畅，并不需要 P4 或 AMD K8 等级的计算机。如果要架设的是大型主机（服务于百人以上的主机系统），那么就需要比较好的机器了。不过，目前市面上任何一款个人计算机均可以达到这个要求。

7. 适合需要小核心程序的嵌入式系统

由于 Linux 用很少的程序代码就可以实现一个完整的操作系统，因此非常适合作为家电或者电子用品的操作系统，即"嵌入式"系统。Linux 很适合作为如手机、数字相机、PDA、家电用品等的操作系统。

虽然 Linux 具有很多优点，但它还是存在一个先天不足的地方，使它的普及率受到很大的限制，即图形界面还不够友好，Linux 需要使用"命令行"终端模式进行系统管理。虽然近年来在 Linux 上开发了很多图形界面，但要熟悉 Linux，还是要通过命令行，用户必须熟悉对计算机执行命令的行为，而不是只靠单击图标这样简单的操作就能完成的。如果只是要架设一些简单的小网站，那么大家都可以做得到，只要对 Linux 做一些小的设置就可以。

1.2　VMware 虚拟机简介

1.2.1　虚拟化及 VMware Workstation 简介

1. 虚拟化简介

在计算机中，虚拟化（virtualization）是一种资源管理技术，是将计算机的各种实体资源（如服务器、网络、内存及存储等）予以抽象、转换后呈现出来，打破实体结构间的不可切割的障碍，使用户可以用比原本的组态更好的方式来应用这些资源。这些资源的新虚拟部分不受现有资源的架设方式、地域或物理组态所限制。一般虚拟化资源包括计算能力和资料存储。在实际的生产环境中，虚拟化技术主要用来解决高性能的物理硬件产能过剩和老旧硬件产能过低的重组重用问题,透明化底层物理硬件,从而最大化地利用物理硬件。

通常所说的虚拟化主要是指平台虚拟化技术,通过使用控制程序,隐藏特定计算平台的实际物理特性,为用户提供抽象、统一、模拟的计算环境(称为虚拟机)。虚拟机中运行的操作系统被称为客户机操作系统(guest OS),运行虚拟机监控器的操作系统被称为主机操作系统(host OS),当然某些虚拟机监控器可以脱离操作系统而直接运行在硬件之上(如VMware 的 ESX 产品)。运行虚拟机的真实系统称为主机系统。简而言之,在一台计算机上可同时运行多个逻辑计算机,每个逻辑计算机可运行不同的操作系统,并且应用程序都可以在相互独立的空间内运行而互不影响,从而显著提高计算机的工作效率。

2. VMware Workstation 简介

VMware Workstation 是一款功能强大的桌面虚拟计算机软件,提供用户在单一的桌面上同时运行不同的操作系统和开发、测试、部署新应用程序的优秀解决方案。VMware Workstation 可在一台实体机器上模拟完整的网络环境,以及便携的虚拟机器,其更好的灵活性与先进的技术胜过了市面上大多数虚拟计算机软件。

VMware Workstation 允许操作系统和应用程序在一台虚拟机内部运行。虚拟机是独立运行主机操作系统的离散环境。在 VMware Workstation 中,可以在一个窗口中加载一台虚拟机,可以运行相应的操作系统和应用程序。可以在运行于桌面上的多台虚拟机之间切换,通过一个网络共享虚拟机(如一个公司局域网),挂起和恢复虚拟机以及退出虚拟机,这一切不会影响主机操作和任何操作系统或者其他正在运行的应用程序。

1.2.2　安装 VMware Workstation

VMware Workstation 是 VMware 公司的一款商用软件,可以在其官方网站 https://www.vmware.com/download 上下载免费试用版本。以下以最新版本 16.2.3 版为例介绍其安装步骤。

(1) 双击下载后的 VMware Workstation 16 安装文件,将出现安装向导,如图 1-5 所示,在欢迎界面中单击"下一步"按钮继续。

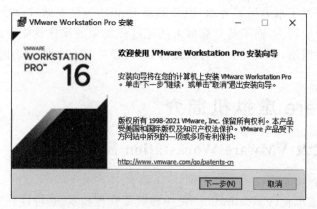

图 1-5　安装向导

(2) 在"最终用户许可协议"界面中选中"我接受许可协议中的条款"复选框,如图 1-6 所示,单击"下一步"按钮继续。

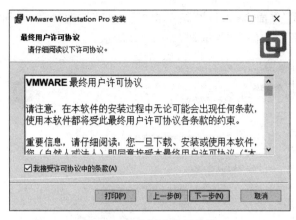

图 1-6　最终用户许可协议

（3）在"自定义安装"界面中，可以直接单击"下一步"按钮继续，也可以单击"更改"按钮自己设置安装路径，还可以选中或取消选中图中复选框，如图 1-7 所示。

图 1-7　自定义安装

（4）在"用户体验设置"界面中，可以直接单击"下一步"按钮继续，也可以选中或取消选中"启动时检查产品更新"和"加入 VMware 客户体验提升计划"复选框，如图 1-8 所示。

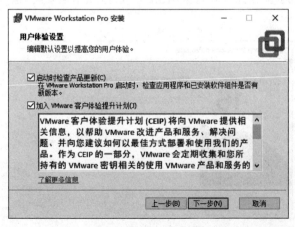

图 1-8　用户体验设置

7

（5）在"快捷方式"界面中，可以直接单击"下一步"按钮继续，也可以选中或取消选中"桌面"或"开始菜单程序文件夹"复选框，如图 1-9 所示。

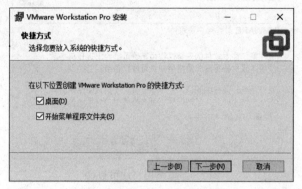

图 1-9　快捷方式

（6）在接下来的界面中，可以直接单击"安装"按钮进行安装，也可以单击"上一步"按钮退回去对上述设置进行修改，如图 1-10 所示。

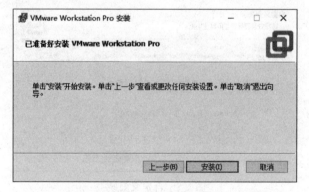

图 1-10　安装

（7）在安装状态进度条完全走完后将出现"VMware Workstation Pro 安装向导已完成"界面，如图 1-11 所示。在此可以直接单击"完成"按钮结束安装，也可以单击"许可证"按钮输入 25 位密钥。

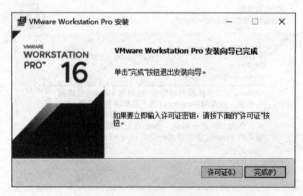

图 1-11　安装完成

1.2.3　使用 VMware Workstation

运行 VMware Workstation 程序后的界面与 Windows 的标准界面相似。

1. 虚拟机的克隆

只要计算机的内存、硬盘等资源足够，利用 VMware Workstation 就可以安装多个虚拟操作系统，每个虚拟操作系统等同于一台真实的计算机系统。在学习或生产环境中，需要多台虚拟机以充当不同的角色，如服务器、客户机等。如果每一台虚拟机都按部就班安装以及配置操作系统，就略显费时费力。利用 VMware Workstation 的克隆功能可以很方便快捷地快速批量部署多台虚拟机。具体操作步骤如下。

（1）打开 VMware Workstation 的主界面，右击导航栏中已安装好的虚拟机（关机状态），在弹出的快捷菜单中选择"管理"→"克隆"命令，或者从菜单栏中选择"虚拟机"→"管理"→"克隆"命令，如图 1-12 所示。

图 1-12　选择克隆命令

（2）在打开的"克隆虚拟机向导"中，单击"下一页"按钮，如图 1-13 所示。

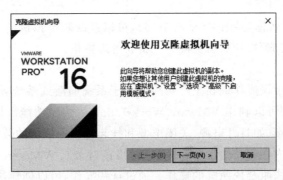

图 1-13　欢迎界面

(3) 在"克隆源"界面中(见图1-14),可以选中"虚拟机中的当前状态"或"现有快照(仅限关闭的虚拟机)"单选按钮,单击"下一页"按钮。

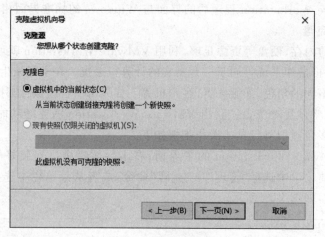

图 1-14　克隆源

(4) 在"克隆类型"界面中(见图1-15),可以根据实际情况选中"创建链接克隆"或"创建完整克隆"单选按钮。在此建议选中"创建链接克隆",以节省创建时间和磁盘空间。单击"下一页"按钮。

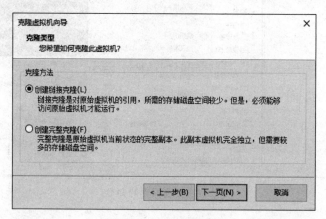

图 1-15　克隆类型

(5) 在"新虚拟机名称"界面中(见图1-16),可以修改新虚拟机的名称以及虚拟机文件存放的位置。单击"完成"按钮后就克隆了一台新的虚拟机。

2. 虚拟机的快照

在学习过程中由于误操作或在生产实践中由于系统崩溃或系统异常,需要恢复到特定时刻的状态和数据,则可以利用VMware Workstation的快照功能。快照保存的虚拟机状态为虚拟机的电源状态(如打开电源、关闭电源和挂起等);虚拟机的数据包括组成虚拟机的所有文件,包括磁盘、内存和其他设备(如虚拟网络接口卡)。VMware Workstation提供了多个用于创建和管理快照及快照链的操作。通过这些操作,可以创建快照,还原到链中的任意快照以及移除快照等。具体操作步骤如下。

图 1-16　新虚拟机名称

1）拍摄快照

（1）右击虚拟机（或选择菜单栏中的"虚拟机"命令），在弹出的快捷菜单中选择"快照"→ "拍摄快照"命令，如图 1-17 所示。

图 1-17　拍摄快照

（2）在弹出的窗口中，可以修改快照的名称或输入快照的描述，如图 1-18 所示。然后 单击"拍摄快照"按钮。

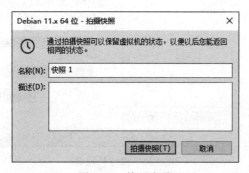

图 1-18　快照名称

2）恢复到快照

（1）右击虚拟机,在弹出的快捷菜单中选择"快照"→"恢复到快照:快照1"命令,如图1-19所示。

图 1-19　恢复快照

（2）在弹出的确认窗口中,单击"是"按钮后,即可将系统恢复到拍摄快照时的状态。

3. 虚拟机的网络连接

WMware Workstation 中的网络连接包括桥接模式、NAT 模式、仅主机模式、自定义以及 LAN 区段五种方式。在配置虚拟机操作系统的网络适配器连接时,需要根据使用环境进行合理设置,以下分别对几种模式的网络连接方式进行说明。

右击虚拟机,在弹出的快捷菜单中选择"设置"命令,打开"虚拟机设置"界面,然后在硬件列表中选择"网络适配器",如图 1-20 所示。

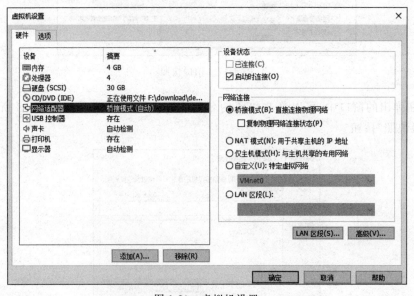

图 1-20　虚拟机设置

1）桥接模式

使用桥接模式（bridged），相当于虚拟机和主机通过交换机连接在同一个真实网段中，用户需要配置虚拟机与主机的 IP 地址在同一网段，它们才可以相互访问，逻辑连接拓扑如图 1-21 所示。

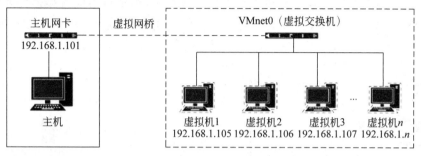

图 1-21　桥接模式的逻辑连接拓扑

使用桥接模式，虚拟网桥会转发主机网卡接收到的广播和组播信息，以及目标为虚拟交换机网段的单播，所以与虚拟交换机连接的虚拟网卡能接收到网关发出的路由更新及 DHCP 信息等。

桥接模式是通过虚拟网桥将主机的网卡与虚拟交换机 VMnet0 连接在一起，虚拟机的虚拟网卡都是连接在虚拟交换机 VMnet0 上，所以桥接模式的虚拟机 IP 地址必须与主机 IP 地址在同一网段且子网掩码、网关也要与主机的一致。

2）NAT 模式

NAT 模式的逻辑连接拓扑相对比较复杂，如图 1-22 所示，WMware Workstation 会虚拟出一个内网，主机通过虚拟网卡 VMware Network Adapter VMnet8 与虚拟机连接在这个虚拟局域网中。虚拟机通过虚拟 NAT 设备与主机的物理网卡连接并实现与外网连接。因此，虚拟机的 IP 地址与主机物理网卡 IP 地址肯定不在同一网段。如果要设置 VMWare

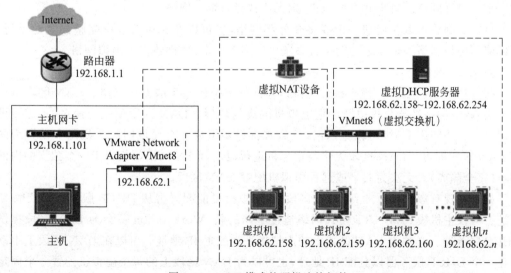

图 1-22　NAT 模式的逻辑连接拓扑

的默认网关,可以在菜单栏选择"编辑"→"虚拟网络编辑器"命令,打开"虚拟网络编辑器"窗口,进行设置,在此不再赘述。

3) 仅主机模式

仅主机(host-only)模式和 NAT 模式很相似,只不过主机通过虚拟网卡 VMware Network Adapter VMnet1 与虚拟机连在虚拟局域网中,虚拟机不能直接连接外网。如果想连接外网,可以将主机物理网卡共享给虚拟网卡 VMware Network Adapter VMnet1,如图 1-23 所示。

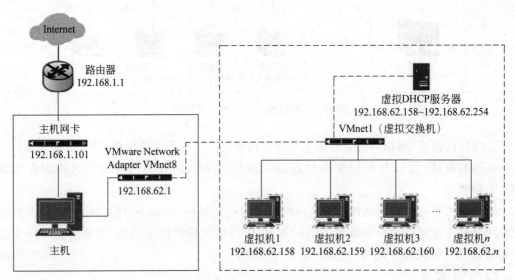

图 1-23 仅主机模式的逻辑连接拓扑

4) 自定义

自定义(custom)网络是指使用虚拟网络编辑器创建的网络。

在修改本地虚拟机的网络连接设置时,可以选择自定义网络。对于远程虚拟机,必须选择一个自定义网络。对于共享虚拟机,则无法选择自定义网络。

自定义网络可以连接到一个或多个外部网络,也可以在主机系统中完整独立地运行。可以使用虚拟网络编辑器来访问主机系统中的多个网卡,并创建多个虚拟网络。

5) LAN 区段

在选择 LAN 区段时,虚拟机使用可以与其他虚拟机共享的专用网络。LAN 区段可用于多层测试、网络性能分析以及注重虚拟机隔离的环境。LAN 区段就是个命名,不需要设置网关等。要使用 LAN 区段组内网,只需要将想要组成一个局域网的主机网卡设置为同一 LAN 区段即可。LAN 区段无法与宿主机进行通信,LAN 区段就相当于一个独立的内网环境(完全隔离)。无法为共享或远程虚拟机配置 LAN 区段。

如果将现有虚拟机添加到 LAN 区段中,虚拟机可能配置为从 DHCP 服务器中获取 IP 地址。与仅主机模式和 NAT 模式网络连接不同的是,Workstation 不会为 LAN 区段提供 DHCP 服务器。必须为 LAN 区段上的虚拟机手动配置 IP 地址。可以在 LAN 区段上手动搭建一个 DHCP 服务器以分配 IP 地址,也可以为 LAN 区段上的每个虚拟机配置一个固定 IP 地址。

实　　训

1. 实训目的

(1) 掌握虚拟化软件 VMware Workstation 安装的基本方法。

(2) 掌握 VMware Workstation 常用功能。

(3) 理解在 VMware Workstation 中的网络组织结构。

2. 实训内容

(1) 安装 VMware Workstation 16。

(2) 安装一款自己熟悉的操作系统,如 Windows 10。

(3) 练习 VMware Workstation 的常用功能,如虚拟机的新建、开启、挂起、关闭、克隆及快照管理等。

3. 实训总结

通过本次实训,掌握 VMware Workstation 软件的安装及基本功能,为今后学习虚拟机的管理及配置打下基础。

习　　题

一、选择题

1. Linux 和 UNIX 的关系是( )。

　　A. 没有关系 　　　　　　　　　　　B. UNIX 是一种类 Linux 操作系统

　　C. Linux 是一种类 UNIX 的操作系统 　　D. Linux 和 UNIX 是一回事

2. Linux 是一个( )的操作系统。

　　A. 单用户、单任务 　　　　　　　　B. 单用户、多任务

　　B. 多用户、单任务 　　　　　　　　D. 多用户、多任务

3. 以下关于 Linux 内核版本的说法,错误的是( )。

　　A. 表示为"主版本号.次版本号.修正次数"的形式

　　B. 1.2.2 表示稳定的版本

　　C. 2.2.6 表示对内核 2.2 的第 6 次修正

　　D. 1.3.2 表示稳定的版本

二、简答题

1. 常见的 Linux 发行版本有哪些?

2. 请说明 Linux 系统的主要特点有哪些。

第2章　安装 Linux 与桌面操作

操作系统的安装和基本操作是初学者必须掌握的技能,也是学习操作系统的基础。

本章学习任务:

- 掌握 Debian 11 的安装方法;
- 掌握 Debian 11 的桌面使用方法;
- 掌握 Debian 11 的启动及关闭等操作方法。

2.1　Linux 系统的安装

2.1.1　Linux 的安装方式

Debian Linux 操作系统支持多种安装方式,根据安装时软件的来源不同,有光盘安装、硬盘安装、网络安装等多种方式,可根据实际情况进行选择。

1. 光盘安装

需要一张 Debian Linux DVD 安装光盘、一个 DVD 驱动器,以及启动安装程序的方式。

使用 Linux 安装盘引导后,在"boot:"命令符下直接按 Enter 键或者输入 Linux askmethod 引导选项,将出现 Installation Method(安装方法)安装介质选择界面,选择 Local CDROM(本地光盘),单击 OK 按钮,然后按 Enter 键继续。

2. 硬盘安装

硬盘安装需要用户做出一些努力,因为在开始安装 Linux 之前必须将所有需要的文件复制到硬盘的一个分区,而且针对不同情况(从 DOS 引导或从 Linux 引导),可采取不同的方法使计算机引导后能够找到既定的安装目录。成功引导安装程序之后,在 Installation Method 界面中选择 hard drive(硬盘),然后按 Enter 键继续。接下来要为安装程序指定 ISO 映像文件所在的位置。在 Select Partition(选择分区)界面中指定包含 ISO 映像文件的分区设备名。如果 ISO 映像不在该分区的根目录中,则需要在 Directory Holding images(包含映像目录)中输入映像文件所在的路径。例如,ISO 映像在/dev/hda3 的/download/linux 中,就应该输入/download/linux。

3. 网络安装

Linux 提供了 NFS、FTP、HTTP、TFTP 等多种网络安装方式。从网络引导安装需要网络连接和一台网络引导服务器(如 DHCP、RARP、BOOTP 服务器等,以进行自动网络配置),而且所用的 NFS、FTP、HTTP、TFTP 服务器必须能够提供完整的 Linux 安装树目录,即安装盘中所有必需的文件都存在且可以被使用。

要把安装盘中的内容复制到网络安装服务器上,需执行以下步骤:

```
#mount /dev/cdrom /mnt/cdrom
#cp -var /mnt/cdrom/* /filelocation(/filelocation 代表存放安装树的目录)
#umount /mnt/cdrom
```

1) 配置网卡

进行网络安装的网卡或者主板要提供 PXE 引导功能。成功引导安装程序后,在 Installation Method(安装方法)界面中选择要从哪种网络服务器上安装 Linux,然后按 Enter 键继续。

无论采用哪一种网络安装方式,都要先进行本机的 TCP/IP 配置。在 Configure TCP/IP(配置 TCP/IP)对话框中的待填项如下。

- Use dynamic IP configuration(BOOTUP/DHCP)通过 DHCP 自动配置。
- IP Address(IP 地址)。
- Netmask(网络掩码)。
- Default gateway(默认网关)。
- Primary nameserver(主名称服务器)。

2) NFS 安装

NFS 网络安装的筹备工作:除了可以利用可用的安装树外,还可以使用 ISO 映像文件。把 Linux 安装光盘的 ISO 映像文件存放到 NFS 服务器的某一目录中,然后把该目录作为 NFS 安装指向的目录。在 NFS 设置界面中输入 NFS 服务器名称、域名或 IP 以及包含 Linux 安装树或光盘映像的目录名。

3) FTP 安装

用 FTP 安装,需要基于局域网的网络访问。可以用许多有 Debian Linux 映像的 FTP 站点或在 https://www.debian.org/distrib/ftplist 找到映像站点的清单。如果局域网不能与因特网相连,只需局域网上有一台机器可以接受匿名 FTP 访问,将 Linux 发行版本复制到那台机器上就可以开始安装了。

类似于 NFS 安装,需要在 FTP 设置对话框中输入 FTP site name(FTP 站点名称)、Linux directory(目录位置)以及 Use non-anonymous FTP(使用非匿名的 FTP 账户)等。

4) HTTP 安装

类似于 NFS 安装,需要在 HTTP 设置对话框中输入 HTTP site name(HTTP 站点名称)以及 Linux directory(目录位置)等。

2.1.2　安装 Linux 的具体要求和步骤

本小节采用最常用的光盘安装方式来介绍 Debian 11 的安装方法。根据安装界面的不同,Linux 的安装可分为图形界面安装(有桌面)和文字字符界面(无桌面)安装两种方式。

图形界面安装可使用鼠标进行操作,安装速度较慢;文字字符界面安装只能使用键盘操作,安装速度快,适用于所有要安装 Linux 的主机。Debian 11 安装程序支持简体中文、英文以及其他多种语言,为使初学者能够尽快适应 Linux 的界面,建议采用中文语言进行安装。

1. 硬件需求

如果从 Live CD 安装 Debian 11,计算机上应该有以下硬件:

（1）CD 或 DVD 光驱，并能够从此驱动器引导；

（2）i386、400MHz（无桌面）或 Pentium 4、1GHz 以上的处理器（CPU）；

（3）256MB（无桌面）或 1GB 以上内存（RAM）；

（4）2GB（无桌面）或 10GB 以上的永久存储空间（硬盘）。

这些是运行 Debian 11 的最低硬件要求。在较小的内存或磁盘空间上安装系统或许可行，但只针对有经验的用户。近十年制造的几乎所有笔记本电脑和台式计算机都能满足这个条件，但很难说清楚服务器安装该需要多少内存和磁盘空间，这完全取决于服务器的用途。

2. 安装步骤

对于初学者，建议直接从光盘安装，这样不用配置 FTP、TFPT 或者 HTTP 服务器，相对比较容易些。这里采用 VMware Workstation 16 软件创建虚拟机后使用光盘安装的方式。在安装之前还要提前准备好光盘或光盘镜像文件。

（1）打开 VMware，如图 2-1 所示，单击主页工作区中的"创建新的虚拟机"图标或者执行菜单栏中的"文件"→"新建虚拟机"命令。

图 2-1　新建虚拟机

（2）在弹出的新建虚拟机向导对话框中，如图 2-2 所示，可以选择"典型"或"自定义"的安装方法，单击"下一步"按钮。

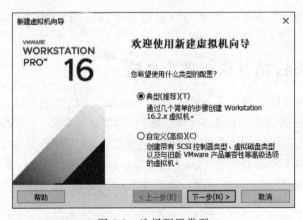

图 2-2　选择配置类型

（3）在"安装客户机操作系统"界面（见图 2-3），可以选中"安装程序光盘""安装程序光盘映像文件"或"稍后安装操作系统"单选按钮。在此选择从光盘映像安装，单击"浏览"按钮找到 Debian 的光盘映像文件，确定后，将会看到"已检测到 Debian 11.x 64 位"的提示，单击"下一步"按钮。

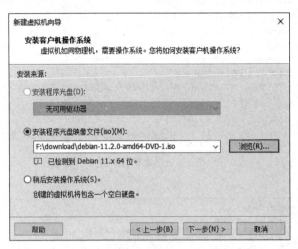

图 2-3　安装来源

（4）在"命名虚拟机"界面中，如图 2-4 所示，可以修改"虚拟机名称"和虚拟机保存的"位置"，单击"下一步"按钮。

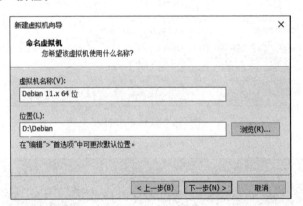

图 2-4　命名虚拟机

（5）在"指定磁盘容量"界面中，如图 2-5 所示，可以修改"最大磁盘大小"，选中"将虚拟磁盘存储为单个文件"或"将虚拟磁盘拆分为多个文件"，单击"下一步"按钮。

（6）在"已准备好创建虚拟机"界面中（见图 2-6），可以看到所创建虚拟机的摘要情况。如果想修改或进一步配置，单击"自定义硬件"按钮，在弹出的"硬件"窗口中可以根据物理机的配置情况修改虚拟机的"内存""处理器"或"网络适配器"等硬件设置。然后单击"完成"按钮，开始安装 Debian 11。

（7）在 Debian GNU/Linux installer menu 界面中（见图 2-7），可以上下移动光带来选择安装类型，在此选择 Graphical install（图形安装），按 Enter 键确定。

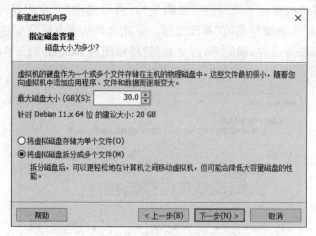

图 2-5　指定磁盘容量

图 2-6　创建虚拟机

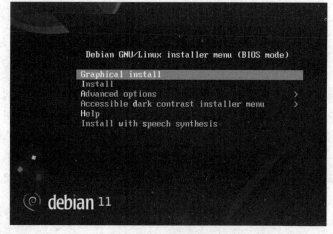

图 2-7　选择安装类型

（8）在 Select a language(选择语言)界面中(见图 2-8)，可以上下移动光带来选择使用的语言，在此初学者可以选择"中文(简体)"，然后单击 Continue(继续)按钮。

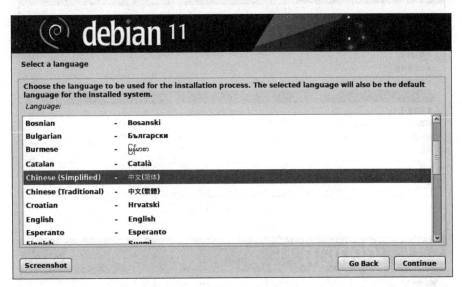

图 2-8　选择语言

（9）在"请选择您的区域"界面中(见图 2-9)，可以上下移动光带来选择"国家、领地或地区"，在此选择"中国"后单击"继续"按钮。

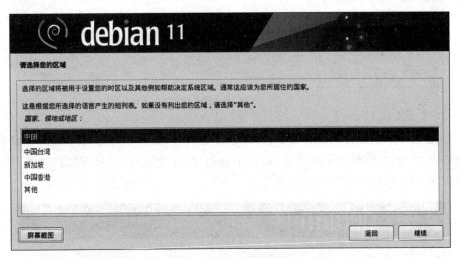

图 2-9　选择国家或区域

（10）在"配置键盘"界面中(见图 2-10)，可以上下移动光带来选择键盘映射，在此选择"汉语"后单击"继续"按钮。

（11）在接下来的安装过程中将显示进度条，进行检测介质、加载组件、配置网络等操作。在配置网络过程中，可能会出现找不到 DHCP 服务器的情况，可单击"继续"按钮，将出现"配置网络"对话框，如图 2-11 所示，在此选择"现在不进行网络设置"选项，单击"继续"按钮。

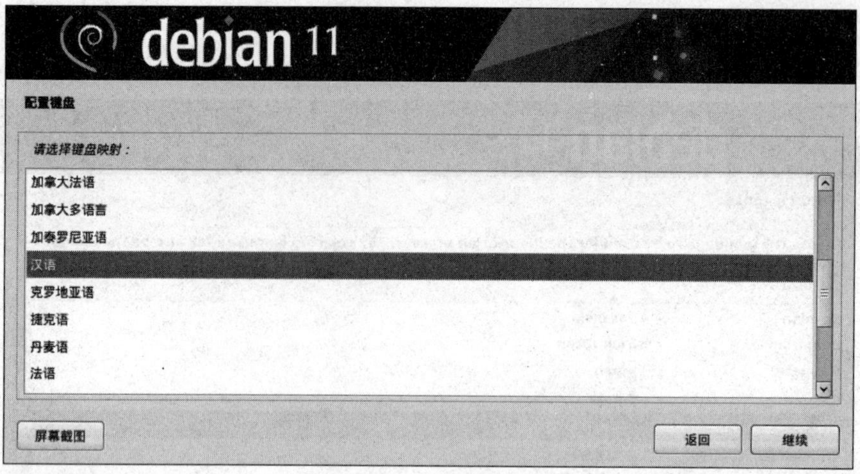

图 2-10　键盘映射

图 2-11　配置网络

（12）在接下来的配置网络界面中，可以修改主机名，如图 2-12 所示。注意主机名应当只包含数字 0～9、大小写字母和减号，最长不能超过 63 个字符，并且不能以减号开始或结束。修改完成后单击"继续"按钮。

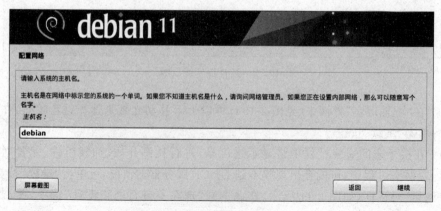

图 2-12　修改主机名

（13）在"设置用户和密码"界面中，可以输入 Root 用户的密码，如图 2-13 所示，单击"继续"按钮。

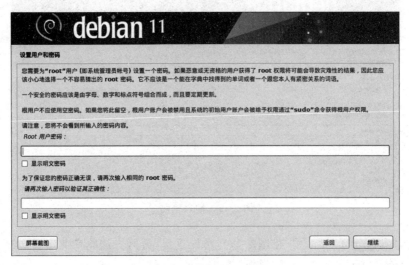

图 2-13　确定 Root 密码

（14）在接下来的"设置用户和密码"界面中将创建一个普通用户账号，如图 2-14 所示，在此要求输入账号的全名，如 zhangsan，然后单击"继续"按钮。

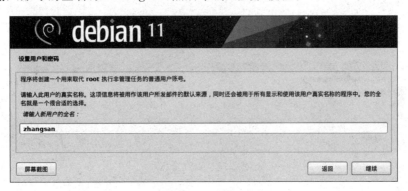

图 2-14　输入全名

（15）之后要求输入普通账号的用户名用于将来登录，如图 2-15 所示，在此输入 zhang，然后单击"继续"按钮。

图 2-15　输入账号名

23

（16）然后要求输入密码，如图 2-16 所示，在此输入两次密码后单击"继续"按钮。

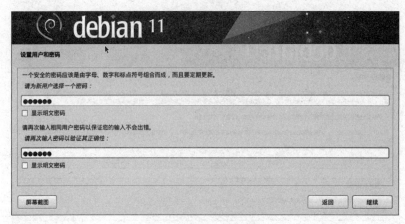

图 2-16　输入密码

（17）在"磁盘分区"界面中（见图 2-17），可以选择"分区方法"，在此建议初学者选择"向导-使用整个磁盘"选项，然后单击"继续"按钮。

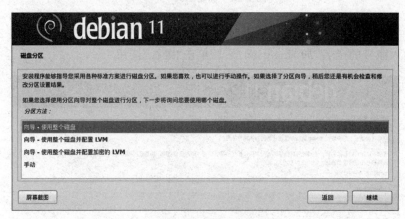

图 2-17　磁盘分区

（18）在接下来的界面中要求选择要分区的磁盘，如图 2-18 所示，因为只有一块磁盘，可直接单击"继续"按钮。

图 2-18　选择磁盘

（19）在接下来的界面中要求选择分区方案，如图 2-19 所示，在此建议初学者选择"将所有文件放在同一个分区中（推荐新手使用）"选项，然后单击"继续"按钮。

图 2-19　分区方案

（20）在接下来的界面中显示出分区综合信息，如图 2-20 所示，在此可以选择"软件RAID 设置""配置逻辑卷管理器""配置加密卷""配置 iSCSI 卷"选项或者修改其中某一个分区等，也可以选择"撤销对分区设置的修改"选项，建议选择"结束分区设定并将修改写入磁盘"选项，然后单击"继续"按钮。

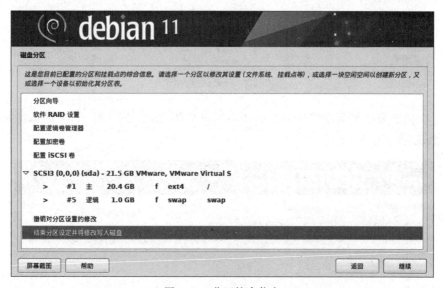

图 2-20　分区综合信息

（21）在接下来的界面中显示出最终的分区信息，如图 2-21 所示，如果选择"是"选项，将保存分区信息，然后单击"继续"按钮。

（22）接下来将出现安装"基本系统"的进度条，安装完基本系统后，将出现"配置软件包管理器"界面，如图 2-22 所示。如果有另外的光盘可选择"是"选项，在此选择"否"选项，然后单击"继续"按钮。

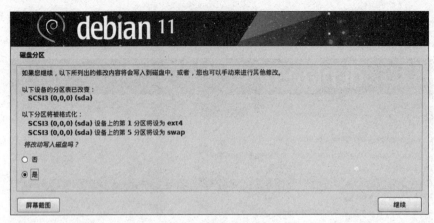

图 2-21　最终分区信息

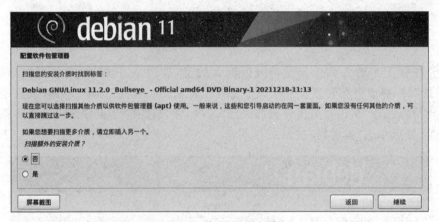

图 2-22　扫描额外介质

（23）在接下来的界面中将询问是否使用网络镜像，如图 2-23 所示，在此选择"否"选项后单击"继续"按钮。

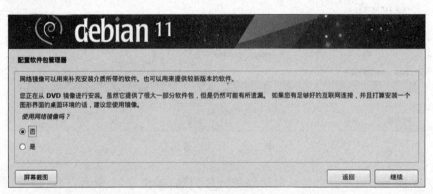

图 2-23　寻找网络映像

（24）接下来将询问是否参加软件包流行度调查，如图 2-24 所示，选择"否"选项后单击"继续"按钮。

（25）在"软件选择"界面中可以选中需要安装的软件，如图 2-25 所示，建议初学者采用

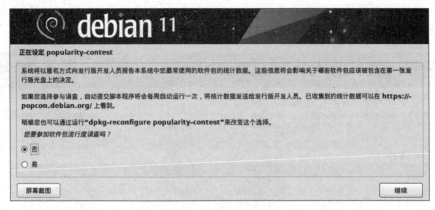

图 2-24　流行度调查

图 2-25　软件选择

默认安装,直接单击"继续"按钮。

(26)接下来将出现安装软件的进度条,安装完成后将询问是否安装 GRUB 启动引导器,如图 2-26 所示,建议初学者选择"是"选项,单击"继续"按钮。

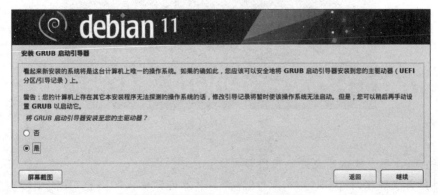

图 2-26　安装 GRUB 启动引导器

（27）在接下来的界面中需要选择安装 GRUB 的设备，如图 2-27 所示，可以手动输入设备也可以选择现有设备，建议初学者选择/dev/sda 选项，单击"继续"按钮。

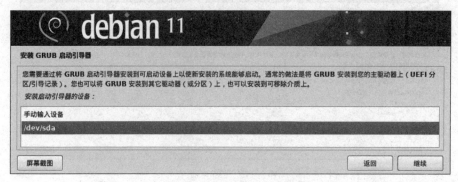

图 2-27　选择安装 GRUB 设备

（28）安装 GRUB 启动引导器后，将提示安装完成，在出现的"安装结束进程"界面中单击"继续"按钮后，系统将重启。至此，标志着 Debian 11 安装成功。

2.2　Debian 11 的登录与关机

2.2.1　Debian 11 的启动与登录

虚拟机操作系统 Debian 11 重新启动或开机后，默认会启动到图形界面，提示选择登录的用户，如图 2-28 所示。如果使用默认用户，直接单击或者按 Enter 键，再在密码文本框中输入密码即可；如果使用其他用户，单击"未列出？"选项，将出现需要输入用户名的文本框，输入用户名并确定后再在密码文本框中输入密码。

图 2-28　登录界面

注意：root 用户默认不允许使用图形方式登录。

如果是首次登录，将出现"初始配置"界面，在"欢迎""输入""隐私"界面中依次单击"前进"按钮，最后在"配置完成"界面中将显示 Debian GNU/Linux 已就绪，单击"开始使用

Debian GNU/Linux"按钮,将出现入门教程(getting started)视频,关闭窗口后将出现
Debian 的桌面环境,如图 2-29 所示。

图 2-29　Debian 桌面

2.2.2　Debian 11 的关机与重启

1. 图形模式下的关机与重启

在图形模式下的操作类似于微软的 Windows 操作系统,单击 Debian 11 桌面右上角的
⏻ 按钮,在下拉菜单中展开"关机/注销"功能,然后选择相应的功能,将会出现一个 60 秒的
倒计时,也可以单击"关机"按钮进行实时操作,如图 2-30 所示。

图 2-30　图形模式下关机、重启

2. 文本模式下的关机与重启

1）shutdown 命令

shudown 命令可以立即关机，也可以在规定的时间关机。使用-r 选项可实现重启；使用-c 选项可立即取消关机或重启操作。例如：

```
# shutdown              //10s 后将关机
# shutdown now          //立即关机
# shutdown 12:30        //在 12:30 关机
# shutdown -r           //10s 后将重启
# shutdown -c           //取消关机或重启操作
```

2）halt、poweroff、reboot 命令

使用 halt、poweroff 命令可以立即关机；使用 reboot 命令可以立即重启系统。例如：

```
# halt                  //立即关机(关闭系统且不断电)
# poweroff              //立即关机(关闭系统并断电)
# reboot                //立即重启系统
```

3）init 命令

init 命令可以改变系统的运行级别，分别用 0～6 代表 7 个运行级别，其中 0 级别为关机，6 级别为重启系统。例如：

```
# init 0                //立即关机
# init 6                //立即重启系统
```

2.3　Linux 桌面环境与操作

2.3.1　X Window 简介

X Window 是一种以位图方式显示的软件窗口系统，最初是 1984 年麻省理工学院的研究成果，之后变成 UNIX、Linux 以及 OpenVMS 等操作系统所一致适用的标准化软件工具包及显示架构的运作协议。

X Window 通过标准化软件工具包及显示架构的运作协议来建立操作系统所用的图形用户界面（graphical user interface，GUI），此后则逐渐扩展适用到各形各色的其他操作系统上，几乎所有的操作系统都能支持与使用 X Window，GNOME 和 KDE 也都是以 X Window 为基础建构成的。

X Window 向用户提供基本的窗口功能支持，而显示窗口的内容、模式等可由用户自行定制，在用户定制与管理 X Window 系统时，需要使用窗口管理程序。窗口管理程序包括 AfterStep、Enlightenment、Fvwm、MWM 和 TWM Window Maker 等，供有不同习惯的用户选用。

可以定制的窗口环境在给用户带来了个性化与灵活性的同时，也要求用户有相对比较高的使用水平。不过这种机制带来的好处也是明显的，它不像 Microsoft Windows 那样对窗口元件的风格、桌面、操作方式进行千篇一律的规定，只可以换壁纸、图标以及调整字体大小等，在 X Window 系统中可以选择多种桌面环境。

X Window 独立于操作系统,它由服务端、客户端和通信通道三部分组成。服务端是控制显示器和输入设备(键盘和鼠标)的软件;客户端是使用系统视窗功能的一些应用程序;通信通道负责服务端和客户端之间的通信。服务端、客户端既可以在同一台机器上,也可以分处两台不同机器上。

2.3.2 Debian 桌面环境简介

Debian 11 支持的桌面环境很多,包括 GNOME 3、Cinnamon 3、KDE 5、MATE、Xfce 4 等,这些桌面环境资源占用、外观界面不尽相同,可以根据机器资源状况、用户操作习惯选择安装。下面只介绍其中几种。

1. GNOME

GNOME 是一种 GNU 网络对象模型环境、GNU 计划的一部分、开放源代码运动的一个重要组成部分以及一种让使用者容易操作和设定计算机环境的工具。其目标是基于自由软件,为 UNIX 或者类 UNIX 操作系统构造一个功能完善、操作简单以及界面友好的桌面环境,即 GNU 计划的正式桌面。

GNOME 可以运行在 GNU/Linux、Solaris、HP-UX、BSD 和 Darwin 系统上。GNOME 拥有很多强大的特性,如高质量的平滑文本渲染、首个国际化和可用性支持以及反向文本支持。

GNOME 具有以下特点。

1) 自由性

GNOME 是完全公开的软件,它是由世界上许多软件开发人员所发展出来的,可以自由地取得它的源代码。对使用者而言,GNOME 有许多方便之处,如 GNOME 提供非文字的接口,让使用者能轻易地使用应用程式。

2) 模式简单

GNOME 设定容易,可以将它设定成任何模式。GNOME 的 Session 管理员能记住先前系统的设定状况,因此,只要设定好你的环境,它就能够以想要的方式呈现出来。GNOME 甚至还支持"拖拉"协定,让 GNOME 能够使用本来不支持的应用软件。

对软件开发者而言,GNOME 也有它的方便之处,即不需要购买昂贵的版权来让开发出来的软件兼容 GNOME。事实上,GNOME 是不受任何厂商约束的,它任一组件的开发或修改均不受限于某家厂商。

3) 支持多种语言

GNOME 可以由多种语言来撰写,并不受限于单一语言,也可以新增其他不同的语言。GNOME 使用 Common Object Request Broker Architecture(CORBA)让各个程序组件彼此正常地运作,而不需考虑它们是由何种语言所写成的,甚至是在何种系统上执行的。GNOME 可在许多类似 UNIX 的作业平台上执行,包括 Linux。

GNOME 计划提供了两个环境:一个是 GNOME 桌面环境,即对最终用户来说符合直觉并十分吸引人的桌面;另一个是 GNOME 开发平台,即能使开发的应用程序与桌面其他部分集成的可扩展框架。

4) 诸多选择

GNOME 提供了多个桌面登录选项,有 GNOME Classic、Xorg 上的 GNOME、GNOME

31

和 GNOME(Wayland)等。启动后,在外观上都是一样的,但它们使用不同的 X 服务器,或者使用不同的工具包构建。Wayland 在小细节上提供了更多的功能,如动态滚动、拖放和中键粘贴。

2. KDE

KDE(k desktop environment)最初由 Matthias Ettrich 在 1996 年开发,目的是为 UNIX 操作系统提供一个合适、理想的界面。现在已是一个网络透明的现代化桌面环境,支持 Linux、FreeBSD、UNIX、其他类 UNIX、Mac OS X 和微软的 Windows。它整个系统采用的都是 TrollTech 公司所开发的 Qt 程序库。在一些不常用的 UNIX 或不是 GNU 的开发工具,特别是 gcc 编译器中,需要重新对 KDE 进行编译。

3. Xfce

Xfce 项目起源于 1996 年,它的创始人是 Olivier Fourdan。Xfce 的名字最初代表 XForms Common Environment,这是因为起初开发使用 XForms 作为工具包。但是之后 Xfce 被重写了两次并且放弃了使用 XForms 工具包。这个名字虽然仍被保留下来,但是它的全名英文缩写不再是 XFCE,而变成了 Xfce。

Xfce 是一个轻量级的类 UNIX 的桌面系统,其设计目的是快速加载并用来执行程序,且占用系统资源较少,在很多 Linux 中可以见到它的身影。它被设计用来提高效率,在节省系统资源的同时,能够快速加载和执行应用程序。

2.3.3 GNOME 桌面的使用

1. GNOME 桌面

用户首次登录时将会显示入门教程。它展示了如何执行常见任务,并提供了大量的帮助链接。教程非常简单直观,这为 GNOME 新用户提供了一个简单明了的开始。之后要返回本教程,可单击仪表板中的救生员图标(帮助),在帮助窗口中单击 Getting started with GNOME 链接即可。

用户登录后将看到 GNOME 桌面,整个桌面采用极简方法以减少杂乱,GNOME 设计为仅提供具备可用环境所必需的最低限度。默认只能看到顶部栏(面板),其他的都被隐藏,直到需要才显示。目的是允许用户专注于手头的任务,并尽量减少桌面上其他东西造成的干扰。

2. 应用程序

如果要打开应用程序窗口,单击顶部栏的“活动”(Activities)按钮,在 GNOME 桌面左侧将出现仪表板,如图 2-31 所示,它相当于 Windows 系统中的“开始”菜单,系统的一般操作都可以从这里开始。

Debian 11 的仪表板中集成了浏览器 FirefoxESR、邮件客户端 Evolution、音乐播放器 Rhythmbox、文字编辑软件 LibreOffice Writer、文件管理器、软件(程序安装和卸载)、帮助以及其他应用程序的图标。

正在前台运行的应用程序,在顶部栏将显示其标题。GNOME 应用程序窗口没有最小化按钮,只有关闭按钮。如果要放在后台(最小化)运行,可以单击顶部栏中的“活动”按钮,正在运行的应用程序窗口将缩小后平铺在桌面,如图 2-32 所示。单击所需的应用程序可将其带到前台。

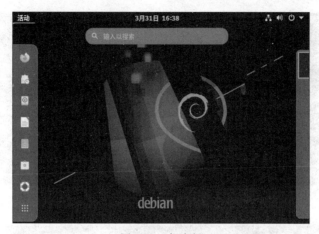

图 2-31　仪表板

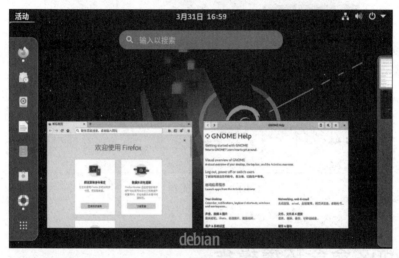

图 2-32　窗口最小化

此外,在桌面的顶部栏下还有一个搜索文本框,可以搜索系统中的文件、应用程序等。在桌面的右侧有一个可伸缩的桌面列表栏,可选择产生的桌面以实现快速切换。在使用下面空桌面时将自动创建新的空桌面,这意味着总是有一个空的桌面在需要时可以使用。

3. 快捷设置

对一些经常性的系统设置,如网络设置、蓝牙设置、声音设置、打印机设置等,可以通过单击仪表板中的九个点的正方形图标,打开应用程序浏览器,在众多的应用程序中找到"设置"程序,打开设置窗口对相关对象进行设置。GNOME 还提供了更为快捷的设置方式。

单击顶端栏中最右侧的▼图标,在下拉菜单中可以设置音量、网络状态、蓝牙状态,更多设置可以通过"设置"菜单完成。或者右击桌面,在弹出的快捷菜单中选择"设置"命令,如图 2-33 所示。

在打开的"设置"窗口中(见图 2-34)可以通过在左侧的导航栏滚动鼠标来选择网络、背景、隐私、共享、用户等 20 多个设置对象,进行相应设置。此功能类似于 Windows 系统中的"控制面板"组件功能。

图 2-33　快捷设置

图 2-34　设置窗口

2.4　Linux 命令环境操作

2.4.1　命令界面简介

命令行界面(command-line interface,CLI)是在图形用户界面得到普及之前使用最为广泛的用户界面,它通常不支持鼠标,用户通过键盘输入命令,计算机接收到命令后,予以执行。也有人称为字符用户界面(CUI)。通常认为,命令行界面(CLI)没有图形用户界面(GUI)那么方便用户操作。命令行界面的软件通常需要用户记忆操作的命令,但由于其本身的特点,命令行界面要较图形用户界面节约计算机系统的资源。在熟记命令的前提下,使用命令行界面往往要较使用图形用户界面的操作速度快,所以图形用户界面的操作系统中,都保留着可选的命令行界面。另外,Linux 系统的优势基因还是快速、批量、自动化、智能化管理系统及处理业务。与 Windows 系统的可视化管理大不相同,Linux 通过键盘输入命令就可以完成管理系统的相关操作,因此,Linux 命令行操作在计算机的远程管理和服务器运维中的优势尤其突出。

Debian 11 的图形用户界面(GUI)主要提供了一个桌面环境,涉及服务器的很多功能只能在命令行界面(CLI)下完成。

2.4.2 启动命令环境

Debian 11 提供了进入命令行模式的 3 种方式,分别是使用虚拟控制台、启动 GUI 仿真终端和系统直接启动。

1. 使用虚拟控制台

Linux 是一个多用户、多任务的操作系统,它可以同时接受多个用户同时在线。在用户没有退出(注销)的情况下,Linux 还允许一个用户再次登录,这是因为 Linux 提供了虚拟控制台的访问方式,允许用户在同一时间从不同的控制台进行登录。Linux 虚拟控制台可以为用户开启互不干扰、独立工作的多个工作环境,即用户虽然面对的是一个物理终端,但可以仿真出来多个操作终端,好像有多台物理设备。

可以按 Alt+F1~F6 组合键来启用不同的虚拟终端。系统默认启动到 GUI 环境后,会默认占用 F1 键;如果在 GUI 模式下登录后,还会占用一个虚拟终端(F2 键被占用),此时可以按 Alt+F3~F6 组合键打开一个或多个命令行虚拟终端。用户可以在某一虚拟控制台运行的程序尚未结束时,切换到另一个虚拟控制台开始另一项工作。

如果使用的是 VMware 虚拟机,由于 VMware Workstation 对功能键进行了重定义,启用不同的虚拟终端需要按 Ctrl+Alt+F1~F6 组合键来实现。

2. 启动 GUI 仿真终端

在图形模式下启动仿真终端的步骤如下:单击顶端栏中的"活动"按钮,在出现的仪表板中单击九个点的正方形图标(显示应用程序),然后在程序浏览器中单击"工具"图标,会在工具浏览窗口中看到"终端"图标,单击它即可打开 GUI 仿真终端,如图 2-35 所示。如果经常使用,可以将其拖曳到仪表板上,以方便使用。

图 2-35　仿真终端

不同发行版的 Linux 使用的默认终端仿真器不尽相同,如果要启动或切换终端仿真器,可在仿真终端中执行相应命令。下面介绍 3 种较为常见的仿真器。

(1) Xterm:X Window System 中的一种通用终端仿真器(主流 Linux 发行版本的 X Window System 中都包括 Xterm)。尽管它不提供菜单或者很多特殊的功能,但是大部分支持 GUI 的 Linux 发行版中都提供它。使用 Xterm 命令可以启动它。

(2) Gnome-terminal:GNOME 提供的默认终端仿真器窗口。它比 Xterm 使用更多的系统资源,具有一些有用的菜单,可用来剪切和粘贴、打开新终端选项卡或者窗口以及设置终端配置文件。使用 gnome-terminal 命令可以启动它。

(3) Konsole:KDE 桌面环境提供的 Konsole 终端仿真器。使用 Konsole 可以显示多语言文本编码和以不同颜色显示文本。使用 konsole 命令可以启动它。

3. 系统直接启动

用户可以在 Debian 11 的安装过程中,选择只安装命令行模式,这样系统只能进入命令行模式。当然也可以在完全安装后,通过设置默认启动目标,实现默认直接启动到命令行模式。具体方法是在命令行界面使用 root 用户登录后执行以下命令:

```
#systemctl set-default muti-user.target
```

如果由命令行模式(CLI)启用图形界面模式(GUI),则可以执行以下命令:

```
#startx
```

实　训

1. 实训目的

(1) 掌握在 VMware 中使用光盘映像文件安装 Debian 11 的基本步骤。

(2) 了解系统中各硬件设备的设置方法。

2. 实训内容

(1) 安装 Debian 11。利用光盘或映像文件进行系统的安装。

(2) 启动 Debian 11。利用超级用户和普通用户分别登录系统,体会多用户、多任务的实现方式。

(3) 注销用户。注销用户以实现不同用户的登录。

(4) 关机。分别使用桌面和命令方式正确关机,保证操作系统的安全和稳定。

3. 实训总结

通过此次实训,掌握 Debian 11 的一般安装方法和登录、退出,为后面的学习打下良好的基础。

习　题

一、选择题

1. 以下不常采用的安装方式有(　　　)。

　　A. 硬盘　　　　　　B. 网络　　　　　　C. 光盘　　　　　　D. 克隆

2. 以下(　　　)方法不能进入系统命令行方式。

　　A. 使用虚拟控制台　　　　　　　　B. 使用 GUI 仿真终端

　　C. 系统直接启动　　　　　　　　　D. 使用 Windows 组件

3. 不属于 Linux 桌面环境的是(　　　)。

　　A. GNOME　　　B. KDE　　　　　C. Xfce　　　　　D. Windows

二、简答题

1. 实现系统重启或关闭的方式有哪些?如何操作?

2. 如何在各个虚拟控制终端之间进行切换?

第 3 章　Shell 的基本操作

在 Linux 操作系统中,虽然图形界面越来越成熟,但是命令依然是系统管理维护的首选。即使在 X Window 界面下,Linux 用户也会经常切换到文本模式或终端模式进行各种操作。本章对 Linux 的常用操作命令进行分类介绍。

本章学习任务:

- 掌握 Linux 的基本操作;
- 掌握文件目录类操作命令;
- 熟知系统管理类操作命令;
- 掌握文本编辑工具 vi。

3.1　Shell 命令概述

3.1.1　Shell 简介

Shell 是一种具备特殊功能的程序,它是介于使用者和 UNIX/Linux 操作系统的核心程序(kernel)间的一个接口,是命令语言、命令解释程序及程序设计语言的统称。操作系统是一个系统资源的管理者与分配者,当用户有需求时,需要向系统提出,由系统来协调资源;从操作系统的角度来看,它也必须防止使用者因为错误的操作而造成对系统的伤害。其实 Shell 也是一种程序,它由输入设备读取命令,再将其转换为计算机可以识别的机器码,然后执行它。

各种操作系统都有它自己的 Shell。以 DOS 为例,它的 Shell 就是 command.com 文件。如同 DOS 下有 NDOS、PCDOS、DRDOS 等不同的命令解译程序可以取代标准的 command.com,UNIX 下除了 Bourne Shell(/bin/sh)外,还有 C Shell(/bin/csh)、Korn Shell(/bin/ksh)、Bourne Again Shell(/bin/bash)、Tenex C Shell(tcsh)等其他的 Shell。UNIX/Linux 将 Shell 独立于核心程序之外,使它就如同一般的应用程序,可以在不影响操作系统本身的情况下进行修改、更新版本或是添加新的功能。

Shell 如何启用呢? 在系统启动的时候,核心程序会被加载到内存,负责管理系统的工作,直到系统关闭为止。它建立并控制着处理程序,管理内存、文件系统、通信等。而其他的程序,包括 Shell 程序,都存放在磁盘中。核心程序将它们加载到内存,执行它们,并且在它们终止后清理系统。

当用户登录(login)时,一个交互式的 Shell 会跟着启动,并提示输入命令。用户输入一个命令后,Shell 会进行命令行语法分析,再处理万用字符(wildcards)、转向(redirection)、管线（pipes）与工作控制（job control）等，然后搜寻并执行命令。

如果用户经常输入一组相同形式的命令，可能要自动执行这些命令，这样可以将一些命令放入一个 script（脚本）文件，然后执行该文件。一个 Shell 命令文件很像是 DOS 下的批处理文件（Autoexec.bat）：它把一连串的 Linux 命令存入一个文件，然后执行该文件。较成熟的命令文件还支持若干现代程序语言的控制结构，譬如说能做条件判断、循环、文件测试、传送参数等。要编写命令文件，不仅要学习程序设计的结构和技巧，而且要对 UNIX/Linux 公用程序及如何运行有深入的了解。有些公用程序的功能非常强大（如 grep、sed 和 awk），它们常被用于命令文件来操控命令输出和执行。当有命令文件执行命令时，此刻用户就已经把 Shell 当作程序语言使用了。

3.1.2　Shell 的分类

在大部分的 UNIX/Linux 系统中，三种著名且广为支持的 Shell 是 Bourne Shell（AT&T Shell，在 Linux 下是 bash）、C Shell（Berkeley Shell，在 Linux 下是 tcsh）和 Korn Shell（Bourne Shell 的超集）。这三种 Shell 在交互模式下的表现相似，但作为命令文件语言时，在语法和执行效率上就有些不同了。

Bourne Shell 是标准的 UNIX Shell，以前常被用来作为管理系统之用。大部分的系统管理命令文件（如 start、stop 与 shutdown）是 Bourne Shell 的命令文件，且在单用户模式下以 root 登录时它常被系统管理者使用。Bourne Shell 是由 AT&T 发展的，以简洁、快速著名。Bourne Shell 提示符号的默认值是 $ 。

C Shell 是加州大学伯克利分校所开发的，且加入了一些新特性，如命令行历史、别名、内建算术、文件名完成和工作控制等。对于常在交互模式下执行 Shell 的使用者而言，他们较喜爱使用 C Shell；但对于系统管理者而言，则较偏好以 Bourne Shell 来作为命令文件，因为 Bourne Shell 命令文件比 C Shell 命令文件简单及快速。C Shell 提示符号的默认值是%。

Korn Shell 是 Bourne Shell 的超集，由 AT&T 的 David Korn 开发。它增加了一些特色，比 C Shell 更为先进。Korn Shell 的特色包括了可编辑的历程、别名、函式、正规表达式万用字符、内建算术、工作控制、协作处理和特殊的排错功能。Bourne Shell 几乎和 Korn Shell 完全向上兼容，所以在 Bourne Shell 下开发的程序仍能在 Korn Shell 上执行。Korn Shell 提示符号的默认值也是 $ 。在 Linux 系统使用的 Korn Shell 叫作 pdksh，它是指 Public Domain Korn Shell。

除了执行效率稍差外，Korn Shell 在许多方面都比 Bourne Shell 为佳；但是，如果将 Korn Shell 与 C Shell 相比就很困难，因为二者在许多方面都各有所长，就效率和容易使用上看，Korn Shell 是优于 C Shell 的。

在 Shell 的语法方面，Korn Shell 比较接近一般的程序语言，而且它具有子程序的功能及提供较多的资料形态。至于 Bourne Shell，它所拥有的资料形态是三种 Shell 中最少的，仅提供字符串变量和布尔形态。综合考虑 Korn Shell 是三者中表现最佳者，其次为 C Shell，最后才是 Bourne Shell，但是在实际使用中仍有其他应列入考虑的因素，如当速度是最重要的选择时，很可能应该采用 Bourne Shell，因它是最基本的 Shell，执行的速度最快。

大部分 Shell 支持以下功能，使用户操作更加方便。

（1）命令行补全功能。输入一个命令的前面字符,当能唯一确定一个命令时,按一次 Tab 键会补全命令;否则,按两次 Tab 键,就会列出所有以输入字符开头的可用命令。默认情况下,bash 命令行也可以自动补全文件或目录名称。

（2）危险命令侦测并提醒的功能。避免用户不小心执行比较危险的命令(如 rm*)。

（3）提供常用命令行的快捷方式。例如,按 Ctrl+L 组合键可清除屏幕内容,相当于 clear 命令。

（4）别名功能。alias 命令是用来为一个命令建立另一个名称,它的运作就像一个宏,展开成为它所代表的命令。别名并不会替代命令的名称,它只是赋予那个命令另一个名字。

（5）命令历史。Shell 以 history 工具程序记录了最近执行过的命令。命令是由 1 开始编号,默认值为 500。history 工具程序是一种短期记忆,记录最近所执行的命令。要查看这些命令,可以在提示符下输入 history 命令,将会显示最近执行过的命令的清单,并在前方加上编号。每个命令在技术上都称为一个事件。事件描述的是一个已经采取的行动(已经被执行的命令)。事件是依照执行的顺序而编号,越近的事件其号码越大,这些事件都是以它的编号或命令的开头字符来辨认的。history 工具程序让用户参照一个先前发生过的事件,将它放在命令行上并允许用户执行它。操作方法是用上下箭头一次放一个历史事件在命令行上;用户并不需要先用 history 显示清单。按 ↑ 键会将最后一个历史事件放在命令行上,再按一次会放入下一个历史事件。按 ↓ 键则会将前一个事件放在命令行上。

（6）命令行编辑程序。Shell 命令行编辑能力可让用户轻松地在执行之前修改输入的命令。如果是在输入命令时拼错了字,不需重新输入整个命令,只需在执行命令之前使用编辑功能纠正错误即可。这尤其适合于使用冗长的路径名称当作参数的命令时。命令行编辑作业是 Emacs 编辑命令的一部分。可以按 Ctrl+F 组合键或向右键往前移一个字符,按 Ctrl+B 组合键或向左键往回移一个字符。按 Ctrl+D 组合键或 Delete 键会删除光标目前所在处的字符。要增加字符,只需要将光标移到要插入文字的地方并输入新字符即可。无论何时,都可以按 Enter 键执行命令。

（7）提供更丰富的变量型态、命令与控制结构至 Shell 中。

（8）允许使用者自定义按键等。

3.1.3　启动 Shell

在 Linux 中启动 Shell 的方法有很多,只要出现 Shell 提示符就说明 Shell 已成功启动。例如,采用文本方式启动登录后看到的就是一个 Shell 提示符。Shell 提示符用于提示用户输入命令并执行,提示符末尾有两种字符。

（1）一个普通用户的默认提示符就是一个美元符号,即"$"。

（2）超级用户 root 的默认提示符是"#"(也叫散列符号)。

超级用户具有管理系统的所有权限,普通用户的权限比较小,只能进行基本的系统信息查看等操作,无法更改系统配置和管理服务。

在 Debian 11 Linux 系统里,"$"和"#"提示符之前还有当前登录的用户名、系统名和工作目录名等。例如,在一台主机名叫 debian 的计算机上,以一个名为 root 的用户登录,并以/tmp 作为当前工作目录,则 Shell 提示符如下:

```
root@debian:/tmp#
```

如果不喜欢默认提示符,可以将提示符改为其他字符。例如,可以使用当前目录、日期、本地计算机名或者任何字符串作为提示符。要配置提示符,请参见相关资料。

在提示符后面输入命令,然后按 Enter 键,该命令的输出结果将显示在下一行。

3.1.4　Shell 命令操作基础

1. 命令分类

Shell 最重要的功能是命令解释,从这种意义上说,Shell 是一个命令解释器。Linux 系统中的所有可执行文件都可以作为 Shell 命令来执行。Linux 系统中的可执行文件的分类见表 3-1。

表 3-1　Linux 系统中的可执行文件的分类

类　　别		说　　明
内置命令		出于效率的考虑,将一些常用命令的解释程序构造在 Shell 内部
外部命令	Linux 命令	存放在/bin、sbin 目录下的命令
	实用程序	存放在/usr/bin、/usr/sbin、/usr/share、/usr/local/bin 等目录下的实用程序或工具
	用户程序	用户程序经过编译生成可执行文件后,也可作为 Shell 命令运行
	Shell 脚本	由 Shell 语言编写的批处理文件

当用户提交了一个命令后,Shell 首先判断它是否为内置命令,如果是就通过 Shell 内部的解释器将其解释为系统功能调用并转交给内核执行;否则,就试着在硬盘中查找该命令并将其调入内存,再将其解释为系统功能调用并转交给内核执行。在查找该命令时有以下两种情况。

(1) 如果用户给出了命令的路径,Shell 就沿着用户给出的路径进行查找,如果找到则调入内存;否则输出提示信息。

(2) 如果用户没有给出命令的路径,Shell 就在环境变量 PATH 所制定的路径中依次查找命令,如果找到则调入内存;否则输出提示信息。

提示:

(1) 内置命令是包含在 Shell 自身中的,在编写 Shell 的时候就已经包含在内了,当用户登录系统后就会在内存中运行一个 Shell,由其自身负责解释内置命令。cd、exit 等基本命令都是内置命令。用 help 命令可以查看内置命令的使用方法。

(2) 外部命令是存在于文件系统某个目录下的具体的可执行程序例如,文件复制命令 cp 就是在/bin 目录下的一个可执行文件。用 man 或 info 命令可以查看外部命令的使用方法。外部命令也可以是某些商业或自由软件,如 mozilla 等。

2. 命名规则

在 Shell 中有一些具有特殊的意义字符,称为 Shell 元字符(Shell metacharacter)。如果不以特殊方式指明,Shell 并不会把它们当作普通文字符使用。表 3-2 简单介绍了常用 Shell 元字符的含义。

在 Linux 下可以使用长文件或目录名,也可以给目录和文件取任何名字,但必须遵循以下规则。

(1) 除"/"之外,所有的字符都可以用于目录和文件名。

表 3-2　常用 Shell 元字符的含义

Shell 元字符	含　　义
*	任意字符串
?	任意字符
/	根目录或作为路径间隔符使用
\	转义字符。当命令的参数要用到保留字时，要在保留字前面加上转义字符
\\<Enter>	续行符。可以使用续行符将一个命令行分写在多行上
$	变量值置换，如 $PATH 表示环境变量 PATH 的值
'	在''中间的字符都会被当作文字处理，指令、文件名、保留字等都不再具有原来的意义
"	在""中间的字符会被当作文字处理并允许变量值置换
`	命令替换，置换``中命令的执行结果
<	输入重定向字符
>	输出重定向字符
|	管道字符
&	后台执行字符。在一个命令之后加上"&"，该命令就会以后台方式执行
;	分割顺序执行的多个命令
( )	在子 Shell 中执行命令
{ }	在当前 Shell 中执行命令
!	执行命令历史记录中的命令
~	登录用户的宿主目录（家目录）

（2）有些字符最好不用，如空格符、制表符、退格符和字符：、?、,、@、#、$、&、( )、\、|、;、'、"、<、>等。

（3）避免使用＋、－或"."作为普通文件名的第一个字符。

（4）大小写敏感。

（5）以"."开头的文件或目录是隐含的。

3. 命令格式

在 Shell 命令提示符后，用户可输入相关的 Shell 命令。Shell 命令可由命令名、选项和参数三部分组成，中间用空格隔开，其中方括号部分表示可选部分，其基本格式如下：

```
cmd［options］［arguments］
```

程序说明如下。

（1）cmd 是命令名，是描述该命令功能的英文单词或缩写。在 Shell 命令中，命令名必不可少，并且总是放在整个命令行的起始位置。

（2）options 是选项，是执行该命令的限定参数或者功能参数。同一命令可采用不同的选项，其功能各不相同。选项可以有一个，也可以有多个，甚至可能没有。选项通常以"-"开头，当有多个选项时，可以只使用一个"-"符号，如 ls -r -a 命令与 ls -ra 命令功能完全相同。另外，部分选项以"--"开头，这些选项通常是一个单词，还有少数命令的选项不需要"-"符号。

（3）arguments 是参数，也即操作对象，是执行该命令所必需的对象，如文件、目录等。

根据命令的不同,参数可以有一个,也可以有多个,甚至可能没有。

在 Shell 中,可以在一行中输入多条命令执行,用";"字符分隔。在一行命令后加"\"表示另起一行继续输入。

4. 获得帮助

Linux 提供了功能强大的帮助工具及翔实的帮助文档,充分利用帮助可以让初学者提高学习效率以及尽快熟练掌握各类命令及配置方法。常用的方法如下。

1) 利用 help 命令

使用 help 命令可以查询到命令的使用格式、功能及可用选项的有关说明,但其只能查看内部命令的帮助信息。例如,要查看 cd 命令的帮助,可以使用 help cd。

2) 利用-help 选项

几乎所有的外部命令都带有--help 选项(个别命令支持-h 选项),利用此选项可以查询到命令的使用格式、功能及可用选项的有关说明。要查看 ls 命令的帮助,可以使用 ls --help。

3) 利用 man 命令

man 命令可以显示命令的手册页,包含命令的使用格式、功能、可用选项的有关说明以及配置文件帮助和编程帮助等信息。一般 man 命令显示的帮助信息要更加丰富,它比命令的--help 选项多了命令的用法示例、命令的描述等内容。

man 命令显示的内容来自磁盘上的 man 手册页文件。而命令的--help 选项是大部分命令本身内置的功能,只要系统上有这个命令,执行 help 选项就能够显示。

命令手册为压缩格式的文件,有章节之分,分别存放在/usr/share/man 下的 man1,man2,…。各个章节说明如下。

(1) man 1:用户命令的手册。

(2) man 2:系统调用相关的手册。

(3) man 3:C 语言的库函数相关手册。

(4) man 4:设备文件及特殊文件相关的手册。

(5) man 5:配置文件格式和规则的手册。

(6) man 6:游戏使用帮助手册。

(7) man 7:杂项手册。

(8) Shan 8:系统管理命令和进程相关的手册。

例如,要查询 passwd 命令的用法,可以使用 man passwd。

4) 利用 info 命令

info 命令跟 man 命令都是用来查询外部命令帮助信息。info 文档可以支持链接跳转功能。info 文档都存放在/usr/share/info 目录中,该目录提供了整个软件包的帮助文档。info 是信息页,提供作者、版本以及什么时候发布等更详细的信息,而 man 手册告诉用户怎么使用命令。例如,要查看 ls 命令的 info 文档,可以使用 info ls。

5) 查看 README 文档

在/usr/share/doc 文件夹中,保存着很多程序的说明文件、默认配置文件等。为节省空间,很多文件被压缩保存,需要解压后使用文本文件阅读命令进行查阅。

6）查看官网文档

很多 Linux 发行版有在线帮助文档，可以通过访问其官方网站，浏览相关文档来得到技术支持。例如，Debian 技术文档可以通过 https://www.debian.org/support 查阅。

3.2　常用的 Shell 命令

3.2.1　基本操作命令

Linux 最基本最常用的命令有 ls、cd、clear、su、login、logout、exit、shutdown、reboot 等，有些命令在前面已做过介绍，此处对部分命令再做补充说明。

1. su 命令

功能：切换用户身份，超级用户可以切换为任何普通用户，且不需要输入口令。普通用户临时转换为管理员（root）或其他普通用户时需要输入相应用户的口令，使其具有与相应用户同等的权限。可通过执行 exit 命令，回到原来用户的身份。

命令语法格式如下：

```
su［-］［用户名］
```

选项：如果使用"-"选项，则用户切换为新用户的同时使用新用户的环境变量。

例如：

```
root@debian:~#su zhang        //执行 su 命令，临时切换到 zhang 普通用户
zhang@debian:/root$exit        //命令行提示符变为"$"，切换成功，执行 exit 退出
root@debian:~#                 //重新回到 root 管理员身份
```

2. shutdown 命令

功能：该命令用于重启或安全关闭系统，只能由管理员用户执行。

命令语法格式如下：

```
shutdown［选项］［时间］［警告消息］
```

常用选项说明如下。

-c：取消前一个 shutdown 命令；-k：只是给所有用户送出信息，但并不会真正关机；-r：关闭系统之后重新启动系统，相当于执行了 reboot 命令。

时间形式：now 代表立即。hh：mm 代表绝对时间几点几分；＋m 代表 m 分钟后。如果不指明时间，则默认 1 分钟后关机或重启。

例如：

```
#shutdown now            //立即关机（相当于 poweroff）
#shutdown - r now        //立刻重启系统（相当于 reboot）
#shutdown 12:30          //系统将在今天中午的 12:30 关机，并广播内置消息给各用户
#shutdown - r +2         //系统将在 2 分钟后重启，并广播内置消息给各用户
```

3. date 命令

功能：显示或设置系统的日期和时间。如果没有选项和参数，将直接显示系统当前的

日期和时间;如果指定显示日期的格式,将按照指定的格式显示系统当前的日期和时间。只有管理员用户才可设置或修改系统时间。

命令语法格式如下:

date［选项］［格式控制字符串］

例如:

```
$ date                              //显示系统当前的日期和时间
$ date +%a                          //显示系统当前的星期缩写名
#date 05102022 或 #date -s 20220510   //设置系统当前日期为 2022 年 5 月 10 日,没有 -s 选
                                       项时的设置格式为［MMDDhhmm[[CC]YY][.ss]]
```

4. history 命令

功能:显示用户最近执行的命令。保留的历史命令数量和环境变量 HISTSIZE 有关。

命令语法格式如下:

history

例如:

```
$ history      //显示执行过的命令列表
```

5. clear 命令

功能:清除屏幕上的信息。提示符回到屏幕的左上角。等同于按 Ctrl+L 组合键。

命令语法格式如下:

clear

例如:

```
$ clear        //清屏
```

3.2.2 目录操作命令

1. ls 命令

功能:显示指定目录中的文件或子目录信息。当不指定目录时,显示当前目录下的文件和子目录信息。

命令语法格式如下:

ls［选项］［文件或目录］

选项:该命令支持很多选项,以实现更详细的功能。常用选项及说明见表 3-3。

表 3-3　ls 命令常用选项及说明

选项	说　　明
-a	列出所有(all)文件(包括隐藏文件)
-A	列出所有(almost-all)文件(不包括"."和".."文件)
-b	用八进制显示文件名中不可显示的字符

选项	说　　明
-B	不输出以"～"结尾的备份文件
-c	按文件的修改时间(ctime)排序
-C	按垂直(columns)方向对文件名进行排序
-d	如果参数是目录,只列出目录(directory)名,不列出目录内容。往往与-l 选项一起使用,以得到目录的详细信息
-f	不排序。该选项使-l、-t 和-s 选项失效,并使-a 和-U 选项有效
-F	显示时在目录后标记"/",在可执行文件后标记"＊",在符号链接文件后面标记"@",在管道文件后面标记"│",在 socket 文件后面标记"＝"
-h	与-l 选项一起使用,以用户看得懂的格式来列出文件的大小信息
-i	显示出文件的索引节点值
-l	按长(long)格式显示(包括文件大小、日期、权限等详细信息)
-L	如果指定的名称为一个符号链接(link)文件,则显示链接所指向的文件
-m	文件名之间用逗号隔开,显示在一行上
-n	输出格式与-l 选项相同,只不过在输出时,文件属主和属组是用相应的 UID 号和 GID 号来表示,而不是实际的名称
-o	与-l 选项相同,只是不显示文件属主、属组信息
-p	在目录后面加一个"/"
-q	将文件名中的不可显示字符用"?"代替
-r	按字母逆序(reverse)显示
-R	循环列出目录内容,即列出所有子目录下的文件
-s	给出每个目录项所用的块数(size),包括间接块
-S	按大小对文件进行排序(sort)
-t	显示时按修改时间(time)而不是按名字排序。如果文件修改时间相同,则按字母顺序。修改时间取决于是否使用了-c 或-u 选项
-u	显示时按文件上次存取的时间而不是按文件名排序。即将-t 的时间标记修改为最后一次访问的时间
-x	按水平方向对文件名进行对齐排序

例如:

```
$ ls                        //查看当前目录的内容
$ ls -la /etc               //查看/etc目录下的所有文件和子目录的详细信息
```

ls 命令的选项很多,在掌握 ls 命令的基本使用方法后,应该逐渐挖掘需要的功能。比如,ls -l 以字节为计量单位显示文件大小,读起来不够直观。使用-hl 选项,可以按照 KB、MB 等为计量单位显示。

2. cd 命令

功能:改变当前目录。

命令语法格式如下:

cd［目录］

例如：

```
$cd /home                    //进入根目录下的 home 目录
$cd ..                       //返回上一级目录
$cd -                        //在最近访问过的两个目录之间快速切换
$cd ~                        //切换到当前用户的主目录
```

3. mkdir 命令

功能：创建新目录。

命令语法格式如下：

mkdir［选项］目录

选项：-p 表示一次性创建多级目录。

例如：

```
#mkdir -p /test/linux        //在根目录下创建 test 目录,并在其下创建 linux 目录
```

4. rmdir 命令

功能：删除一个或多个空的目录。

命令语法格式如下：

rmdir［选项］目录

选项：-p 表示递归删除目录,当子目录删除后相应的父目录为空时,也一并删除。

例如：

```
#rmdir /test/linux           //删除/test 目录下的 linux 目录
```

5. pwd 命令

功能：显示当前工作目录的绝对路径。

命令语法格式如下：

pwd

例如：

```
$pwd                         //显示当前工作目录的绝对路径
```

3.2.3　文件操作命令

1. touch 命令

功能：用于创建新文件。如果文件已经存在,将改变这个文件的时间戳。

命令语法格式如下：

touch［文件名］

例如：

```
#touch file1.txt             //创建一个空白文件 file1.txt
```

```
#ls -l file1.txt              //查看这个文件信息,重点关注创建日期
#touch file1.txt              //修改这个文件的时间戳
#ls -l file1.txt              //再次查看这个文件信息,创建时间发生了变化
```

2. cp 命令

功能:复制(copy)目录或文件。

命令语法格式如下:

cp [选项] 源文件或目录 目标文件或目录

选项:-i 表示在覆盖文件之前提示用户,由用户确认;-p 表示保留源文件权限和更改时间;-r 表示复制相应的目录及其子目录;-b 表示如果存在同名文件,在覆盖目标文件前备份源文件;-f 则表示强制覆盖同名文件。

例如:

```
#cp file1.txt file1.bak       //将文件 file1.txt 复制到 file1.bak 中
#cp /root/ * .cfg /home       //将/root 目录中后缀为.cfg 的文件复制到/home 目录中
#cp -r/home /tmp              //将/home 目录及其下子目录复制到/tmp 目录中
```

3. mv 命令

功能:移动或重命名文件或目录。

命令语法格式如下:

mv [选项] 源文件或目录 目标文件或目录

选项:-b 表示如果存在同名文件,覆盖目标文件前备份源文件;-f 表示强制覆盖同名文件。

例如:

```
#mv file1.txt /mnt           //把当前目录下的 file1.txt 文件移动到/mnt 目录下
#mv file1.bak mytest         //把 file1.bak 文件改名为 mytest
```

4. rm 命令

功能:删除文件或目录。

命令语法格式如下:

rm [选项] 文件或目录

选项:-f 表示在删除过程中不给任何提示,直接删除;-i 与-f 选项相反,表示在删除文件之前给出提示(安全模式);-r 表示删除目录。

例如:

```
#rm mytest                   //删除文件 mytest
#rm -r /home/zhang           //删除 zhang 目录及其中所有文件及子目录
```

5. cat 命令

功能:显示指定文件的内容。该命令还能够用来连接两个或多个文件,形成新文件。在脚本中 cat 命令还可以用于读入文件。

命令语法格式如下：

cat［选项］［文件名］

例如：

```
# cat /etc/passwd              //显示 passwd 文件内容
# cat file1 file2> > newfile   //把两个文件(file1 和 file2)合并到 newfile 中
```

6. more 命令

功能：分屏显示文件内容。该命令一次显示一屏文本，显示满一屏后停下来，并在底部打印出--more--。同时系统还显示出已显示文本占全部文本的百分比，如果要继续显示，按 Enter 键或 Backspace 键即可，按 Q 键退出该命令。

命令语法格式如下：

more［选项］文件

选项：-c 表示不滚屏，而是通过覆盖来换页；-d 表示在分页处显示提示；-number 表示每屏显示指定的多少行；＋number 表示从指定的多少行开始显示。

例如：

```
$ more /etc/passwd            //分屏显示 passwd 文件内容
$ cat passwd | more           //分屏显示 passwd 文件内容
```

7. less 命令

less 命令与 more 命令非常相似，也能分屏显示文本文件的内容，不同之处在于 more 命令只能向后翻页，而 less 命令既可以向前也可以向后翻页。输入命令后，首先显示的是第一屏文本，并在屏幕的底部出现文件名。用户可使用上下箭头、Enter 键、空格键、PageUp 或 PageDown 键前后翻阅文本内容，使用 Q 键可退出 less 命令。

8. head 命令

功能：显示指定文件的前几部分的内容。默认显示的是前 10 行内容，如果希望显示指定的行数，可以使用-n 选项。

命令语法格式如下：

head［选项］［文件］

例如：

```
$ head -1  /etc/passwd        //只显示 passwd 文件的第一行内容
$ head -20  /etc/passwd | more //分屏显示 passwd 文件的前 20 行内容
```

9. tail 命令

功能：显示指定文件的后几部分的内容。默认显示的是后 10 行内容，如果希望显示指定的行数，可以使用-n 选项；如果希望从第几行显示到文件末尾，也可以使用-n＋number 选项。

命令语法格式如下：

tail［选项］［文件］

48

例如：

```
$tail -7 /etc/passwd              //显示 passwd 文件最后 7 行的内容
$tail -n +7 /etc/passwd           //从第 7 行开始显示 passwd 文件的内容
$tail -c 4 /etc/passwd            //显示 passwd 文件最后 4 字节的内容
```

10. grep 命令

功能：在指定的文件中查找符合条件的字符串。

命令语法格式如下：

```
grep［选项］ 字符串　文件
```

选项：-c 表示只显示匹配行的数量；-i 表示查找时不区分大小写；-h 表示在查找多个文件时，在输出结果的行首不显示文件名。

例如：

```
$grep root /etc/passwd            //在 passwd 文件中查找 root 字符串
```

11. find 命令

功能：在指定的目录中搜索满足指定条件的文件。

命令语法格式如下：

```
find［选项］［路径］［表达式］
```

选项：此命令提供了相当多的查找条件，功能非常强大，其主要表达式选项及说明见表 3-4。

表 3-4　find 命令主要表达式选项及说明

选　　项	说　　明
-amin	查找在指定时间曾被访问过的文件或目录，以分钟计算
-anewer	查找其存取时间较指定文件或目录的访问时间更为近期的文件或目录
-atime	查找在指定时间曾被访问过的文件或目录，以 24 小时计算
-cmin	查找在指定时间之时被更改的文件或目录，以分钟计算
-cnewer	查找其更改时间较指定文件或目录的更改时间更接近现在的文件或目录
-ctime	查找在指定时间之时被更改的文件或目录，以 24 小时计算
-daystart	从本日开始计算时间
-depth	从指定目录下最深层的子目录开始查找
-empty	寻找文件大小为 0 的文件，或目录下没有任何子目录或文件的空目录
-exec	假设 find 命令的回传值为 True，就执行该命令
-false	将 find 命令的回传值皆设为 False
-follow	排除符号连接。可用-l 代替
-fstype	只寻找该文件系统类型下的文件或目录
-gid	查找符合指定组 ID 的文件或目录
-group	查找符合指定组名称的文件或目录

选　项	说　明
-help	在线帮助。也可写成--help
-ilname	此选项的效果和-lname 类似，但忽略字符大小写的差别
-iname	此选项的效果和-name 类似，但忽略字符大小写的差别
-inum	查找符合指定的索引节点编号的文件或目录
-iregex	此选项的效果和-regexe 类似，但忽略字符大小写的差别
-links	查找符合指定的硬连接数目的文件或目录
-lname	指定字符串作为寻找符号连接的范本样式
-ls	假设 find 命令的回传值为 True，就将文件或目录名称列出到标准输出
-maxdepth	设置最大目录层级
-mindepth	设置最小目录层级
-mmin	查找在指定时间前曾被更改过的文件或目录，以分钟计算
-mount	查找时局限在先前的文件系统中，即不跨越挂载点。与-xdev 相同
-mtime	查找在指定时间前曾被更改过的文件或目录，以 24 小时计算
-name	查找指定的字符串作为文件名的文件或目录
-newer	查找其更改时间较指定文件或目录的更改时间更接近现在的文件或目录
-nogroup	找出不属于本地主机组 ID 的文件或目录
-nouser	找出不属于本地主机用户 ID 的文件或目录
-ok	此选项的效果和-exec 类似，但在执行之前先询问用户，如果同意，则执行
-path	指定字符串作为寻找目录的范本样式
-perm	查找符合指定的权限数值的文件或目录
-print	假设 find 命令的回传值为 True，就将文件或目录名称输出到标准输出
-prune	查找时忽略指定的目录
-regex	指定字符串作为寻找文件或目录的正则表达式
-size	查找符合指定的文件大小的文件
-true	将 find 命令的回传值皆设为 True
-type	只寻找符合指定的文件类型的文件
-uid	查找符合指定的用户 ID 的文件或目录
-used	查找被更改之后在指定时间曾被存取过的文件或目录，以天计算
-user	查找符合指定的拥有者名称的文件或目录
-version	显示版本信息。也可写成--version
-xtype	此选项的效果和-type 类似，差别在于它针对符号连接检查

例如：

```
$ find /-print          //查找/目录下的所有文件
$ find /-user zhang     //查找在系统中属于 zhang 用户的所有文件
$ find /usr/share -perm 555   //查找/usr/share 目录下所有存取权限为 555 的文件
$ find /-name passwd    //查找系统中文件名为 passwd 的文件
$ find /-atime -2       //查找在系统中最后 48 小时访问的文件
```

12. file 命令

功能：判断指定文件的类型。命令的输出将显示该文件是二进制文件、文本文件、目录文件、设备文件，还是 Linux 中其他类型的文件。

命令语法格式如下：

file［选项］　文件名

例如：

```
$file /bin/passwd
/bin/passwd: setuid ELF 64-bit LSB pie executable, x86-64,version 1  (SYSV),
dynamically linked, for GNU/Linux 3.2.0, stripped      //显示结果为可执行文件
$file/etc/passwd
/etc/passwd: ASCII text                                //显示结果为文本文件
```

13. type 命令

功能：用来查看命令是内部命令还是外部命令。如果是内部命令将会显示 builtin；如果是外部命令将会显示命令保存位置。

命令语法格式如下：

type 命令名

例如：

```
$ type type              //查看 type 命令的类型
```

3.2.4　系统管理命令

1. uname 命令

功能：查看系统信息。

命令语法格式如下：

uname［选项］

选项：-a 表示显示所有信息；-s 表示显示内核名；-n 表示网络节点名字；-r 表示 Linux 系统内核版本；-v 表示 Linux 系统内核版本(强调功能性)。

例如：

```
$ uname -n              //查看本机的机器名
```

2. du 命令

功能：估算指定的文件或目录占用的磁盘空间。利用">"或">>"重定向符，可将显示结果保存到文件。

命令语法格式如下：

du［选项］［文件］

选项：-s 表示只显示目录总计磁盘占用空间，而不显示每个子目录或文件的占用情况；-h 表示以合适的单位显示占用多少。

例如：

```
#du /root | sort -n        //查看/root 目录中文件的磁盘占用，并按由小到大排序
#du >info.txt              //将当前目录占用磁盘空间情况保存在 info.txt 文件中
```

3. df 命令

功能：查看磁盘使用情况。

命令语法格式如下：

```
df [选项]
```

选项：-a 表示显示所有文件系统的磁盘使用情况，包括 0 块（block）的文件系统，如/proc 文件系统；-i 表示显示 i 节点信息，而不是磁盘块；-t 表示显示指定类型文件系统的磁盘空间使用情况；-x 表示列出不是指定类型文件系统的磁盘空间使用情况（与-t 选项相反）；-T 表示显示出文件系统类型。

例如：

```
$df                        //列出各文件系统的磁盘空间使用情况
```

4. free 命令

功能：显示系统内存容量及使用情况，包括实体内存、虚拟内存、共享内存区段，以及系统核心使用的缓冲区等。

命令语法格式如下：

```
free [选项]
```

选项：-b 表示以 byte 为单位显示内存使用情况；-k 表示以 KB 为单位显示内存使用情况；-m 表示以 MB 为单位显示内存使用情况；-s <间隔秒数>表示持续观察内存使用状况；-t 表示显示出内存总计行。

例如：

```
$free -s 5                 //每隔 5s 显示一次内存使用情况
```

5. env 命令

功能：显示当前 Shell 会话中已经定义的所有系统默认和用户自定义的环境变量，以及这些环境变量所对应的变量值。

命令语法格式如下：

```
env [选项]
```

选项：-i 表示开始一个新的空环境；-u name 表示从当前环境中删除指定 name 的变量。

例如：

```
$env
LS_COLORS=rs=0:di=01;34:ln=01;36...        //环境配色方案
LANG=en_US.UTF-8                           //语言环境
HISTCONTROL=ignoredups                     //控制历史的记录方式
HOSTNAME=localhost.localdomain             //主机名
...
```

6. echo 命令

功能：用于输出命令中的字符串或变量，默认输出到屏幕上，也可以通过重定向输出到文件或其他设备。

命令语法格式如下：

echo［选项］［字符串或变量名］

选项：-n 表示不在最后自动换行；-e 表示启用反斜杠转义的解释。

例如：

```
$echo $ PATH              //显示变量 PATH 的值
$echo Hello China!        //屏显"Hello China!"
```

7. logname 命令

功能：显示当前登录用户名。

命令语法格式如下：

logname

例如：

```
$logname                  //查看当前登录的用户
```

8. w 命令

功能：显示当前登录系统的用户信息。类似的命令还有 who、whoami 等。

命令语法格式如下：

w［选项］［用户］

选项：-f 表示开启或关闭显示用户从何处登录系统；-h 表示不显示各栏位的标题信息列；-s 表示使用简洁格式列表，不显示用户登录时间、终端机阶段作业和程序所耗费的 CPU 时间；-u 表示忽略执行程序的名称，以及该程序耗费 CPU 时间的信息。

例如：

```
$w root                   //查看 root 用户登录本系统的情况
```

3.3　vi 编辑器

3.3.1　vi 简介

vi(visual interface)编辑器是 Linux 和 UNIX 上最基本的文本编辑器，工作在字符模式下。由于不需要图形界面，使它成了效率很高的文本编辑器。尽管在 Linux 上也有很多图形界面的编辑器可用，但 vi 在系统和服务器管理方面是其他图形编辑器所无法比拟的。

vi 可以执行输出、删除、查找、替换、块操作等众多文本操作，而且用户可以根据自己的需要对其进行定制，这是其他编辑程序所没有的。

vi 编辑器并不是一个排版程序，它不像 Word 或 WPS 那样可以对字体、格式、段落等其他属性进行编排,它只是一个文本编辑程序。vi 有许多命令,初学者可能会觉得它比较烦琐,但应用熟练之后,就会发现 vi 是一个简单易用并且功能强大的源程序编辑器。

vim 是 vi 的加强版,比 vi 更容易使用。vi 的命令几乎都可以在 vim 上使用。要在 Linux 下编写文本或语言程序,用户首先必须选择一种文本编辑器。可以选择 vi 或 vim 编辑器,使用它们的好处是几乎每一个版本的 Linux 都会默认安装。vim 也是在文本模式下使用,需要记忆一些基本的命令操作方式。用户也可以选择使用 pico、joe、jove、mc 等编辑器等,它们都比 vim 简单。如果实在不习惯使用文本模式,可以选择视窗环境下的编辑器,如 Gedit、Kate、KDevelop 等,它是在 Linux 中的 X Window 下执行的 C/C++ 整合式开发环境。

3.3.2　vi 的工作模式

vi 有 3 种工作模式,即命令模式、插入模式和末行模式,如图 3-1 所示。

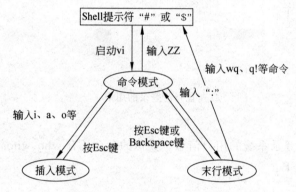

图 3-1　vi 编辑器的 3 种工作模式

1. 命令模式

在 Shell 中启动 vi 时,最初就是进入命令模式。在该模式下可以输入各种 vi 命令,可以进行光标的移动以及字符、字、行的删除、复制、粘贴等操作。此时,从键盘上输入的任何字符都作为命令来解释。在其他两种模式下,按 Esc 键,就可以转换到命令模式。

注意:在此模式下输入的任何字符都不会在屏幕上显示出来。

2. 插入模式

插入模式主要用于输入文本。在该模式下,用户输入的任何字符都可作为文件的内容保存起来,并会显示在屏幕上。在命令模式下输入 i、a、o 等命令就可以进入插入模式,在屏幕的最底端会提示"--INSERT--"字样。要转换到命令模式,只需按 Esc 键即可。

提示:输入命令 i,将在光标前面插入内容;输入命令 a,将在光标后面插入内容;输入命令 o,将在光标所在行下面新的空行处插入内容。

3. 末行模式

在命令模式下,输入":"就进入了末行模式。此时 vi 在窗口的最后一行显示一个":",并等待用户输入命令。在末行模式下,可以进行诸如保存文件、退出、查找字符串、文本替换、显示行号等操作。一条命令执行完毕后,就会返回命令模式。

提示:当处于末行模式,且已经输入了一条命令的一部分而不想继续时,按几次

Backspace 键删除已输入的命令或直接按 Esc 键,都可以进入命令模式。

3.3.3　启动与退出 vi

输入以下命令都可以启动 vi 并进入命令模式。

```
vi                      //光标定位在屏幕的第 1 行第 1 列位置。不指定文件名,在保存文件时
                          需要指定文件名
vi 文件名                //如果该文件不存在,将建立此文件;否则打开此文件。光标定位在屏
                          幕的第 1 行第 1 列位置
vi +n 文件名             //打开此文件,光标停在第 n 行开始处
vi + 文件名              //打开此文件,光标停在文件最后一行开始处
vi +/字符串 文件名       //打开此文件,查找到该字符串,并将光标停在第一次出现字符串的行
                          首位置
```

如图 3-2 所示为输入 vi newfile 命令时 vi 的窗口,“～”表示该行是新的、没有被编辑过的行。

"newfile" [New File]   0,0-1   All

图 3-2　vi 窗口

在退出 vi 前,可以先按 Esc 键,以确保当前 vi 的状态为命令方式,然后输入“:”,进入末行模式,输入以下命令。

```
w           //保存当前正在编辑的文件,但不退出 vi,w 是 write 的首字母
w 文件名     //将当前文件的内容保存在由“文件名”指定的新文件中,如果该文件已存在,则产生
              错误,且不会退出 vi
w! 文件名    //将当前文件的内容保存在由“文件名”指定的新文件中,如果该文件已存在,则覆盖
              原文件,且不会退出 vi
q           //不保存文件而直接退出 vi,如果文件有改动而没有保存,将出现错误提示,q 是
              quit 的首字母
q!          //强行退出 vi,如果文件内容有改动,则恢复到文件的原始内容
wq          //保存并退出 vi,这是最常用的退出 vi 的方式
```

提示:在末行模式下,输入以下命令:

```
:set number
```

或

```
:set nu
```

55

可以给每一行添加行号,这在调试程序时会很有用。行号并不是文件内容的一部分。

3.3.4 vi 的基本操作命令

1. 移动光标命令

在 vi 的插入模式下,一般使用键盘上的 4 个方向键来移动光标。而在命令行模式下则有很多移动光标的方法,熟练掌握这些命令,有助于提高用户的编辑效率,常用的移动光标命令见表 3-5。

表 3-5 命令模式下常用的移动光标命令

命　　令	说　　明
↑	移动到上一行,所在的列不变
↓	移动到下一行,所在的列不变
←	左移一个字符,所在的行不变
→	右移一个字符,所在的行不变
数字 0	移动到当前行的行首
$	移动到当前行的行尾
nw	右移 n 个字,n 为数字,光标处于第 n 个字的字首。w 是 forword(向前)中的字母
w	右移 1 个字,光标处于下一个字的字首
nb	左移 n 个字,n 为数字,光标处于第 n 个字的字首。b 是 back(向后)的首字母
b	左移 1 个字,光标处于下一个字的字首
(	移到本句的句首,如果已经处于本句的句首,则移动到前一句的句首
)	移动到下一句的句首
{	移到本段的段首,如果已经处于本段的段首,则移动到前一段的段首
}	移动下一段的段首
1G	移动到文件首行的行首
G	移动到文件末行的行首
nG	移动到文件第 n 行的行首
Ctrl＋g	报告光标所处的位置,位置信息显示在 vi 的最后一行

提示:遇到".""?"或"!"时,vi 认为是一句的结束。vi 以空白行作为段的开始或结束。

2. 删除文本命令

在插入模式下,用 Delete 键可以删除光标所在位置的一个字符,用 Backspace 键删除光标所在位置的前一个字符。在命令模式下,有各种各样的删除文本的方法,常用的删除文本命令见表 3-6。

表 3-6 命令模式下的删除文本命令

命　　令	说　　明
x	删除光标所在位置的一个字符
nx	删除从光标开始的 n 个字符
dw	删除光标所在位置的一个字,d 是 delete 的首字母

命　　令	说　　明
$n$dw	删除从光标开始的 n 个字
db	删除光标前的一个字
$n$db	删除从光标开始的前 n 个字
d0	删除从光标前一个字符到行首的所有字符
d$	删除光标所在字符到行尾的所有字符
dd	删除光标所在的行,即当前行
$n$dd	删除从当前行开始的 n 行
d(	删除从当前字符开始到句首的所有字符
d)	删除从当前字符开始到句尾的所有字符
d{	删除从当前字符开始到段首的所有字符
d}	删除从当前字符开始到段尾的所有字符

提示:如果要取消前一次操作,在命令模式下输入字符 u 即可。u 是 undo 的首字母。

3. 文本查找和替换命令

在命令模式下,查找文本命令见表 3-7。

表 3-7　命令模式下的查找文本命令

命　　令	说　　明
?string+Enter	在命令模式下输入"?"和要查找的字符串(如 string)并按 Enter 键即可
n	向文件头方向重复前一个查找命令
N	向文件尾方向重复前一个查找命令

在末行模式下,替换文本命令见表 3-8。

表 3-8　末行模式下的替换文本命令

命　　令	说　　明
s/oldstr/newstr	在当前行用 newstr 字符串替换 oldstr 字符串,只替换一次,s 是 substitue 的首字母
s/oldstr/newstr/g	在当前行用 newstr 字符串替换所有的字符串 oldstr
1,10s/oldstr/newstr/g	在第 1~10 行用字符串 newstr 来替换所有的字符串 oldstr
1,$s/oldstr/newstr/g	在整个文件中用字符串 newstr 来替换所有的字符串 oldstr

4. 文本的复制与粘贴命令

复制和粘贴是文本编辑中的常用操作,vi 也提供了这种功能。复制是把指定内容复制到内存的一块缓冲区中,而粘贴是把缓冲区中的内容粘贴到光标所在位置。复制与粘贴命令见表 3-9。

表 3-9 命令模式下的复制与粘贴命令

命　　令	说　　明
yw	将光标所在位置到字尾的字符复制到缓冲区中，y 是 yank 的首字母
$n$yw	将从光标所在位置开始的 n 个字复制到缓冲区中，n 为数字
yb	从光标开始向左复制一个字
$n$yb	从光标开始向左复制 n 个字，n 为数字
y0	复制从光标前一个字符到行首的所有字符
y\$	复制从光标开始到行末的所有字符
yy	复制当前行，即光标所在的行
$n$yy	复制从当前行开始的 n 行，n 为数字
p	在光标所在位置的后面插入复制的文本，p 是 paste 的首字母
P	在光标所在位置的前面插入复制的文本
np	在光标所在位置的后面插入复制的文本，共复制 n 次
nP	在光标所在位置的前面插入复制的文本，共复制 n 次

实　　训

1. 实训目的

熟练掌握 Shell 的特性和使用方法，是学好 Linux 的基础。

2. 实训内容

在 Debian 11 操作系统上掌握 Shell 的基本操作命令，完成一个以 exercise 为目录名的相关文件系统操作。

（1）由当前目录切换至指定目录，在该目录下创建新目录（目录名为 exercise），利用 ls 命令查看目录是否创建成功。

（2）在 exercise 目录下创建文件名为 file1.txt，输入部分内容以便后续操作。利用不同的命令查看文件内容。

（3）复制 file1.txt，更名为 file2.txt。利用命令移除 file1.txt 文件。

（4）查找 file2.txt 文件中指定的字符。

（5）利用 vi 编辑器对 file2.txt 文件内容进行编辑。

3. 实训总结

熟练 Shell 的命令，并能熟练操作 vi 编辑器，为以后的服务器配置打下坚实的基础。

习　　题

一、选择题

1. 使用 vi 编辑只读文件时，强制存盘并退出的命令是（　　　）。

　　A. ：w!　　　　　　B. ：q!　　　　　　C. ：wq!　　　　　　D. ：e!

2. 使用（　　）命令把两个文件合并成一个文件。

　　A. cat　　　　　　B. grep　　　　　　C. awk　　　　　　D. cut

3. 用 ls -al 命令列出下面的文件列表，（　　）文件是符号连接文件。

　　A. -rw-rw-rw-　　2　hel-s　users　56　　　Sep　09　11：05　hello

　　B. -rwxrwxrwx　2　hel-s　users　56　　　Sep　09　11：05　goodbey

　　C. drwxr--r--　　1　hel　　users　1024　　Sep　10　08：10　zhang

　　D. lrwxr--r--　　1　hel　　users　2024　　Sep　12　08：12　cheng

4. 对于 $ cat name test1 test2＞name 命令，说法正确的是（　　）。

　　A. 将 test1、test2 合并到 name

　　B. 命令错误，不能将输出重定向到输入文件中

　　C. 当 name 文件为空的时候命令正确

　　D. 命令错误，应该为 $ cat name test1　test2　＞＞name

5. vi 中，（　　）命令从光标所在行的第一个非空白字符前面开始插入文本。

　　A. i　　　　　　　B. I　　　　　　　C. a　　　　　　　D. S

6. 如果要列出/etc 目录下所有以 vsftpd 开头的文件，以下命令中能实现的是（　　）。

　　A. ls /etc │grep vsftpd　　　　　　B. ls /etc/vsftpd

　　C. find /etc vsftpd　　　　　　　　D. ls /etc/vsftpd＊

7. 假设当前处于 vi 的命令模式，现要进入插入模式，以下快捷键中，无法实现的是（　　）。

　　A. I　　　　　　　B. A　　　　　　　C. O　　　　　　　D. l

8. 目前处于 vi 的插入模式，如果要切换到末行模式，以下操作方法中正确的是（　　）。

　　A. 按 Esc 键　　　　　　　　　　　B. 按 Esc 键，然后输入“：”

　　C. 输入“：”　　　　　　　　　　　D. 直接按 Shift＋：组合键

9. 以下命令中，不能用来查看文本文件内容的是（　　）。

　　A. less　　　　　　B. cat　　　　　　C. tail　　　　　　D. ls

10. 在 Linux 中，系统管理员（root）状态下的提示符是（　　）。

　　A. $　　　　　　　B. ♯　　　　　　　C. ％　　　　　　　D. ＞

11. 删除文件的命令为（　　）。

　　A. mkdir　　　　　B. rmdir　　　　　C. mv　　　　　　D. rm

12. 建立一个新文件可以使用的命令为（　　）。

　　A. chmod　　　　　B. more　　　　　C. cp　　　　　　D. touch

13. 以下（　　）不是 Linux 的 Shell 类型。

　　A. bash　　　　　　B. ksh　　　　　　C. rsh　　　　　　D. csh

二、简答题

1. vi 编辑器有哪三大工作模式？其相互之间如何切换？

2. 列举查看文件内容的命令，并说明其区别。

第 4 章　用户和组管理

Linux 是一个多用户、多任务的网络操作系统,所有要使用系统资源的用户都必须先向系统管理员申请一个账号,然后用这个账号进入系统。用户管理一方面能帮助系统管理员对使用系统的用户进行跟踪,并控制他们对系统资源的访问;另一方面也能帮助用户组织文件,并为用户提供安全性保护。每个用户账号都拥有一个唯一的用户名和用户密码。用户在登录时输入正确的用户名和密码后,才能进入系统和自己的主目录。

本章学习任务:
- 掌握用户账号的管理方法;
- 掌握用户账号的添加、删除和修改;
- 掌握用户密码的管理;
- 掌握用户组的管理。

4.1　用户和组

在 Linux 系统中每个用户都拥有一个唯一的标示符,称为用户 ID(UID),每个用户对应一个账号。为方便管理,Linux 系统把具有相似属性的多个用户分配到一个称为用户分组的组中,每个用户至少属于一个组。系统被安装完毕后,已创建了一些特殊用户,它们具有特殊的意义,其中最重要的是超级用户,即 root。用户分组是由系统管理员建立的,一个用户分组内包含若干个用户,一个用户也可以归属于不同的分组。用户分组也有一个唯一的标示符,称为组 ID(GID)。对文件的访问都是以文件的 UID 和 GID 为基础的,根据用户和组信息可以控制如何授权用户访问系统,以及被允许访问后用户可以进行的操作权限。

按照用户的权限,用户被分为普通用户、超级用户和系统用户。普通用户只能访问自己的文件和其他有权限执行的文件,而超级用户权限最大,可以访问系统的全部文件并执行任何操作。超级用户也被称为根用户,一般系统管理员使用的是超级用户 root 的权限,有了这个权限,管理员可以突破系统的一切限制,方便管理和维护系统。普通用户也可以用 su 命令临时转变为超级用户。而系统用户是指系统内置的、执行特定任务的用户,不具有登录系统的能力。

系统的这种安全机制有效地防止了普通用户对系统的破坏。例如,存放于/dev 目录下的设备文件分别对应硬盘、打印机、光驱等硬件设备,系统通过对这些文件设置用户访问权限,使普通用户无法删除、覆盖硬盘文件而破坏整个系统,从而保护了系统安全。

在 Linux 中可以利用用户配置文件,以及用户查询和管理的控制工具来进行用户管理。

用户管理其实是通过修改用户配置文件完成,用户管理控制工具最终的目的也是修改用户配置文件,所以在进行用户管理的时候,直接修改用户配置文件同样可以达到用户管理的目的。常用的用户配置文件有 passwd、shadow、group、gshadow 等。

4.1.1　用户账号文件

/etc/passwd 文件用来保存系统所有用户的账号数据等信息,又称密码文件。例如,当用户以 zhang 这个账号登录时,系统首先会查阅/etc/passwd 文件,看是否有 zhang 这个账号,然后确定 zhang 的 UID,通过 UID 来确认用户和身份。如果无误后,则读取/etc/shadow 影子文件中所对应的 zhang 的密码,密码核实无误后,则登录系统并读取用户的配置文件。

/etc/passwd 文件可由系统管理员编辑和修改,普通用户只有查看的权限。执行 cat 命令可查看完整的系统账号文件如下:

```
# cat /etc/passwd
root:x:0:0:root:/root:/bin/bash
daemon:x:1:1:daemon:/usr/sbin/usr/sbin/nologin
bin:x:2:2:bin:/bin:/usr/sbin/nologin
sys:x:3:3:sys:/dev:/usr/sbin/nologin
...
zhang:x:1000:1000:zhang:/home/zhang:/bin/bash
```

在/etc/passwd 文件中,一行代表的是一个用户的信息,每一行有 7 个字段,表示了 7 种信息,每个字段用“:”分隔,其格式如下:

```
username:password:User ID:Group ID:comment:home directory:shell
```

各字段含义如下。

(1) username:用户名,它唯一地标识了一个用户账号,用户在登录时使用的就是它。通常长度不超过 8 个字符,可由字母(区分大小写)、下画线、句点或数字等组成。用户名中不能有冒号,因为冒号在这里是分隔符。在创建用户时,用户名中最好不要包含“.”“-”“+”等容易引起歧义的字符。

(2) password:账号密码,这个字段的 x 代表密码标志,而不是真正的密码,真正的密码是保存在/etc/shadow 文件中的。如果此字段为空,表明该用户登录时不需要密码。

(3) User ID:用户识别码,简称 UID。此字段非常重要,Linux 系统内部使用 UID 来识别用户,而不是用户名。在系统中每个用户对应一个唯一的 UID,一般情况下 UID 和用户名是一一对应的,如果几个用户名对应的用户标识号是相同的,系统内部将把他们视为同一个用户,不过他们能有不同的密码、不同的主目录及不同的登录 Shell 等。通常 UID 的取值范围是 0~65535 的整数(UID 的最大值可以在文件/etc/login.defs 中查到,一般 Linux 发行版约定为 60000)。其中,0 是超级用户 root 的标识号,1~999 作为系统账号 ID,普通用户的标识号从 1000 开始。

(4) Group ID:用户组识别码,简称 GID。不同的用户可以属于同一个用户组,享有该用户组共有的权限。与 UID 类似,GID 唯一地标识了一个用户组。

(5) comment:备注字段,给用户账号做注解,它可以是用户真实姓名、电话号码、住址等一段任意的注释性描述文字，当然也可以为空。

(6) home directory：主目录，系统为每个用户配置的单独使用环境，即用户登录系统后最初所在的目录，在这个目录中，用户不仅可以保存自己的配置文件，还可以保存自己日常工作中的各种文件。一般来说，root 账号的主目录是/root，其他账号的主目录都在/home目录下，并且和用户名同名。各用户对自己的主目录有读、写、执行(搜索)权限，其他用户对此目录的访问权限则根据具体情况设置。用户可以在账号文件中更改用户登录目录。

(7) shell：用户登录后，要启动 shell 进程，负责将用户的操作传给内核，这个进程是用户登录到系统后运行的命令解释器或某个特定的命令。Shell 是用户和 Linux 系统之间的接口。系统管理员能根据系统情况和用户习惯为用户指定 Shell。

用户的登录 Shell 也可以指定为某个特定的程序(此程序不是命令解释器)。利用这一特点，能限制用户只能运行指定的应用程序，在该应用程序运行结束后，用户就自动退出了系统。系统中有一类用户(称为伪用户)，这些用户在/etc/passwd 文件中也占有一条记录，他们的登录 Shell 为空，因此不能登录系统。这些用户的存在主要是方便系统管理，满足相应的系统进程对文件属主的需求。常见的伪用户有 bin、sys、mail 等。

4.1.2 用户影子文件

Linux 使用了不可逆算法来加密登录密码，所以黑客很难从密文得到明文。但由于任何用户都有权限读取/etc/passwd 文件，用户密码保存在这个文件中是极不安全的。针对这种安全问题，许多 Linux 的发行版本引入了影子文件/etc/shadow 来提高密码的安全性。使用影子文件是将用户的加密密码从/etc/passwd 中移出，保存在只有超级用户 root 才有权限读取的/etc/shadow 中，/etc/passwd 中的密码域显示一个 x 占位符。

/etc/shadow 文件是/etc/passwd 的影子文件，这个文件并不由/etc/passwd 产生，这两个文件是对应互补的。Shadow 内容包括用户、被加密的密码，以及其他/etc/passwd 不能包括的信息，如用户的有效期限等。

/etc/shadow 文件的内容包括 9 个字段，每个字段之间用"："分隔。只有管理员用户拥有读取该文件的权限，可使用 cat 命令来查看影子文件的内容，如下所示：

```
#cat /etc/shadow |more
root: $6 $M9sgi327sdggd62hjH5Fdsrthjk&68fgdsd43 $hgk&jgdsf2kjb @ jhghfhgh5jfds6
ffd768h%jggh(khhhvh%hgYgg6kjUgff.::0:99999:7:::
daemon: * :19078:0:99999:7:::
bin: * :19078:0:99999:7:::
sys: * :19078:0:99999:7:::
...
zhang: * : $6 $fg7DUHGggrtjrsuutc548hxdsahfe289hjgfd $68gcx # uhjgcg%hfgffseh67765
hgdshju%hhkk * hkhbjgj%hghgjgkk:/:::0:99999:7:::
```

(1) 用户名(也被称为登录名)。在/etc/shadow 中，用户名和/etc/passwd 是相同的，这样就把 passwd 和 shadow 中的用户记录联系在一起；这个字段是非空的。

(2) 密码。用户密码是经过加密处理的，一般采用的是不可逆的加密算法。当用户输入密码后，系统会对用户输入的密码进行加密，再把加密的密码与系统存放的用户密码进行比较。如果这两个加密数据匹配，则允许用户进入系统。Linux 的加密算法很严密，其中的密码很难被破解。账号盗用者一般都借助专门的黑客程序来暴力破解密码,因此,建议不要使用生日、常用单词等作为密码。如果是"＊",表示这个用户不能登录系统;如果是 1 个"!",表示账户被锁定;如果是 2 个"!",表示密码被锁定。

(3) 上次修改密码的时间。这个时间是从 1970 年 1 月 1 日起算到最近一次修改密码的时间间隔(天数),可以通过管理员账号用 passwd 命令来修改用户的密码,然后查看/etc/shadow 中此字段的变化。

(4) 两次修改密码最少的间隔天数。如果配置为 0,则禁用此功能,也就是说用户必须经过多少天才能修改其密码;默认值是通过/etc/login.defs 文件中的 PASS_MIN_DAYS 进行定义。

(5) 两次修改密码最多的间隔天数。这个字段可以增强管理员管理用户密码的时效性,也增强了系统的安全性;默认值是在添加用户时由/etc/login.defs 文件中的 PASS_MAX_DAYS 进行定义。

(6) 提前多少天警告用户密码将过期。如果满足条件,当用户登录系统后,系统登录程序提醒用户密码将要作废;默认值是在添加用户时由/etc/login.defs 文件中的 PASS_WARN_AGE 进行定义。

(7) 在密码过期之后多少天禁用此用户。此字段表示用户密码作废多少天后,系统会禁用此用户,也就是说系统不会再让此用户登录,也不会提示用户过期,是完全禁用。

(8) 用户过期日期。此字段指定了用户作废的天数(从 1970 年的 1 月 1 日开始的天数),如果这个字段的值为空,账号长久可用。

(9) 保留字段。目前为空,以备将来 Linux 发展之用。

4.1.3　组账号文件

具有某种共同特征的用户集合起来就是用户组(group)。用户组的设置主要是为了方便检查、设置文件或目录的访问权限。每个用户组都有唯一的用户组号(GID)。

/etc/group 文件是用户组的配置文件,内容包括用户组名、用户组密码、GID 及该用户组所包含的用户 4 个字段,每行代表一个用户组记录。格式如下:

```
group_name:password:GID:user_list
```

各字段含义如下。

(1) group_name:用户组的名称,由字母或数字构成。与/etc/passwd 中的用户名一样,组名不应重复。

(2) password:存放的是用户组加密后的口令字。一般 Linux 系统的用户组都没有口令,即这个字段一般为空,或者是"＊"。

(3) GID:GID 与 UID 类似,也是一个整数,被系统内部用来标识组。root 用户组的 GID 为 0。

(4) user_list:属于这个组的所有用户的列表,不同用户之间用","分隔。这个用户组可能是用户的主组,也可能是附加组。如果本字段为空,可能该用户组是这个用户的初始组,也可能没有用户。

/etc/group 文件可由系统管理员编辑和修改,普通用户只有查看的权限。执行 cat 命令可查看完整的文件内容如下：

```
#cat /etc/group|more
root:x:0:
deamon:x:1:
bin:x:2:
sys:x:3:
...
zhang:x:1000:
```

其中，文件中第 1 行 root:x:0:的含义为：root 代表用户组名；x 代表密码字段的占位符；0 代表 root 组 GID；最后字段表示仅有 root 用户。

对照/etc/passwd 和/etc/group 两个文件，会发现在/etc/passwd 中的每条用户记录中都含有用户默认的 GID，在/etc/group 中的每个用户组中可以有多个用户。在创建目录和文件时会使用默认的用户组。

4.1.4　用户组影子文件

与/etc/shadow 文件一样，考虑到组信息文件中密码的安全性，引入相应的组密码影子文件/etc/gshadow。

/etc/gshadow 是/etc/group 的加密文件，如用户组管理密码就存放在这个文件中。/etc/gshadow 和/etc/group 是两个互补的文件。对于大型服务器，针对很多用户和组，定制一些关系结构比较复杂的权限模型，设置用户组密码是极有必要的。例如，如果不想让一些非用户组成员永久拥有用户组的权限和特性，这时就可以通过密码验证的方式来让某些用户临时拥有一些用户组特征，这时就要用到用户组密码。

/etc/gshadow 格式如下，每个用户组独占一行，每行也是由 4 个字段组成。

```
group_name:password:admin1,admin2,...:member1,member2,...
```

各字段含义如下。

（1）group_name：同/etc/group 文件中的组名相对应。

（2）password：这个字段可以是空或"!"，如果是空或"!"，表示没有密码。如果有密码也是加密密码。

（3）admin1,admin2,...：用户组管理者，这个字段可以为空，如果存在多个用户组管理者，则用","进行分隔。

（4）member1,member2,...：该字段显示这个用户组中有哪些附加用户，和/etc/group 文件中附加组显示内容相同。

/etc/gshadow 文件只有系统管理员有读取的权限。执行 cat 命令可查看完整的文件内容如下：

```
#cat /etc/gshadow | more
root:*::
daemon:*::
bin:*::
sys:*::
...
zhang:!::
```

其中，root：*：：一行的含义为：用户组名为 root，没有设置密码，该用户没有用户组管理者，组成员仅有 root 用户。

4.1.5　与用户和组管理有关的文件和目录

1. /etc/skel

/etc/skel 目录一般是存放用于初始化用户启动文件的目录，这个目录是由 root 权限控制的。一般来说，每个用户都有自己的主目录，用户成功登录后就处于自己的主目录下。当用 useradd 命令添加用户时，这个目录下的文件会自动复制到新添加的用户的家目录下。/etc/skel 目录下的文件都是隐藏文件，也就是类似".file"格式的；可通过修改、添加、删除/etc/skel 目录下的文件，来为用户提供一个统一、标准、默认的用户环境。典型的/etc/skel内容如下：

```
#ls -a /etc/skel
. .. .bash_logout.bashrc.profile
```

2. /etc/login.defs 配置文件

/etc/login.defs 文件用于当创建用户账号时进行的一些规定。比如，创建用户时，是否需要创建用户家目录、用户的 UID 和 GID 的范围、用户的期限等，这个文件是可以通过 root来定义的。典型的/etc/login.defs 文件主要设置项含义如下：

```
#cat /etc/login.defs
MAIL_DIR          /var//mail        //创建用户时，用户 E-mail 邮箱所在的目录
PASS_MAX_DAYS     99999             //账户密码的最长有效天数
PASS_MIN_DAYS     0                 //账户密码的最短有效天数，允许更改密码的最短天数
PASS_WARN_AGE     7                 //密码过期前提前警告的天数
UID_MIN           1000              //创建用户时，自动产生的最小 UID 值
UID_MAX           60000             //创建用户时，自动产生的最大 UID 值
SYS_UID_MIN       100               //保留给用户自行设置的系统账号最小 UID 值
SYS_UID_MAX       999               //保留给用户自行设置的系统账号最大 UID 值
GID_MIN           1000              //创建用户时，自动产生的最小 GID 值
GID_MAX           60000             //创建用户时，自动产生的最大 GID 值
SYS_GID_MIN       100               //保留给用户自行设置的系统账号最小 GID 值
SYS_GID_MAX       999               //保留给用户自行设置的系统账号最大 GID 值
DEFAULT_HOME      yes               //创建用户时，是否创建用户家目录
UMASK             022               //默认创建文件和目录的权限
USERGROUPS_ENAB   yes               //创建用户时是否创建用户主群组
ENCRYPT_METHOD    SHA512            //用户的口令使用 SHA512 加密算法加密
```

3. /etc/default/useradd 文件

该文件是通过 useradd 命令创建用户时的规则文件。其主要内容如下：

```
#more /etc/default/useradd
SHELL=/bin/sh                       //默认登录 Shell 的类型
GROUP=100                           //默认用户组 ID，在依赖/etc/login.defs 的 USE
                                      RGRUUPS_ENAB 为 no 或者 useradd 使用了-N 选项
                                      时，此参数有效
HOME=/home                          //把用户的家目录建在/home 中
INACTIVE=-1                         //是否启用账号过期停权，-1 表示不启用
```

```
EXPIRE=                           //账号终止日期,不设置表示不启用
SKEL=/etc/skel                    //存放用于初始化用户环境文件的目录
CREATE_MAIL_SPOOL=yes             //是否自动创建用户邮件信箱
```

4.2　用户账号和密码的管理

4.2.1　用户账号管理

用户账号的管理主要涉及用户账号的添加、删除和修改等。

1. 添加账号

添加用户账号就是在系统中创建一个新账号,可以同时为新账号分配用户号、用户组、主目录和登录 Shell 等资源。如果没有给刚添加的账号设置密码,则该账号是被锁定的,无法使用。

添加新的用户账号使用 useradd 命令,语法格式如下:

```
useradd [选项]  用户名
```

常用选项说明如下。

-c comment:指定一段注释性描述。

-d home_dir:指定用户主目录。如果目录不存在,则同时使用-m 选项,可创建主目录。

-m:如果主目录不存在,则创建它。

-M:不创建主目录。

-N:不创建与用户名同名的组。

-g group:指定用户所属的用户组名或组 ID。该组名或组 ID 在指定时必须已存在。

-G 用户组列表:指定用户所属的附加组,各组之间用逗号隔开。

-s Shell:指定用户的登录 Shell,默认为/bin/bash。

-uUID:指定新用户的用户号,该值必须唯一且大于 999。如果同时有-o 选项,则能重复使用其他用户的标识号。

例 1:

```
#useradd -d  /tmp/wuli -m wuli
```

此命令创建了一个用户 wuli,其中-d 和-m 选项用来为用户 wuli 产生一个主目录/tmp/wuli(/tmp 为当前用户主目录所在的父目录)。

例 2:

```
#useradd -s  /bin/sh  -g  stu  -G adm,root zhenhuan
```

此命令新建了一个用户 zhenhuan,该用户的登录 Shell 是/bin/sh,它属于 stu 用户组,同时又属于 adm 和 root 用户组,其中 stu 用户组是其主组。

增加用户账号就是在/etc/passwd 文件中增加了一条新用户的记录,同时会更新其他系统文件,如/etc/shadow、/etc/group 等。如果要查看系统在创建用户时默认的参数,可以使用以下命令:

```
#useradd -D
```

2. 删除账号

如果一个用户账号不再使用,要能从系统中删除。删除用户账号就是要将/etc/passwd 等系统文件中的该用户记录删除,必要时还要删除用户的主目录。删除一个已有的用户账号使用 userdel 命令,语法格式如下:

userdel［选项］　用户名

常用的选项是-r,其作用是在删除用户账号的同时把该用户的主目录一起删除。例如:

#userdel -r　wuli

此命令删除用户 wuli 在系统文件(主要是/etc/passwd、/etc/shadow、/etc/group 等)中的记录,同时删除用户的主目录。

3. 修改账号

修改用户账号就是根据实际情况更改用户的有关属性,如用户号、主目录、用户组、登录 Shell 等。修改已有用户的信息使用 usermod 命令,语法格式如下:

#usermod［选项］　用户名

常用的选项包括-c、-d、-m、-g、-G、-s、-u、-o 等,这些选项的含义和 useradd 命令中的相同,能为用户指定新的属性。下面按用途介绍几个选项。

1) 改变用户账号名

格式如下:

usermod -l 新用户名　原用户名

-l 选项指定一个新的账号,即将原来的用户名改为新的用户名。例如:

#usermod -l zhang　zhao　　　//将用户 zhao 改名为 zhang

2) 锁定账号

如果要临时禁止用户登录,可将该用户账户锁定。其格式如下:

usermod -L　用户名

Linux 锁定账户,也可直接在密码文件 shadow 的密码字段前加"!"来实现。

3) 解锁账户

格式如下:

usermod -U　用户名

选项:-U 表示将指定的账户解锁,以便可以正常使用。

4) 将用户加入其他组

格式如下:

usermod -G　组名

或

GID　用户名

例如:

#usermod -G　sys tom　　　　　//将用户 tom 追加到 sys 这个组

67

其他选项应用如下:

```
#usermod -s /bin/sh -d /home/zhang -g daemon wuli
```

此命令将用户 wuli 的登录 Shell 修改为 sh,主目录改为/home/zhang,用户组改为 daemon。

4. 查看账号属性

格式如下:

```
id[选项] [用户]
```

此命令是显示指定用户的 UID 和 GID,默认为当前用户的 ID 信息。常用的选项有:-g 表示只显示用户所属群组的 ID;-G 表示显示用户所属附加群组的 ID;-n 表示显示用户、所属群组或附加群组的名称,与-u/g/G 联用;-r 表示显示实际 ID,与-u/g/G 联用;-u 表示只显示用户 ID。

此外,利用"groups[用户]"命令可以显示用户所在的组,默认为当前用户的所属组信息。

4.2.2 用户密码管理

用户管理的另一项重要内容是用户密码的管理。用户账号刚创建时没有密码,是被系统锁定的,无法使用,必须为其指定密码后才能使用,即使是空密码。

1. 设置用户登录密码

设置和修改用户密码的命令是 passwd。超级用户能为自己和其他用户指定密码,普通用户只能修改自己的密码。

命令语法格式如下:

```
passwd[选项] [用户名]
```

如果 passwd 命令后不带用户名,则是修改当前用户的密码。例如,假设当前用户是 wuli,则下面的命令是修改该用户自己的密码:

```
$passwd
Old password:******
New password:*******
Re-enter new password:
```

如果是超级用户,能用下列形式指定任意用户的密码:

```
#passwd wuli
New password:*******
Re-enter new password:*******
```

普通用户修改自己的密码时,passwd 命令会先询问原密码,验证后再要求用户输入两遍新密码,如果两次输入的密码一致,则将这个密码指定给用户;而超级用户为用户指定密码时,就不必知道原密码。为了安全起见,用户应该选择比较复杂的密码,最好使用不少于 8 位的密码,密码中包含有大、小写字母和数字,忌用姓名、生日等。

2. 删除用户密码

为用户指定空密码时,执行下列形式的命令:

```
passwd -d  用户名
```

此命令将用户的密码删除，只有 root 用户才有权执行。用户密码被删除后，将不能再登录系统，除非重新设置密码。

3. 查询密码状态

要查询指定用户的密码状态，可由 root 用户执行下列形式的命令：

```
passwd -S  用户名
```

如果账户密码被锁定，将显示含有 Password locked 的信息；如果未加密，则显示含有 "Password set, SHA512 crypt." 的信息。

4. 锁定用户密码

在 Linux 中，除了用户账户可被锁定外，用户密码也可以被锁定，任何一方被锁定后，都将导致该用户无法登录系统。只有 root 用户才有权执行该命令。锁定账户密码可执行下列形式的命令：

```
passwd -l  用户名
```

5. 解锁用户密码

用户密码被锁定后，如果要解锁，可执行下列形式的命令：

```
passwd -u  用户名
```

4.3 用户组的管理

每个用户都所属一个用户组，系统能对一个用户组中的所有用户进行集中管理。不同 Linux 系统对用户组的规定有所不同，如 Linux 下的用户属于和其同名的用户组，这个用户组在创建用户时同时创建。用户组的管理涉及用户组的添加、删除和修改。组的增加、删除和修改实际上就对 /etc/group 文件的更新。

用户组（group）就是具有相同特征的用户（user）的集合体。有时要让多个用户具有相同的权限，如查看、修改某一文件或执行某个命令，这时需要把用户都定义到同一用户组中，通过修改文件或目录的权限，让用户组具有一定的操作权限，这样用户组中的用户对该文件或目录都具有相同的权限，即通过定义组和修改文件的权限来实现。

例如，让编写时间表的人具有读、写、执行的权限，同时让一些用户知道这个时间表的内容，但不让他们修改。可以把这些用户都划到一个组中（用 chgrp 命令），然后修改这个文件（用 chmod 命令）的权限，让用户组可读，并用 chgrp 命令将此文件所有者归属于这个组，这样用户组中的每个用户都有可读的权限，其他用户则无法访问。

1. 创建用户组

使用 groupadd 命令可增加一个新的用户组，命令语法格式如下：

```
groupadd [选项]  用户组名
```

常用选项说明如下。

-g GID：指定新用户组的组标识号（GID）。

-o：与-g 同时使用，表示新建组的 GID 可与原有组的 GID 相同。

-r：创建一个系统组。

例 1：

```
# groupadd group1          //增加一个新组 group1，同时指定新组的组标识号是在当前
                            已有的最大组标识号的基础上加 1
```

例 2：

```
# groupadd -g 101  group2   //增加一个新组 group2，同时指定新组的组标识号是 101
```

2. 删除用户组

使用 groupdel 命令可删除一个已有的用户组，如果该用户组中仍包括某些用户，则必须先删除这些用户后，才能删除此组。命令语法格式如下：

```
groupdel  用户组名
```

例如：

```
# groupdel  group1          //删除组 group1
```

3. 修改用户组属性

用户组创建后，可用 groupmod 命令根据需要对用户组的相关属性进行修改。对用户组属性的修改，主要是修改用户组的名称和用户组的 GID 值。

1）改变用户组名称

如果要对用户组进行重命名，而不改变其 GID 的值，其命令语法格式如下：

```
groupmod -n 新用户组名  旧用户组名
```

例如：

```
# groupmod -n teacher   student //将 student 用户组更名为 teacher 用户组，其组标识号不变
```

2）重设用户组的 GID

用户组的 GID 值可以重新进行设置，但不能与已有用户组的 GID 值重复。对 GID 进行修改，不会改变用户的名称。其命令语法格式如下：

```
groupmod -g GID 组名
```

例如：

```
# groupmod -g 10000 teacher    //将 teacher 组的标识号改为 10000
```

4. 添加用户到指定的组或从指定的组中删除用户

可用 groupmems 命令将用户添加到指定的组，使其成为该组的成员；亦可把用户从指定的组中删除，与 usermod 命令有类似的功能。其命令语法格式如下：

```
groupmems［选项］用户名 -g 用户组名
```

选项：-a 是把用户添加到指定的组；-d 是从指定的组中删除用户；-p 是清除组内的所

有用户;-l 是列出群组的成员;-g 是更改为指定的组名(不是 GID)。

例如:

```
#groupmems -a wuli -g adm          //把用户 wuli 添加到组 adm 中
```

5. 设置用户组管理员、密码和组成员

可以使用 gpasswd 命令将某用户指派为某个用户组的管理员。在实际工作中需要用户组管理员添加用户组或从组中删除某用户,而不是使用 root 用户执行该操作。当然这个命令还有很多功能,其命令语法格式如下:

```
gpasswd [选项] [用户名] 组名
```

选项:-a 是把用户添加到组;-d 是从组中删除用户;-A 是指定某用户为组管理员;-M 是指定某用户为组成员,和-A 的用途差不多;-r 是删除密码;-R 是限制用户登入组,只有组中的成员才可以用 newgrp 命令加入该组。

例如:

```
#gpasswd -A peter users            //将用户 peter 设为 users 组的管理员
#gpasswd users                     //给用户组 users 设置密码,用于切换用户组
```

注意:用户组管理员只能对授权的用户组进行用户管理(添加用户到组或从组中删除用户),无权对其他用户组进行管理。

6. 改变当前用户的有效组

用 newgrp 命令可以切换当前登录用户所属的组。如果一个用户同时隶属于多个用户组,有时需要切换到另外的用户组来执行一些操作,就用到了此命令。命令语法格式如下:

```
newgrp [用户组]
```

在用这个命令切换用户组时,当前用户必须是指定组的用户,否则将无法登录。另外,只是在这次登录的范围内有效,一旦退出登录,再重新登录时,用户所属的组还是原来默认的用户组。如果想要更改用户默认的用户组,那么需要使用 usermod 命令。执行 newgrp 命令后如果不指定组名称,则此命令会登录当前用户的预设用户组。

例如:

```
#groupadd test                     //新建一个组 test
#useradd -G test user1             //添加新用户 user1 并且添加到组 test 中
#id user1                          //查看用户 user1 的相关属性
uid=505(user1) gid=505(user1) groups=505(user1),504(test)
                                   //属于两个组 user1 和 test
#su -user1                         //切换到用户 user1
$id
uid=505(user1) gid=505(user1) groups=504(test),505(user1)
                                   //当前有效组为 505(user1)组

$newgrp test
$id
uid=505(user1) gid=504(test) groups=504(test),505(user1)
                                   //切换后为 test 组,此时将拥有 test 组的权限
```

用该命令变更当前的有效用户组后,就取得了一个新的 Shell,如果要回到原先的 Shell

环境中可以输入 exit 命令。newgrp 改变了操作用户的用户组标识,虽然操作者没有变,当前目录也没变,但是文件的访问权限将以新用户组 ID 为准。

4.4　赋予普通用户特别权限

由于 root 用户权限过大,在实际生产过程中很少使用 root 用户直接登录系统,而是使用普通用户登录系统。但是如果普通用户要对系统进行日常维护操作,需要 root 用户的部分权限,为了系统的安全性,又不能把 root 用户的密码告诉给普通用户,就可以使用 sudo 命令授权某一用户在某一主机以 root 用户身份运行某些命令,从而减少 root 用户密码知晓范围,提高系统安全性。

sudo 是 Linux 系统管理命令,是允许系统管理员让普通用户执行一些或者全部 root 命令的一个工具。sudo 使一般用户不需要知道超级用户的密码即可获得权限。首先超级用户将普通用户的名字、可以执行的特定命令以及按照哪种用户或用户组的身份执行等信息,登记在特殊的文件中(通常是/etc/sudoers),即完成对该用户的授权(此时该用户称为 sudoer);在一般用户需要取得特殊权限时,其可在命令前加上 sudo,此时 sudo 将会询问该用户自己的密码(以确认终端机前的是该用户本人),回答正确后系统即会将该命令的进程以超级用户的权限运行。之后的一段时间内(默认为 5 分钟,可在/etc/sudoers 自定义),使用 sudo 不需要再次输入密码。

1. sudo 的简单配置

sudo 的配置文件是/etc/sudoers,它有专门的编辑工具 visudo,用 root 用户执行这个命令时就可以按照如下语法格式编辑。

授权用户　主机=[(转换到哪些用户或用户组)][是否需要密码验证]　命令 1,[(转换到哪些用户或用户组)][是否需要密码验证][命令 2],[(转换到哪些用户或用户组)][是否需要密码验证][命令 3]...

注意:命令必须用绝对路径,命令和命令之间用“,”分隔;如果省略[(转换到哪些用户或用户组)],则默认为 root 用户;如果是 ALL,则代表能转换到所有用户;要转换到的目的用户必须用小括号括起来,如(ALL)、(wu)等。

执行 visudo 以后,将打开/etc/sudoers 文件,在文件中可以按照上述语法添加相应的内容,例如:

```
wuli localhost=/sbin/poweroff
```

表示用户 wuli 可以在本机上以 root 的权限执行 sudo /sbin/useradd 命令,而不需要 root 密码(需要 wuli 的用户密码)。如果加上 NOPASSWD,则表示不需要输入任何用户的密码:

```
wuli localhost=NOPASSWD: /sbin/useradd
```

2. 应用案例

例 1:

```
lichao sugon=/usr/sbin/reboot,/usr/sbin/shutdown
```

表示管理员需要允许 lichao 用户在主机 sugon 上执行 reboot 和 shutdown 命令,在 /etc/sudoers 中加入上述语句并保存退出,lichao 用户要执行 reboot 命令时,只要在提示符下运行下列命令:

```
$sudo /usr/sbin/reboot
```

输入自己的正确密码,就可以重启服务器。

例 2:

```
jun ALL=(root) /bin/chown,/bin/chmod
```

表示用户 jun 可以在所有主机中,转换到 root 下执行/bin/chown,转换到所有用户执行/bin/chmod 命令,以及通过 sudo -l 来查看 jun 用户在这台主机上允许和禁止运行的命令。

例 3:

```
jun ALL=(root) NOPASSWD:/bin/chown,/bin/chmod
```

表示 jun 用户可以在所有主机中,转换到 root 下执行/bin/chown,不必输入 jun 用户的密码;转换到其他用户下执行/bin/chmod 命令,但执行 chmod 时需要 jun 输入自己的密码;通过 sudo -l 来查看 nan 在这台主机上允许和禁止运行的命令。

例 4:

```
jun ALL=/usr/sbin/*,/sbin/*,!/usr/sbin/fdisk
```

表示 jun 用户在所有主机上运行/usr/sbin 和/sbin 下所有的程序,但 fdisk 程序除外。要取消某类程序的执行,需要在命令前面加上"!";在本例中也出现了通配符"*"的用法。可通过执行 sudo -l 来查看 jun 在这台主机上允许和禁止运行的命令如下:

```
$sudo -l
[sudo] password for jun:                  //输入 jun 用户的密码
...
User jun may run the following commands on this host:
(root) /usr/sbin/*
(root) /sbin/*
(root) !/sbin/fdisk
$sudo /sbin/fdisk -l
Sorry,user nan is not allowed to execute '/sbin/fdisk -l' as root on localhost.
```

例 5:

```
%teacher ALL=(ALL) ALL
```

表示属于 teacher 这个组的所有成员都可以用 sudo 命令来执行特定的任务。如果要对一组用户进行定义,可以在组名前加上"%",然后对其进行设置。

3. 别名设置

因特殊需要,可以利用别名来定义一些选项。别名类似组的概念,有用户别名、主机别名和命令别名等。例如,多个用户可以首先用一个别名来定义,然后在规定他们能执行什么命令的时候使用别名就可以;主机别名和命令别名也是如此。这个设置对所有用户都生效。

使用前先要在/etc/sudoers 中定义 User_Alias、Host_Alias、Cmnd_Alias 项,然后在其后面加入相应的名称,多个参数之间用逗号分隔开,举例如下:

```
Host_Alias SERVER=huawei                               //定义主机 huanwei 别名为 SERVER
User_Alias ADMINS=liming,gem                           //定义用户别名
Cmnd_Alias SHUTDOWN=/usr/sbin/halt,/usr/sbin/shutdown,/usr/sbin/reboot
                                                       //定义命令别名
```

4. sudo 命令选项

常见选项含义如下。

-k：在下一次执行 sudo 时强制询问密码(无论有没有超过 N 分钟)。

-l：显示出自己(执行 sudo 的使用者)的权限。

-v：由于 sudo 在第一次执行或是 N 分钟内没有执行(N 预设为5)时会询问密码,这个参数是重新做一次确认,如果超过 N 分钟,也会问密码。

-b：将要执行的命令放在后台执行。

-p prompt：更改提示输入密码时的提示语,其中％u 会替换为使用者的账号名称,％h 会显示主机名称。

-u user：以指定的用户身份执行命令。默认以 root 的身份执行命令。

-s：执行环境变量中的 Shell 所指定的 Shell,或/etc/passwd 里所指定的 Shell。

-H：将环境变量中的 home(主目录)指定为要变更身份的使用者的主目录。

实   训

1. 实训目的

(1) 掌握在 Linux 系统下利用命令方式实现用户和组的管理。

(2) 掌握用户和组的管理文件的含义。

2. 实训内容

1) 用户的管理

(1) 创建 user1 用户并指定密码。

(2) 查看/etc/passwd 文件和/etc/shadow 文件最后一行的记录并进行分析。

(3) 修改 user1 的登录名、密码、主目录及登录 Shell 等个人信息,并再次查看/etc/passwd 文件和/etc/shadow 文件的变化。

(4) 用 user1 用户进行登录;锁定 user1 后再次尝试登录。查看/etc/shadow 文件的变化情况。

(5) 删除 user1 用户。

2) 组的管理

(1) 创建新组 group1、group2,查看/etc/group 文件的变化,并分析新增记录。

(2) 创建多个用户,分别对它们的有效组和附加组进行修改,并查看/etc/group 文件的变化。

(3) 设置组 group1 的密码。

（4）删除 group1 中的一个用户，查看/etc/group 文件的变化。

（5）删除 group2 用户组。

3. 实训总结

熟练掌握用户和组的创建、修改和删除等操作，实现一个组可以包含多个用户以及一个用户可以属于不同的组，这样可以给不同的组和用户分配不同的权限，有利于系统的管理。

习　　题

一、选择题

1. 以下（　　）文件保存用户账号的信息。

　　A. /etc/users　　　　　B. /etc/gshadow　　　C. /etc/shadow　　　D. /etc/fstab

2. 以下对 Linux 用户账户的描述，不正确的是（　　）。

　　A. Linux 的用户账户和对应的口令均存放在 passwd 文件中

　　B. passwd 文件只有系统管理员才有权存取

　　C. Linux 的用户账户必须设置了口令后才能登录系统

　　D. Linux 的用户口令存放在 shadow 文件中，每个用户对它都有读的权限

3. 为了临时让 tom 用户登录系统，可采用（　　）方法。

　　A. 修改 tom 用户的登录 Shell 环境

　　B. 删除 tom 用户的主目录

　　C. 修改 tom 用户的账号到期日期

　　D. 将文件/etc/passwd 中用户名 tom 的一行前加入"♯"

4. 新建用户使用 useradd 命令，如果要指定用户的主目录，需要使用（　　）选项。

　　A. -g　　　　　　　　　B. -d　　　　　　　　C. -u　　　　　　　　D. -s

5. usermod 命令无法实现的操作是（　　）。

　　A. 账户重命名　　　　　　　　　　　B. 删除指定的账户和对应的主目录

　　C. 加锁与解锁用户账号　　　　　　　D. 对用户口令进行加锁或解锁

6. 为了保证系统的安全，现在的 Linux 系统一般将/etc/passwd 密码文件加密后，保存为（　　）文件。

　　A. /etc/group　　　　　　　　　　　B. /etc/netgroup

　　C. /etc/libsafe.notify　　　　　　　D. /etc/shadow

7. 当用 root 登录时，（　　）命令可以改变用户 larry 的密码。

　　A. su larry　　　　　　　　　　　　B. change password larry

　　C. password larry　　　　　　　　　D. passwd larry

8. 所有用户登录的默认配置文件是（　　）。

　　A. /etc/profile　　　　　　　　　　B. /etc/login.defs

　　C. /etc/.login　　　　　　　　　　　D. /etc/.logout

9. 如果为系统添加了一个名为 kaka 的用户，则在默认的情况下，kaka 所属的用户组是（　　）。

A. user   B. group   C. kaka   D. root

10. 以下关于用户组的描述,不正确的是( )。

  A. 要删除一个用户的私有用户组,必须先删除该用户账户

  B. 可以将用户添加到指定的用户组,也可以将用户从某用户组中移除

  C. 用户组管理员可以进行用户账户的创建、设置或修改账户密码等一切与用户和组相关的操作

  D. 只有 root 用户才有权创建用户和用户组

二、简答题

1. Linux 中的用户可分为哪几种类型?分别有何特点?

2. 在命令行下手工建立一个新账户,要编辑哪些文件?

3. Linux 用哪些属性信息来说明一个用户账户?

4. 如何锁定和解锁一个用户账户?

第5章 文件系统管理

要成为一名合格的系统运维人员,学习和掌握网络操作系统的文件和磁盘管理是必须具备的技能。本章主要介绍 Linux 操作系统中文件及磁盘管理的内容。

本章学习任务:

- 了解 Linux 下的文件系统种类;
- 掌握文件管理命令;
- 掌握磁盘管理命令;
- 掌握磁盘配额的配置方法。

5.1 文件系统

5.1.1 Linux 文件系统概述

文件系统对于任何一种操作系统来说都是非常关键的。Linux 中的文件系统是 Linux 下所有文件和目录的集合。Linux 系统把 CPU、内存之外的所有其他设备都抽象为文件处理。文件系统的优劣与否和操作系统的效率、稳定性及可靠性密切相关。

从系统角度看,文件系统实现了对文件存储空间的组织和分配,并规定了如何访问存储在设备上的数据。文件系统在逻辑上是独立的实体,它可以被操作系统管理和使用。

Linux 的内核使用了虚拟文件系统(virtual file system,VFS)技术,即在传统的逻辑文件系统的基础上,增加了一个称为虚拟文件系统的接口层,如图 5-1 所示。虚拟文件系统用于管理各种逻辑文件系统,屏蔽了它们之间的差异,为用户命令、函数调用和内核其他部分提供访问文件和设备的统一接口,使不同的逻辑文

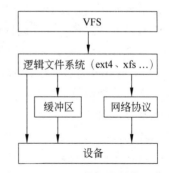

图 5-1 Linux 文件系统结构示意图

件系统按照同样的模式呈现在使用者面前。普通用户觉察不到逻辑文件系统之间的差异,可以使用同样的命令来操作不同逻辑文件系统所管理的文件。

从用户角度来看,文件系统是操作系统中非常重要的组成部分。因为 Linux 系统中所有的程序、库文件、系统和用户文件都存放在文件系统中,文件系统要对这些数据文件进行组织和管理。

Linux 下的文件系统主要可分为三大块:一是上层的文件系统的系统调用;二是虚拟

文件系统 VFS;三是挂载到 VFS 中的各种实际文件系统,如 ext4、xfs 等。

VFS 是一种软件机制,称它为 Linux 的文件系统管理者更确切,与它相关的数据结构只存在于物理内存中。所以在每次系统初始化期间,Linux 都首先要在内存中构造一棵 VFS 的目录树(在 Linux 的源代码里称为 namespace),实际上便是在内存中建立相应的数据结构。VFS 目录树在 Linux 的文件系统模块中是个很重要的概念,VFS 中各目录的主要用途是提供实际文件系统的挂载点。

Linux 不使用设备标志符来访问独立文件系统,而是通过一个将整个文件系统表示成单一实体的层次树结构来访问它。Linux 在使用任一文件系统前都要将它加入文件系统层次树中。不管文件系统属于什么类型,都被连接到一个目录上且此文件系统上的文件将取代此目录中已存在的文件。这个目录被称为挂载点或者安装目录。当卸载此文件系统时这个安装目录中原有的文件将再次出现。

磁盘初始化时(fdisk),磁盘中将添加一个描述物理磁盘逻辑构成的分区结构。每个分区可以拥有一个独立文件系统,如 xfs。文件系统将文件组织成包含目录、软连接等存在于物理块设备中的逻辑层次结构。包含文件系统的设备叫块设备。Linux 文件系统认为这些块设备是简单的线性块集合,它并不关心或理解底层的物理磁盘结构。这个工作由块设备驱动来完成,由它将对某个特定块的请求映射到正确的设备上。

5.1.2　Linux 文件系统的类型

Linux 是一种兼容性很强的操作系统,支持的文件系统格式很多,大体可分为以下几类。

- 磁盘文件系统:本地主机中实际可以访问到的文件系统,包括硬盘、CD-ROM、DVD、USB 存储器、磁盘阵列等。常见文件系统格式有 ext(extended file sytem,扩展文件系统)、ext2、ext3、ext4、xfs、vfat、iso9660、ufs(UNIX file system,UNIX 文件系统)、jfs、fat、fat16、fat32 和 NTFS 等。
- 网络文件系统:可以远程访问的文件系统,这种文件系统在服务器端仍是本地的磁盘文件系统,客户机通过网络远程访问数据。常见文件系统格式有 NFS(network file system,网络文件系统)、Samba(SMB/CIFS)、AFP(Apple filling protocol,Apple 文件归档协议)和 WebDAV 等。
- 专有/虚拟文件系统:不驻留在磁盘上的文件系统。常见格式有 tmpfs(临时文件系统)、ramfs(内存文件系统)、procfs(process file system,进程文件系统)和 loopbackfs(loopback file system,回送文件系统)等。

1. ext 文件系统

Linux 最早的文件系统是 MINIX,它受限甚大且性能低下。其文件名最长不能超过 14 个字符且最大文件大小为 64MB。64MB 看上去很大,但实际上一个中等的数据库将超过这个尺寸。第一个专门为 Linux 设计的文件系统被称为扩展文件系统 ext。它出现于 1992 年 4 月,虽然能够解决一些问题,但性能依旧不好。

1993 年扩展文件系统第二版(ext2)被设计出来并添加到 Linux 中,这产生了重大影响。每个实际文件系统从操作系统和系统服务中分离出来,它们之间通过虚拟文件系统(VFS)来通信。但随着 Linux 在关键业务中的应用,ext2 非日志文件系统的弱点也逐渐显露出来。为了弥补其弱点,在 ext2 文件系统基础上增加日志功能,开发了升级的 ext3 文件系统。

　　ext3 文件系统是在 ext2 基础上,对有效性保护、数据完整性、数据访问速度、向下兼容性等方面做了改进。ext3 最大的特点是:可将整个磁盘的写入动作完整地记录在磁盘的某个区域上,以便在必要时回溯追踪。

　　从 2.6 版本开始,Linux 开始支持 ext4 文件系统,ext4 文件系统主要改善了性能、可靠性和容量。其主要特点如下。

　　(1) 为了提升可靠性,添加了元数据和日志校验和。为了完成各种各样关键任务的需求,文件系统时间戳将时间间隔精确到了纳秒。

　　(2) 在 ext4 中,数据分配从固定块变成了扩展块。一个扩展块通过它在硬盘上的起始和结束位置来描述。这使在一个单一节点指针条目中描述非常长的物理连续文件成为可能,它可以显著减少大文件中描述所有数据位置所需指针的数量。

　　(3) ext4 通过在磁盘上分散新创建的文件来减少碎片化,因此它们不会像早期的 PC 文件系统,聚集在磁盘的起始位置。文件分配算法尝试尽量将文件均匀地覆盖到柱面组,而且当不得不产生碎片时,尽可能地将间断文件范围靠近同一个文件的其他碎片,来尽可能压缩磁头寻找和旋转等待的时间。当创建新文件或者扩大已有文件时,附加策略用于预分配额外磁盘空间。它有助于保证扩大文件不会导致它直接变为碎片。新文件不会直接分配在已存在文件的后面,这也阻止了已存在文件的碎片化。

　　(4) 除了数据在磁盘的具体位置,ext4 使用一些功能策略,如延迟分配,即允许文件系统在分配空间之前先收集到要写到磁盘的所有数据。这可以提高数据空间连续的概率。

2. xfs 文件系统

　　xfs 最早针对 IRIX 操作系统开发,是一个高性能的日志型文件系统,能够在断电以及操作系统崩溃的情况下保证文件系统数据的一致性。它是一个 64 位的文件系统,后来进行开源并且移植到了 Linux 操作系统中。xfs 文件系统具备几乎 ext4 文件系统所有的功能,二者的区别如下。

　　(1) ext 文件系统(支持度很广,但格式化很慢):在文件格式化时,采用的是规划出所有的索引节点、区块、元数据等数据,未来系统可以直接使用,不需要再进行动态配置,但是这个做法在早期磁盘容量还不大的时候可以使用。如今,磁盘的容量越来越大,连传统的 MBR 都已经被 GPT 取代。当使用磁盘容量在 TB 以上的传统 ext 系列文件系统在格式化的时候,会消耗相当多的时间。

　　(2) xfs 文件系统(容量高,性能佳):由于虚拟化的应用越来越广泛,来自虚拟化磁盘的巨型文件(单个文件几个 GB)越来越常见,在处理这些巨型文件上需要考虑到效能问题,否则虚拟磁盘的性能不佳,因此 xfs 比较适合高容量磁盘与巨型文件,且性能较佳的文件系统。

5.2　Linux 文件的组织结构

　　使用微软 Windows 操作系统的用户似乎已经习惯了将硬盘上的几个分区用"C:""D:""E:"等符号标识。采取这种方式,在进行文件操作时一定要清楚文件存放在哪个分区的哪个目录下。

Linux 的文件组织模式犹如一棵倒挂的树。Linux 文件组织模式中所有存储设备作为这棵树的一个子目录,存取文件时只需确定目录就可以了,无须考虑物理存储位置。这一点其实并不难理解,只是刚刚接触 Linux 的读者会不太习惯。

5.2.1　文件系统结构

计算机中的文件可以说是不计其数,要组织和管理文件以及时响应用户的访问需求,就需要构建一个合理、高效的文件系统结构。

1. 文件系统结构

某所大学的学生可能为 1 万～2 万人,通常将学生分配在以院—系—班为组织结构的分层组织机构中。如果需要查找一名学生,最笨的办法是依次询问大学中的每一个学生,直到找到为止。如果按照从院到系,再到班的层次查询下去,必然可以找到该学生,且查询效率高。如果把学生看作文件,院—系—班的组织结构看作 Linux 文件目录结构,同样可以有效地管理数量庞大的文件。这种树形的分层结构就提供了一种自顶向下的查询方法。

Linux 文件系统就是一个树形的分层组织结构,根(/)作为整个文件系统的唯一起点,其他所有目录都从该点出发。Linux 的全部文件按照一定的用途归类,合理地挂载到这棵“大树”的“树干”或“树枝”上,如图 5-2 所示,不用考虑文件的实际存储位置是在硬盘上,还是在 CD-ROM 或 USB 存储器中,甚至是在某一网络终端里。

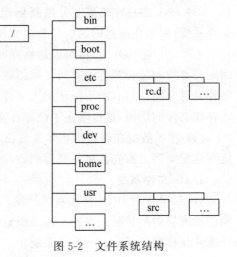

图 5-2　文件系统结构

由上可以看出 Linux 的文件系统的组织结构类似于一棵倒置的树。那么如何知道文件存储的具体硬件位置呢?

在 Linux 中,将所有硬件都视为文件来处理,包括硬盘分区、CD-ROM、软驱以及其他 USB 移动设备等。为了能够按照统一的方式和方法访问文件资源,Linux 提供了每种硬件设备相应的设备文件。一旦 Linux 系统可以访问到某种硬件,就将该硬件上的文件系统挂载到目录树中的一个子目录中。例如,用户插入 USB 移动存储器,Linux 自动识别 USB 存储器后,将其挂载到/media/目录下,而不像 Windows 系统将 USB 存储器作为新驱动器,表示为“F：”盘。

2. 绝对路径和相对路径

Linux 文件系统是树形分层的组织结构,且只有一个根节点,在 Linux 文件系统中查找一个文件,只要知道文件名和路径,就可以唯一确定这个文件。例如,/usr/games/gnect 就是位于/usr/games/路径下的 4 子连线游戏应用程序文件,其中第一个“/”表示根目录。这样就可以对每个文件进行准确的定位,并由此引出两个概念。

(1) 绝对路径。绝对路径是指文件在文件系统中的准确位置,通常在本地主机上,以根目录为起点。例如,/usr/games/gnect 就是绝对路径。

（2）相对路径。相对路径是指相对于用户当前位置的一个文件或目录的位置。例如，用户处在 usr 目录中时，只需要 games/gnect 就可确定这个文件。

其实，绝对路径和相对路径的概念都是相对的。就像一位北京人在中国作自我介绍时，不必再强调"中国/北京"。如果这个人身在美国，介绍时就有必要强调"中国/北京"了。因此，在什么情况下使用绝对路径和相对路径，要看用户当前在文件系统中所处的位置。

5.2.2　基本目录

由于 Linux 是完全开源的软件，各 Linux 发行机构都可以按照自己的需求对文件系统进行裁剪，所以众多 Linux 发行版本的目录结构也不尽相同。为了规范文件目录命名和存放标准，颁发了文件系统层次化标准（file hierarchy standard，FHS），2004 年发行最新版本 FHS 2.3。Debian 11 系统同样遵循这个标准。表 5-1 列出了 Debian 11 的基本目录。

表 5-1　Debian 11 的基本目录

目 录 名	功 能 描 述		
/	Linux 文件系统根目录		
/bin	存放系统中最常用的可执行文件（二进制）		
/boot	存放 Linux 内核和系统启动文件		
/dev	存放系统中的设备文件，包括硬盘、分区、键盘、鼠标、USB、tty 等		
/etc	存放系统的配置文件，如 passwd 存放用户账户信息，hostname 存放主机名等		
/home	普通用户主目录的默认位置		
/lost＋found	存放运行 fsck 命令产生的文件		
/lib	存放共享的库文件，包含许多被/bin 和/sbin 中程序使用的库文件		
/lib64	存放 64 位的共享库文件		
/media	Linux 系统自动挂载 CD-ROM、软驱、USB 存储器后，存放临时读入的文件		
/mnt	该目录通常用于作为被挂载的文件系统的挂载点		
/opt	作为可选文件和程序的存放目录，主要被第三方开发者用来简易地安装和卸装他们的软件包		
/proc	存放所有标志为文件的进程，它们是通过进程号或其他的系统动态信息进行标识。以下是/proc 目录中的部分内容		
	/proc/数字/	每一个进程在/proc 下面都有一个以其进程号为名称的目录
	/proc/cpuinfo	有关处理器的信息，如它的类型、制造日期、型号以及性能
	/proc/devices	配置进当前运行内核的设备驱动程序的列表
	/proc/meminfo	物理内存和交换区使用情况的信息
	/proc/modules	此时哪些内核模块被加载
	/proc/net/	网络协议的状态信息
	/proc/uptime	系统启动的时间
	/proc/version	内核版本
/root	根用户（超级用户）的主目录		
/run	保存系统启动后描述系统信息的文件		

续表

目　录　名	功　能　描　述		
/sbin	存放更多的可执行文件(二进制),包括系统管理、目录查询等关键命令文件		
/srv	存放系统所提供的服务数据		
/sys	该目录用于将系统设备组织成层次结构,并向用户程序提供详细的内核数据信息		
/tmp	存放用户和程序的临时文件,所有用户对该目录都有读写权限		
/usr (UNIX software resource)	用于存放与"UNIX 操作系统软件资源"直接有关的文件和目录,如应用程序及支持它们的库文件。以下是/usr 中部分重要的目录		
	/usr/bin/	存放用户和管理员自行安装的软件	
	/usr/etc/	存放系统配置文件	
	/usr/games/	存放游戏文件	
	/usr/include/	存放 C/C++ 等各种开发语言环境的标准 include 文件	
	/usr/lib/	存放应用程序及程序包的连接库、目标文件等	
	/usr/libexec/	存放可执行的库文件	
	/usr/local/	系统管理员安装的应用程序目录	
	/usr/sbin/	存放非系统正常运行所需要的系统命令	
	/usr/share/	存放使用手册等共享文件的目录	
	/usr/src/	存放一般的原始二进制文件	
	/usr/tmp/	存放临时文件	
/var	通常用于存放长度可变的文件,如日志文件和打印机文件。以下是/var 中的主要目录		
	/var/cache/	应用程序缓存目录	
	/var/crash/	存放系统错误信息	
	/var/games/	存放游戏数据	
	/var/lib/	存放各种状态数据	
	/var/lock/	存放文件锁定记录	
	/var/log/	存放日志记录	
	/var/mail/	存放电子邮件	
	/var/opt/	存放/opt 目录的变量数据	
	/var/run/	存放进程的标识数据	
	/var/spool/	存放电子邮件、打印任务等的队列目录	
	/var/www/	存放网站文件	

需要说明两点:第一,Linux 系统是严格区分大小写的,这意味着文件和目录名的大小写是有区别的。例如,File.txt、FILE.TXT 和 file.txt 文件是 3 个完全不同的文件。通常按照惯例,Linux 系统大多使用小写。第二,Linux 系统中文件类型与文件后缀没有直接关系。这一点与 Windows 不同。例如,Windows 将.txt 作为文本文件的后缀,应用程序依此判断是否可以处理该类型的文件。

5.2.3　Linux 与 Windows 文件系统的比较

文件系统是任何操作系统中最重要的核心部分之一。从 UNIX 采用树形文件系统结构到 Linux 的出现，依然延续使用了这种文件系统。尽管 Linux 文件系统与 Windows 文件系统很多方面相似，但两者各有特点，表 5-2 对两者进行了比较。

表 5-2　Linux 文件系统与 Windows 文件系统的比较结果

比 较 项 目	Linux 文件系统	Windows 文件系统
文件格式	支持 ext2、ext3、ext4、xfs、iso9660、vfat 等上百种	仅支持 fat16、fat2、ntfs、cdfs 等有限几种
存储结构	逻辑结构犹如一棵倒置的树。将每个硬件设备视为一个文件，置于树形的文件系统层次结构中。因此，Linux 系统的某一个文件就可能占有一块硬盘，甚至是远端设备，用户访问时非常自然	逻辑结构犹如多棵树（林）。将硬盘划分为若干个分区，与存储设备一起（如 CD-ROM、USB 存储器等），使用驱动器盘符标识，如"A："代表软驱，"C："代表硬盘中的第一个分区等
文件命名	文件系统中严格区分大小写，MyFile.txt 与 myfile.txt 指不同的文件。区分文件类型不依赖于文件后缀，可以使用 file 命令判断文件类型	文件系统中不区分大小写，MyFile.txt 与 myfile.txt 是指同一个文件。使用文件后缀来标识文件类型，例如使用.txt 表示文本文件
路径分隔符	使用斜杠"/"分隔目录名，如/home/usr/share，其中第一个斜杠是根目录(/)，绝对路径都是以根目录作为起点	使用反斜杠"\"分隔目录名，如 C:\program\username，绝对路径都是以驱动器盘符作为起点
文件与目录权限	最初的定位是多用户的操作系统，因而有完善文件授权机制，所有的文件和目录都有相应的访问权限	最初的定位是单用户的操作系统，创建系统时没有文件权限的概念，现在主要使用 NTFS 权限

5.3　文件系统的管理

在 Linux 安装过程中，会自动创建分区和文件系统，但在 Linux 的使用和管理中，经常会因为磁盘空间不够，需要通过添加硬盘来扩充可用空间。此时就必须熟练掌握手工创建分区和文件系统以及文件系统的挂载方法。在硬盘中建立和使用文件系统，通常应遵循以下步骤。

（1）为便于管理，首先应对硬盘进行分区。

（2）对分区进行格式化，以建立相应的文件系统。

（3）将分区挂载到系统的相应目录下（挂载点目录必须为空），通过访问该目录，即可实现在该分区进行文件的存取操作。

5.3.1　存储设备文件命名

在 Linux 中，每一个硬件设备都被映射到一个系统的设备文件，对于磁盘、U 盘、光驱等 IDE 或者 SCSI 设备也不例外。它们在 Linux 中的命名规则如下。

1. 磁盘的命名

（1）IDE 接口类型的硬盘设备文件采用 hdx 来命名，分区则采用 hdxy 来命名。其中，hd 表示磁盘类型。x 表示磁盘号：a 表示第一个 IDE 接口的第一块磁盘（master），b 表示第一个 IDE 接口的第二块磁盘（slave），c 表示第二个 IDE 接口的第一块磁盘（master），d 表示第二个 IDE 接口的第二块磁盘（slave）。y 表示分区号（用 1、2、3……表示）。

（2）SATA、SCSI 接口类型的硬盘设备文件采用 sdx 来命名，分区则采用 sdxy 来命名。其中，sd 表示磁盘类型，x 表示磁盘号（用 a、b、c……表示顺序号），y 表示分区号（用 1、2、3……表示）。

对于采用 MBR 方式的硬盘分区，号码 1～4 是为主分区和扩展分区保留的，而扩展分区中的逻辑分区则是由 5 开始计算。因此，如果磁盘只有一个主分区和一个扩展分区，那么就会出现这样的情况：sda1 是主分区，sda2 是扩展分区，sda5 是逻辑分区，而 sda3 和 sda4 是不存在的。

（3）NvMe 接口类型的硬盘设备文件采用 nvmenx 来命名，分区则采用 nvmenxpy 来命名。其中，nvme 表示磁盘类型，n 表示 namespace，x 表示控制器编号，p 表示 partition，y 表示分区编号。

2. U 盘的命名

U 盘设备文件的命名规则与 SATA 接口类型的硬盘设备文件命名方式是一样的，可参考上述说明。

3. 光盘的命名

IDE 和 SCSI 接口类型的光驱设备文件命名规则相同。例如，第一个光驱设备为/dev/sr0 或者/dev/cdrom。

5.3.2 硬盘设备管理

计算机中会配置一到多块硬盘，新硬盘在使用前需要划分分区并创建文件系统。

1. 分区分类

记录磁盘分区的形式有很多种，常见的分区表有 MBR 和 GPT 两种类型，它们在硬盘上存储分区信息的方式不同。

1）MBR

MBR（master boot record，主引导记录）存在于驱动器开始部分的一个特殊的启动扇区，由三个部分组成，即主引导程序（boot loader）、硬盘分区表（disk partition table，DPT）和硬盘有效标志（55AA）。在总共 512B 的主引导扇区里，主引导程序占 446B；硬盘分区表占 64B，硬盘中分区有多少以及每一分区的大小都记在其中；硬盘标志占 2B，固定为 55AA。MBR 最大支持 2TB 磁盘，它无法处理大于 2TB 容量的磁盘。MBR 格式的磁盘分区主要分为基本分区（primary partion）和扩展分区（extension partion）两种主分区以及扩展分区下的逻辑分区。主分区总数不能大于 4 个，其中最多只能有 1 个扩展分区。

2）GPT

GPT（GUID partition table，全局唯一标识分区表）是可扩展固件接口（extensible firmware interface，EFI）标准的一部分，被用于替代 BIOS 系统中用来存储逻辑块地址和大小信息的主引导记录(MBR)分区表。EFI 是 Intel 为 PC 固件的体系结构、接口和服务提出的建议标准。GPT 分配 64bit 给逻辑块地址(LBA),因而使最大分区在 $2^{64}-1$ 个扇区成为可能。对于每个扇区大小为 512B 的磁盘,那意味着其容量可以有 9.4ZB。它没有主分区和逻辑分区之分,分区的命名和 MBR 类似,分区号直接从 1 开始,排序到 128。

相对于传统的 MBR 分区方式,GPT 分区有以下几点优势。

(1) 与支持最大卷为 2TB (terabyte)的 MBR 磁盘分区的格式相比,GPT 磁盘分区理论上支持的最大卷可由 2^{64} 个逻辑块构成,以常见的每扇区为 512byte 磁盘为例,最大卷容量可达 18EB。

(2) 相对于每个磁盘最多有 4 个主分区(或 3 个主分区、1 个扩展分区和无限制的逻辑驱动器)的 MBR 分区结构,GPT 磁盘最多可划分 128 个分区(1 个系统保留分区及 127 个用户定义分区)。

(3) 与 MBR 分区的磁盘不同,至关重要的系统操作数据位于分区内部,而不是位于分区之外或隐藏扇区中。另外,GPT 分区磁盘可通过主要及备份分区表的冗余,来提高分区数据的完整性和安全性。

(4) 支持唯一的磁盘标识符和分区标识符。

2. 分区操作命令

Debian 11 支持 fdisk 和 parted 两个分区的命令。parted 命令可以建立、修改、调整、检查、复制硬盘分区操作等,它比 fdisk 更加灵活,功能也更丰富,同时还支持 GUID 分区表(GUID partition table)。此外,还可以用它来检查磁盘的使用状况,在不同的磁盘之间复制数据,甚至是"映像"磁盘,即将一个磁盘的安装完好地复制到另一个磁盘中。parted 命令既可以划分单个分区大于 2TB 的 GPT 格式的分区,也可以划分普通的 MBR 分区;fdisk 命令只能划分单个分区小于 2TB 的分区,因此,某些情况下用 fdisk 命令无法看到用 parted 命令划分的 GPT 格式的分区。鉴于 parted 有取代 fdisk 之势,下面学习 parted 命令的用法。

parted 同时支持交互模式和非交互模式。交互模式是执行命令时按照提示输入相应子命令,进行各种操作,适合初学者使用;非交互模式是在命令行中直接输入 parted 的子命令,进行各种操作,适合熟练用户使用。

(1) 非交互模式

命令语法格式如下:

parted[选项]　设备　子命令

选项:-h 可显示帮助信息;-l 可列出所有块设备的分区情况;-m 表示进入交互模式;-s 表示不显示用户提示信息;-v 可显示 parted 的版本信息;-a 可为新创建的分区设置对齐方式。

例 1:

```
#parted /dev/sdb print        //查看硬盘/dev/sdb 的分区信息
```

例 2:

```
#parted -l                    //查看系统中所有硬盘信息及分区情况
```

parted 子命令及其功能说明见表 5-3。

表 5-3   parted 子命令及其功能说明

parted 子命令	功能说明
align-check [type partition]	检查分区是否对齐，type 是 minimal 或 optimal
help [command]	显示全部帮助信息或者指定命令的帮助信息
mklabel 或 mktable [lable-type]	创建新的分区表
mkpart [part-type fs-type start end]	创建分区
name [partition name]	以指定的名字命名分区
print	显示分区信息
quit	退出 parted 程序
rescue [start end]	恢复丢失的分区
resizepart [partiton end]	更改分区的大小
rm [partion]	删除分区
select [device]	选择需要操作的硬盘
disk_set [flag state]	设置硬盘的标记
disk_toggle [flag]	切换硬盘的标记
set [partion flag state]	设置分区的标记
toggle [partition flag]	切换分区的标记
unit [unit]	设置默认的硬盘容量单位
version	显示 parted 的版本信息

（2）交互模式

命令语法格式如下：

parted［设备］

与 fdisk 命令类似，parted 可以使用"parted 设备名"命令格式进入交互模式，如果省略设备名，则默认对当前硬盘进行分区。进入交互模式后，可以通过 parted 的各种命令对磁盘分区进行管理如下。

```
#parted /dev/sdb
GNU Parted 3.4                    //parted 命令的版本信息
Using /dev/sdb                    //对/dev/sdb 硬盘进行分区
Welcome to GNU Parted! Type 'help' to view a list of commands.     //欢迎消息
(parted)                          //parted 子命令提示符
```

3. 分区管理

通过 parted 交互模式中所提供的各种命令，可以对磁盘的分区进行有效的管理。下面介绍如何在交互模式下通过执行♯parted /dev/sdb 命令完成查看分区，创建分区，创建文件系统，更改分区大小以及删除分区等操作。

1）查看分区情况

在对硬盘分区之前，应该首先查看分区情况，以进行后续操作。使用 print 子命令，可以看到当前硬盘的分区信息，其运行结果如下。

```
(parted)print
Error: /dev/sdb: unrecongnised disk label    //错误信息提示还未指定硬盘标签
Model: Maxtor6Y080L0(scsi)                    //硬盘厂商、型号
Disk/dev/sda: 82.0GB                          //硬盘容量
Sectorsize(logical/physical): 512B/512B       //扇区大小
PartitionTable: unkown                        //分区表类型
Disk Flags:                                   //硬盘标志
```

由以上显示结果可以看出,此硬盘是一块新添加的硬盘,在分区前需要进行一些初始化工作,否则无法进行分区操作。

2）选择硬盘

如果系统中有多块硬盘,可以用 select 命令选择要操作的硬盘。例如:

```
(parted)select
New device? [/dev/sdb]?                        //使用默认格式或按提示格式输入其他硬盘
Using /dev/sdb                                 //显示正在操作的硬盘
```

3）指定分区表类型

在分区之前可通过 mklable 或 mktable 命令指定分区表的类型,parted 支持的分区表类型有 bsd、dvh、gpt、loop、mac、msdos、pc98、sun 等。如果采用 MBR 分区就采用 msdos 格式。如果分区大于 2TB 则需要选用 gpt 格式的分区表。操作如下:

```
(parted)mklable
New disk lable type? gpt                       //输入分区表类型,如 gpt
(parted)print                                  //再次查看分区情况
Model: Maxtor6Y080L0(scsi)                     //硬盘厂商、型号
Disk /dev/sda: 82.0GB                          //硬盘容量
Sectorsize(logical/physical): 512B/512B        //扇区大小
PartitionTable: gpt                            //分区表类型为 gpt
Disk Flags:                                    //硬盘标志
NumberStartEndSizeFilesystem Name Flags        //空分区表的表头
```

4）指定硬盘容量单位

可以通过 unit 命令指定创建分区时或查看分区时的容量默认单位,容量单位可以是 s、B、KiB、MiB、GiB、TiB、KB、MB、GB、TB、%、cyl、chs、compact。操作如下:

```
(parted)unit
Unit? [KB]?                                     //指定容量单位
```

5）创建分区

通过 mkpart 命令可以创建硬盘分区,操作如下:

```
(parted)mkpart
Partition name? []                             //指定分区的名字
Filesystemtype? [ext2]                         //指定文件系统类型,默认为 ext2
Start?                                         //指定分区的开始位置
End?                                           //指定分区的结束位置
```

如果采用 MBR 分区格式,在创建分区时的提示信息稍有不同,第一步提示信息为 "Partition type? primary/extended?",要求先确定分区的类型是主分区还是扩展分区。

6)更改分区大小

使用 resizepart 命令可以更改指定分区的大小。操作如下:

```
(parted)resizepart
Partitionnumber?                        //指定需要更改的分区号
End? [300GB]?                           //指定分区新的结束位置
```

如果分区中已有数据,缩小分区有可能丢失数据;扩大分区只能给最后一个分区增加容量。

7)删除分区

使用 rm 命令可以删除指定的磁盘分区,在进行删除操作前必须先把分区卸载。删除操作如下:

```
(parted)rm
Partitionnumber?                        //选择需要删除的分区号
```

在 parted 中所做的所有操作都是立刻生效的,在进行删除分区这种极度危险的操作时还没有提醒,因此必须要小心谨慎。

8)拯救分区

可以使用 rescue 命令拯救因为某些原因丢失的分区(rm 删除的除外),操作如下:

```
(parted)rescue
Start?                                  //指定分区的开始位置
End?                                    //指定分区的结束位置
```

9)设置分区名称

可以使用 name 命令给分区设置或修改名字,以方便记忆。这种设置只能用于 Mac、PC98、和 GPT 类型的分区表,操作如下:

```
(parted)name
Partition number?                       //设置或修改分区名称的分区号
Partition name? []? data                //设置或修改分区名,如 data
```

10)设置分区标记

可以用 set 命令设置或更改指定分区的标志。分区标志通常有 boot、esp(GPT 模式)、msr(MBR 模式)、swap、hidden、raid、lvm、msftdata 等,分别代表相应的分区。操作如下:

```
(parted)set
Partiton number?                        //指定要设置分区标志的分区号
Flag to Invert?                         //指定要转换的分区标志
New state? [on]/off?                    //指定在查看分区信息时是否显示分区标志
```

11)设置硬盘标记

可以使用 disk_set 命令对所操作的硬盘设置标记,以方便管理。硬盘标志通常有 pmbr_boot(GPT 模式)、cylinder_alignment(MBR 模式)等。操作如下:

```
(parted)disk_set
```

```
Flag to Invert?　 [pmnr_boot]?                //设置硬盘标记
New state?　 [on]/off                         //指定在查看分区信息时是否显示硬盘标志
```

12）检查分区对齐情况

使用 align-check 命令判断分区 n 的起始扇区是否符合磁盘所选的对齐条件。对齐类型必须是 minimal、optimal 或缩写。操作如下：

```
(parted)align-check min 1
1 aligned                                     //检查分区 1 的对齐情况,表明已对齐
```

13）退出分区命令

使用 parted 命令对硬盘分区操作完毕后,可以直接使用 quit 命令退出。

5.3.3　逻辑卷的管理

随着应用水平的不断深入,仅用分区的形式对硬盘进行管理已经远远不能满足需求,如在系统运行的状态下动态扩展文件系统的大小,跨分区(硬盘)组织文件系统以及以镜像方式提高数据安全性等。因此,针对硬盘的管理又出现了 LVM 技术。

1. 基本概念

（1）LVM(logical volume manager,逻辑卷管理器)：Linux 环境下对磁盘分区进行管理的一种机制,LVM 是建立在硬盘和分区之上的一个逻辑层,来提高磁盘分区管理的灵活性。LVM 就是通过将底层的一个或多个硬盘分区抽象地封装起来,然后以逻辑卷的方式呈现给上层应用。当硬盘的空间不够使用的时候,可以继续将其他硬盘的分区加入其中,这样可以实现磁盘空间的动态管理,相对于普通的磁盘分区有很大的灵活性。

（2）PV(physical volume,物理卷)：在逻辑卷管理中处于最底层,它可以是实际物理硬盘上的分区,也可以是整个物理硬盘,还可以是 RAID 设备,即 LVM 的基本存储逻辑块,但和基本的物理存储介质(如分区、磁盘等)比较,它包含与 LVM 相关的管理参数。

（3）VG(volume group,卷组)：建立在物理卷之上,一个卷组中至少要包括一个物理卷,在卷组建立之后可动态将物理卷添加到卷组中。一个逻辑卷管理系统工作中可以只有一个卷组,也可以有多个卷组。

（4）PE(physical extent,物理区域)：物理卷的基本单元称为 PE,具有唯一编号的 PE 是可以被 LVM 寻址的最小单元。PE 的大小是在 VG 过程中配置的,默认为 4MB。

（5）LV(logical volume,逻辑卷)：建立在卷组之上,卷组中未分配的空间可以用于建立新的逻辑卷,逻辑卷建立后可以动态地扩展和缩小空间。系统中的多个逻辑卷可以属于同一个卷组,也可以属于不同的多个卷组。

在 LVM 中,PE 是卷的最小单位,默认为 4MB 大小,就像数据是以页的形式存储一样,卷就是以 PE 的形式存储的。如果要使用逻辑卷,第一步操作就是将物理磁盘或者物理分区格式化成 PV,格式化之后 PV 就可以为逻辑卷提供 PE 了。VG 将很多 PE 组合在一起,生成一个卷组,PE 是可以跨磁盘的。逻辑卷最终给用户使用。

2. 创建和管理逻辑卷

1）规划并创建分区

在创建 PV 之前应规划并划分基本分区,然后将基本分区转换为 PV。在此,可以添加

两块硬盘/dev/sdb 和/dev/sdc,使用 parted 命令对其进行分区(方法见前述),再用 parted -l 命令查看可供使用的物理设备。

2)创建物理卷

利用创建物理卷命令 pvcreate 将希望添加到卷组的所有分区转换为物理卷,然后使用 pvdisplay、pvs、pvscan、lvmdiskscan 命令查看 PV 的创建情况。如果有需要,也可以使用 pvremove 命令删除 PV。例如:

```
#pvcreate /dev/sdb1                                    //将/dev/sdb1分区创建为物理卷
Physical volume "/dev/sdb1" successfully created       //创建成功
#pvcreate /dev/sdc1
Physical volume "/dev/sdc" successfully created
#pvs                                                   //查看已经存在的 PV 信息
PV        VG    Fmt  Attr  PSize   PFree
/dev/sdb1       lvm2 ---   9.31g   9.31g
/dev/sdc1       lvm2 ---   18.62g  18.62g
#pvremove /dev/sdc2                                    //删除/dev/sdc2物理卷
Labels on physical volume "/dev/sdc" successfully wiped       //清除成功
```

3)创建卷组

使用 vgcreate 命令把上述建立的物理卷创建为一个完整的卷组,命令格式为"vgcreate 卷组名 PV...",命令的第一个参数是指定该卷组的逻辑名,后面参数是指定添加到该卷组的所有分区。vgcreate 在创建卷组时,还设置使用大小为 4MB 的 PE(默认为 4MB),这表示卷组上创建的所有逻辑卷都以 4MB 为增量单位来进行扩充或缩减。可使用-s 选项改变 PE 的大小。创建成功后可以用 vgdisplay、vgs、vgscan 命令查看 VG 的创建情况。如果有需要,也可以使用 vgremove 命令删除 VG。例如:

```
#vgcreate data /dev/sdb1 /dev/sdc1                     //创建名字为 data 的卷组
Volume group "data" successfully created               //创建成功
#vgs                                                   //查看已经存在的 VG 信息
VG     #PV  #LV  #SNt  Attr    VSize   VFree
data    2    0     0   wz--n-  27.92g  27.92g
#vgremove game                                         //删除卷组 game
Volume group "game" successfully removed               //删除成功
```

4)改变卷组容量

使用 vgextend 命令可以把系统中新建的分区添加到已有卷组,以增大卷组容量;如有需要,也可以使用 vgreduce 命令删除卷组中没有被逻辑卷使用的物理卷,以缩减卷组容量。如果某个物理卷正在被逻辑卷所使用,就需要将该物理卷的数据备份到其他地方,然后删除。例如:

```
#vgextend data /dev/sdc2                               //把/dev/sdc2分区添加到 data 卷组
Volume group "data" successfully extended              //扩展成功
#vgreduce data /dev/sdc2                                //把/dev/sdc2分区从 data 卷组中删除
Removed "/dev/sdc2" from volume group "data"           //删除成功
```

5)创建逻辑卷

使用 lvcreate 命令创建逻辑卷,命令格式为"lvcreate -n 逻辑卷名 -l 逻辑卷 PE 数 卷组名"。如果使用-L 选项,则其参数为磁盘容量单位的数值(MB、GB 等)。如果要使用整个卷组的空间,可先用 vgdisplay 命令查看 VG Size 或 Total PE 的值再进行创建;或者使用-l 100％VG 选项。创建完毕后,可以使用 lvdisplay、lvs 命令查看逻辑卷信息。如果有必要,可以使用 lvremove 命令删除 LV。例如:

(1) 创建基本逻辑卷(线性逻辑卷)

```
#lvcreate -n share -l 2000 data          //使用 2000 个 PE 创建名为 share 的 LV
Logical volume "share" created           //创建成功
#lvdisplay                               //显示已创建的 LV 信息
```

一个线性逻辑卷是聚合多个物理卷空间成为一个逻辑卷。此例是将两个 2000 个 PE 的分区生成 4000 个 PE 的逻辑卷。选项-n 后的参数为逻辑卷名。执行完上述操作,逻辑卷在操作系统中映射文件的绝对路径为/dev/data/share,同时会在/dev/mapper 目录下面创建一个软链接/dev/mapper/data-share,软链接名称为"卷组名-逻辑卷名"。逻辑卷的使用跟物理分区一样,需要先格式化成合适的文件系统,再挂载到某一个目录即可。

(2) 创建条状逻辑卷

```
#lvcreate -n share -L 100M -i2 data
Using default stripesize 64.00 KiB.      //使用默认 64KB 的条块
Rounding size 100.00 MiB (25 extents) up to stripe boundary size 104.00 MiB (126
extents).                                //条状逻辑卷的容量四舍五入后为 104MB
Logical volume "share" created.          //创建成功
```

当写数据到条状逻辑卷中时,文件系统能将数据放置到多个物理卷中。对于大量连接读写操作,条状能改善数据 I/O 效率。此操作中,选项-i2 指此逻辑卷在两个物理卷中条块化存放数据,默认一块大小为 64KB。

(3) 创建映像逻辑卷(镜像卷)

```
#lvcreate -n share -L 100M -m1 data /dev/sdb1 /dev/sdc1 /dev/sdc2
Logical volume "share" created
```

在此操作中,-m1 表示只生成一个 100MB 的单一映像逻辑卷,映像分别在/dev/sdb1 和/dev/sdc1 上保存一致的数据,数据将被同时写入原设备及映像设备,可提供设备之间的容错;映像日志放在/dev/sdc2 上。

(4) 创建快照卷

```
#lvcreate-s -n test -L 200M /dev/data/share
Logical volume "test" created
```

快照卷提供在特定瞬间的一个设备虚拟映像,当快照开始时,复制一份对当前数据区域的改动,由于快照卷的执行在这些改动之前,所以快照能重构当时设备的状态。此操作是为逻辑卷/dev/data/share 创建一个名为 test 的快照卷,选项-s 表示创建快照卷。

6) 改变逻辑卷容量

使用 lvextend 命令可以扩充逻辑卷容量;使用 lgreduce 命令可以缩减逻辑卷容量;使用 lvresize 命令可以扩充和缩减逻辑卷的容量。例如:

```
#lvextend -L 20G /dev/data/share
Size of logical volume data/share changed from 15.62 GiB (2000 extents) to 20.00 GiB
(2560 extents).                                        //将逻辑卷扩充到20GB
Logical volume data/share successfully resized.        //改变成功
```

7）在线数据迁移

通过 pvmove 命令能将一个 PV 上的数据迁移到新的 PV 上，也能将 PV 上的某个 LV 迁移到另一个 PV 上。例如：

```
#pvmove -n share /dev/sdb1 /dev/sdc2        //将/dev/sdb1上的数据迁移到/dev/sdc2上
```

5.3.4　建立文件系统

一般情况下，完整的 Linux 文件系统是在系统安装时建立的，只有在新添加硬盘或软盘等存储设备时，才需要为它们建立文件系统。Linux 文件系统的建立是通过 mkfs 命令来实现的，命令的功能和用法都类似于 Windows 系统中的 format 命令。

命令语法格式如下：

```
mkfs[选项] 设备
```

选项：-t type 表示指定文件系统的类型，默认文件系统为 ext2；-v 表示详细显示模式；-V 表示显示版本号；-h 表示显示帮助信息。

例如：

```
#mkfs -v -t ext4  /dev/sdb3        //在/dev/sdb3设备上创建ext4文件系统并详细显示
```

5.3.5　文件系统的挂载与卸载

创建好的文件系统的存储设备并不能马上使用，必须把它挂载到文件系统中才可使用。在 Linux 系统中，无论是硬盘、光盘还是软盘都必须经过挂载才能进行文件存取操作。所谓挂载就是将存储介质的内容映射到指定的目录中，此目录为该设备的挂载点。这样，对存储介质的访问就变成对挂载点目录的访问。一个挂载点多次挂载不同设备或分区，最后一次有效；一个设备或分区多次挂载到不同挂载点，第一次有效。

通常，硬盘上的系统分区会在 Linux 的启动过程中自动挂载到指定的目录上，并在关机前自动卸载。而软盘等可移动存储介质既可以在启动时自动挂载，也可以在需要时手动挂载或卸载。目前有两种挂载文件系统的方法：一种是通过 mount 命令手动挂载，另一种是通过/etc/fstab 文件来开机自动挂载。

1. 手动挂载

命令语法格式如下：

```
mount[选项] 设备  目录
```

常用选项说明如下。

-a：挂载所有在配置文件/etc/fstab 中提到的文件系统。

-t fstype：指定文件系统的类型，一般情况下可以省略。mount 命令会自动选择正确的文件系统类型，相当于-t auto。-t 后面可跟 ext3、ext4、reiserfs、vfat、ntfs 等参数。

-o options：主要选项有权限、用户、磁盘限额、语言编码等,但语言编码的选项大多用于 vfat 和 ntfs 文件系统。

设备：指存储设备,如/dev/sda1、/dev/sda2、cdrom 等。通过 parted -l 命令或者查看/etc/fstab 文件内容可知系统中有哪些存储设备。一般情况下,光驱设备是/dev/cdrom;软驱设备是/dev/fd0;硬盘及 U 盘以 parted -l 的输出结果为准。

目录：设备在系统上的挂载点。需要注意的是：挂载点必须是一个目录,如果一个分区挂载在一个非空的目录上,则这个目录里面以前的内容将无法使用。

1) 挂载硬盘分区或逻辑卷

在挂载硬盘上分区或逻辑卷时,可用 parted -l 命令查看硬盘分区文件的绝对路径或者用 lvdisplay 命令查看硬盘上逻辑卷文件的绝对路径,新建目录或使用现有空白目录进行挂载。例如：

```
#mount  /dev/sdb1  /mnt                     //将/dev/sdb1 分区挂载到/mnt 目录上
#df  -lh                                    //查看硬盘是否被挂载
Filesystem  Size  Used  Availe  Used%  Mount on
...
/dev/sdb1  9.4G  800M  9.3G   10%    /mnt  //显示硬盘挂载和使用的情况
```

2) 挂载光驱

在挂载光驱设备时,也可使用 parted -l 命令查看光驱设备文件的绝对路径,大多数 Linux 系统光驱设备文件还指向链接文件/dev/cdrom。例如,挂载到/media 目录的方式如下：

```
#mount  /dev/cdrom  /media
```

或

```
#mount  /dev/sr0  /media
```

2. 手动卸载

使用 umount 命令可以手工卸载设备。在某些情况下(如删除分区或创建、删除卷等),必须先将挂载中设备卸载后才能操作。

命令语法格式如下：

```
umount［选项］ 设备或挂载目录
```

选项：所用选项与 mount 命令类似。-f 选项可强制卸载。
例如：

```
#umount  /dev/cdrom        //卸载光驱设备 cdrom
#umount  /mnt              //卸载挂载点/mnt
```

3. 自动挂载

对固定设备采用手工挂载的方式就略显麻烦,可以通过开机自动挂载文件系统。控制 Linux 系统在启动过程中自动挂载文件系统的配置文件是/etc/fstab,系统启动时将读取该配置文件,并按文件中的信息来挂载相应文件系统。典型的 fstab 文件内容如下：

```
#cat /etc/fstab
...
/dev/mapper/cl-root                              /      xfs    defaults   0 0
UUID=af16685a-28a1-4f74-abf0-3fe6a569a67d        /boot  ext4   defaults   0 0
/dev/mapper/cl-swap                              swap   swap   defaults   0 0
```

fstab 文件的每一行表示一个文件系统，而每个文件系统的信息用六个字段来表示，字段之间用空格来隔开。从左到右字段信息含义如下。

第 1 字段：设备名、设备的 UUID 或设备卷标名，在这里表示文件系统。有时把挂载文件系统称为挂载分区，在这个字段中也可以用分区标签。

第 2 字段：挂载点，指定每个文件系统在系统中的挂载位置。swap 分区不需要挂载点。

第 3 字段：文件系统类型，指定每个设备所采用的文件系统类型，如果设为 auto，则表示按照文件系统本身的类型进行挂载。

第 4 字段：挂载文件系统时的选项。可以设置多个选项，选项之间使用逗号分隔，常用选项见表 5-4。

表 5-4   常用选项

选 项	含 义
defaults	具有 rw、suid、dev、exec、auto、nouser、async 等默认选项
auto	自动挂载文件系统
noauto	系统启动时不自动挂载文件系统，用户在需要时手动挂载
ro	该文件系统权限为只读
rw	该文件系统权限为可读可写
usrquota	启用文件系统的用户配额管理服务
grpquota	启用文件系统的用户组配额管理服务

第 5 字段：文件系统是否需要 dump 备份，1 表示需要，0 表示不需要。

第 6 字段：系统启动时，是否使用 fsck 磁盘检测工具检查文件系统，1 表示需要，0 表示不需要，2 表示跳过。

对于需要自动挂载的文件系统，只需按照/etc/fstab 文件内格式逐项输入，保存退出后重启系统即可生效。

此外，还有一个与/etc/fstab 类似的文件。文件/etc/fstab 存放系统启动时准备挂载的文件系统信息；而文件/etc/mtab 记录系统启动后挂载的文件系统，包括手动挂载及操作系统建立的虚拟文件系统等。使用 mount -l 命令观察到结果与/etc/mtab 文件的内容对应。

5.3.6   磁盘配额管理

Linux 系统是多用户任务操作系统，在使用系统时，会出现多用户共同使用一个磁盘的情况，如果其中少数几个用户占用了大量的磁盘空间，势必影响其他用户的磁盘使用空间。因此，系统管理员应该适当地开放磁盘空间给用户，以妥善分配系统资源。

1. 磁盘配额的使用说明

在 Linux 系统中，对于 ext 文件系统，磁盘配额是针对整个文件系统（分区或逻辑卷），无法对单一的目录进行磁盘配额;而在 xfs 文件系统中,可以对目录进行磁盘配额管理,因此在进行磁盘配额前,一定要查明使用的文件系统类型。

磁盘配额只对一般用户有效,而 root 用户拥有全部的磁盘空间,磁盘配额对 root 用户无效。此外,如果启用 SELinux 功能,不是所有的目录都能设定磁盘配额,默认仅能对/home 进行设定。

2. 磁盘配额的管理内容

(1) 可分别针对用户、群组、个别目录(xfs 文件系统)进行磁盘配额。

(2) 可限制索引节点和块的用量,既然磁盘配额是管理文件系统的,那么对索引节点和块的限制也在情理之中。

(3) 可设置软配额(soft)和硬配额(hard)。当磁盘容量达到 soft 设置值时,系统会发出警告,要求降低至 soft 值以下;当磁盘容量达到 hard 设置值时,系统会禁止继续新增占用磁盘容量。

(4) 可设置宽限时间(一般为 7 天),当某一用户使用磁盘容量达到 soft 时,系统会给出一个宽限期,如果超过这个期限,soft 值会变成 hard 值并禁止该用户对磁盘新增占用。

3. ext 系列文件系统磁盘配额设置步骤

现以 zhaoy 用户(组)在/dev/sdb1 分区上设定磁盘配额为例,将/dev/sdb1 挂载到/mnt 目录,限定其软配额为 500MB,硬配额为 600MB。下面介绍设置的基本命令和步骤。

1) 启用磁盘配额

```
#vi /etc/fstab                    //编辑/etc/fstab 文件,启用文件系统配额功能
...
/dev/sdb1 /mnt ext4 defaults,usrquota,grpquota 00
```

在/etc/fstab 文件末行添加以上内容后需要重启系统才能生效,如果不重启系统,可执行以下命令继续进行后续设置。

```
#mount /dev/sdb1 /mnt             //将/dev/sdb1 挂载到/mnt 目录
#mount -o remount /mnt            //重新挂载以使/etc/fstab 文件生效
```

2) 生成磁盘配额文件

```
#quotacheck -cvug /dev/sdb1
```

选项:-u 表示检查用户配额文件 aquota.user;-g 表示检查用户组配额文件 aquota.group;-v 表示显示扫描过程的信息;-c 用来生成配额文件 aquota.user 和 aquota.group;-a 是扫描所有在/etc/mtab 内且含有 quota 参数的文件系统。

3) 创建配额用户和组

```
#useradd zhaoy                    //新增用户 zhaoy,同时生成用户组 zhaoy
#passwd zhaoy                     //给用户 zhaoy 设置密码
```

4) 设置配额

```
#edquota -u zhaoy                 //编辑用户配额
Disk quotas for user zhaoy (uid 1000):
Filesystem    blocks   soft    hard    inodes   soft    hard
```

```
/dev/sdb1      0       500M   600M   0        0       0
#edquota -g zhaoy              //编辑用户组配额
Disk quotas for group zhaoy (gid 1000):
Filesystem    blocks   soft   hard   inodes   soft    hard
/dev/sdb1      0       500M   600M   0        0       0
```

edquota 命令的用法和 vi 命令用法相同。文件中第一个 soft 表示磁盘容量软限制，第二个 soft 表示文件个数软限制；第一个 hard 表示磁盘容量硬限制，第二个 hard 表示文件个数硬限制。

```
#edquota -t                    //编辑配额宽限时间
```

5）启用配额

```
#quotaon -ugv /mnt
```

选项：-a 表示启用所有文件系统配额功能；-u 表示启用用户配额；-g 表示启用用户组配额；-v 表示显示详细过程。

6）查看配额

```
#repquota -vug /mnt            //查看用户和用户组针对/mnt 配额的详细使用情况
*** Report for user quotas on device /dev/sdb1
Block grace time: 7days; Inode grace time: 7days
Block limits           File limits
User       used    soft       hard    grace   used   soft   hard   grace
root  --   20      0          0               2      0      0
zhaoy --   0       512000     614400          0      0      0
...
```

在运行结果中将看到 zhaoy 用户和 zhaoy 用户组的磁盘配额设置及磁盘使用情况。

7）测试配额

```
#chmod 777 /mnt                               //修改/mnt 权限
#su zhaoy                                     //切换到 zhaoy 用户
$cd /mnt
$dd if=/dev/zero of=bigfile bs=1M count=700   //创建 700MB 的文件
sdb1: warning, user block quota exceeded.     //警告超过了软限制的值
...
sdb1: write failed, user block limit reached. //提示已被硬限制
...
```

4. xfs 文件系统磁盘配额设置步骤

现以 sunx 用户（组）在/dev/sdb2 分区上设定磁盘配额为例，将/dev/sdb2 挂载到/test 目录上，限定其软配额为 500MB，硬配额为 600MB。下面介绍设置的基本命令和步骤。

1）启用磁盘配额

```
#vi /etc/fstab                        //编辑/etc/fstab 文件，启用文件系统配额功能
...
/dev/sdb2 /test xfs defaults,usrquota,grpquota 00
```

在/etc/fstab 文件末行添加以上内容后需要重启系统才能生效。如果不重启系统，可

执行以下命令继续进行后续操作。

```
#mount -o usrquota,grpquota /test          //手动挂载以使/etc/fstab 文件生效
```

2）创建配额用户和组

```
#useradd sunx                              //新增用户 sunx
#passwd sunx
```

3）设置配额

使用 xfs_quota 命令可以对 xfs 文件系统设置配额。

命令语法格式如下：

```
xfs_quota   选项 设备或挂载点
```

选项：-x 表示使用配额模式；-c cmd 表示启用命令模式，可用的 cmd 有 report、limit、bsoft、bhard、isoft、ihard 等；"-u 用户"表示指定用户配额；"-g 用户"表示指定用户组配额。

例如：

```
#xfs_quota -x -c 'limit bsoft=500M bhard=600M -u sunx' /test
```

4）查看配额信息

```
#xfs_quota -x -c report /test
User quota on /test (/dev/sdb1)
                  Blocks
User ID      Used      Soft      Hard      Warn/Grace
-------    ------    ----    -------    ---------------
root          0         0         0       00 [--------]
sunx          0      512000    614400     00 [--------]
...
```

在运行结果中将看到 sunx 用户和 sunx 用户组的磁盘配额设置及磁盘使用情况。

5）测试配额

```
#chmod 777 /test
#su sunx
$cd /test
$dd if=/dev/zero of=/test/big.txt bs=1M count=700      //创建 700MB 的文件
dd:error writing 'big.txt': Disk quota exceeded        //提示超出配额
601+0 records in
601+0 records out
629145600 bytes(629MB, 600MiB) copied, 0.22s, 1.6GB/s  //只写入 600MB
```

5.4　文件管理

5.4.1　链接文件

链接文件是 Linux 文件系统的一个优势。如果需要在系统中维护某一文件的两份或者多份副本，除了保存多份单独的物理文件之外，还可以采用保留一份物理文件副本和多个虚

拟副本的方式,这种原文件和副本之间的联系就称为链接。使用链接文件与使用目标文件的效果是一样的,但可以为链接文件指定不同的访问权限,以控制对文件的共享和安全性的问题。

链接分为硬(hard)链接和符号(symbolic)链接两种,符号链接又称软(soft)链接。它们各自的特点如下。

1. 硬链接

(1) 原文件名和链接文件名都指向相同的物理地址。

(2) 目录不创建硬链接。

(3) 不能跨越文件系统(不能跨越不同的分区)。

(4) 删除文件要在同一个索引节点属于唯一的链接时才能完成。每删除一个硬链接文件只能减少其硬链接数目,只有当硬链接数目为 1 时才能真正删除,这就防止了误删除。

2. 符号链接

(1) 用 ln -s 命令创建文件的符号链接。

(2) 可以指向目录或跨越文件系统。

(3) 符号链接是 Linux 特殊文件的一种,类似于 Windows 系统中的快捷方式,删除原有的文件或目录时,所有内容将丢失。因而它没有防止误删除功能。

可以用 ln 命令创建文件的链接文件。ln 命令语法格式如下:

```
ln［选项］ 目标文件 链接名
```

选项:-b 表示在建立链接时将可能被覆盖或删除的文件备份;-d 表示允许系统管理员硬链接目录;-f 表示删除已存在的同名目标文件;-i 表示在删除与目标同名的文件时先进行询问;-n 表示在进行软链接时,将目标视为一般的文件;-s 表示进行软链接;-v 表示在链接时显示文件名。

默认情况下,如果链接名已经存在但不是目录,将不做链接。目标文件可以是任何一个文件名,也可以是一个目录。例如:

```
#ln /etc/host.conf a1.txt                    //为/etc/host.conf 创建硬链接
#ln -s /etc/host.confa2.txt                  //为/etc/host.conf 创建软链接
#ls -l
-rw-r--r--.   2 rootroot9Sep 10 2018 a1.txt
lrwxrwxrwx. 1 rootroot 14Dec 22 00:57 a2.txt -> /etc/host.conf
```

通过以上操作可以看到,为同样一个文件创建的硬链接文件和软链接文件,在权限、文件数、大小、创建时间、文件名等内容上均有区别。

5.4.2 修改目录或文件权限

Linux 作为多用户系统,允许不同的用户访问不同的文件,继承了 UNIX 系统中完善的文件权限控制机制。root 用户具有不受限制的权限,而普通用户只有被授予权限后才能执行相应的操作,没有权限就无法访问文件。系统中的每个文件或目录都被创建者所拥有,在安装系统时创建的文件或目录的拥有者为 root。文件还被指定的用户组所拥有,这个用户组称为文件属组。一个用户可以是不同组的成员,这由 root 来管理。文件的权限决定了文件的拥有者、文件的属组、其他用户对文件访问的能力。文件的拥有者和 root 用户享有文件的所有权限,并可用 chmod 命令给其他用户授予访问权限。

1. 查看文件或目录权限

单独使用 ls 命令时,只显示当前目录中包含的文件名和子目录名。结果显示方式非常简洁,通常是在刚进入某目录时,用这个方式先初步了解该目录中存放了哪些内容。相关命令如下:

```
#ls
Desktop Examples myworkTemplates Textfile.txt
```

如果需进一步了解每个文件的详细情况,可以使用-l选项。相关命令如下:

```
#ls -l
total 11
drwxr-xr--.   2  zhang   zhang   4096   Dec 17   2:23    Desktop
lrwxrwxrwx.   1  zhang   zhang     26   Dec 20   05:03   Examples -> content
drwxr-xr-x.   2  zhang   zhang   4096   Dec 17   13:42   mywork
drwxr-xr-x.   2  zhang   zhang   4096   Dec 17   12:24   Templates
-rw-r--r--.   1  zhang   zhang   8755   Dec 19   17:11   Textfile.txt
```

可以发现,ls -l命令以列表形式显示了当前目录中所有内容的详细信息。列表中每条记录显示一个文件或目录,包含 7 项。以第一条记录为例,表 5-5 对各字段含义进行了说明。

表 5-5 ls -l 各字段含义

字段序号	ls -l命令的输出	字 段 含 义
1	drwxr-xr--	文件类型、文件访问权限
2	2	文件数量
3	zhang	文件所有者
4	zhang	文件属组
5	4096	文件大小,以字节为单位
6	Dec 17 2:23	最近修改文件或目录的时间
7	Desktop	文件或目录名称

第一项是由 11 个字符组成的字符串,如 drwxr-xr-x.说明了该文件/目录的文件类型和文件访问权限。第一个字符表示文件类型。第 2～第 10 个字符表示文件访问权限,且以 3 个字符为一组,分为 3 组,组中的每个位置对应一个指定的权限,其顺序为读、写、执行。3 组字符又分别代表文件所有者权限、文件属组权限以及其他用户权限。最后一个字符“.”表明此文件是被 SELinux 保护的文件。下面分别介绍文件类型和访问权限。

(1)文件类型。表 5-6 列出了 Linux 系统的文件类型以及对应的类型符。

(2)文件和目录权限。Linux 权限的基本类型有读、写和执行,表 5-7 中对这些权限类型做了说明。

表 5-6　Linux 系统的文件类型以及对应的类型符

文件类型	类型符	描　　述
普通文件	-	ASCII 文本文件、二进制可执行文件以及硬链接
块设备文件	b	块输入/输出设备文件
字符设备文件	c	字符输入/输出设备文件
目录文件	d	包含若干个文件或子目录的文件
符号链接文件	l	只保留了文件地址,而不是文件本身
命名管道	p	一种进程间通信的机制
套接字	s	用于进程间通信

表 5-7　文件权限类型说明

权限类型	应用于目录文件	应用于任何其他类型的文件
读(r)	授予读取目录或子目录内容的权限	授予查看文件的权限
写(w)	授予创建、修改或删除文件或子目录的权限	授予写入权限,允许修改文件
执行(x)	授予进入目录的权限	允许用户运行程序
X	只有当文件为目录文件,或者其他用户有可执行权限时,才将文件权限设置为可执行	
s	应用于可执行文件或目录,使文件在执行阶段,临时拥有文件所有者的权限	
t	应用于目录,任何用户都可以在此目录中创建文件,但只能删除自己的文件	
-	无权限	

仍然以第 1 条记录为例,解释文件/目录的文件类型和访问权限。

```
drwxr-xr--.2  zhang  zhang  4096  Dec 17 2:23 Desktop
```

将文件记录的第一项分组,逐项解释,如图 5-3 所示。这时读者可以对该文件的类型、访问权限有直观、清晰的了解。

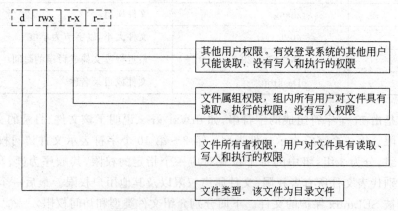

图 5-3　文件类型与用户权限字符串

目前 bash 的 ls 命令可按照文件类型,对文件标识不同的颜色。比如,目录文件使用蓝色,普通文件使用反白色,可执行文件使用绿色等。如果用户觉得文件类型符不够明显,还可以使用-F 选项。

```
#ls -Fl
```

从以上命令的执行结果将可以看到，目录名后面标记"/"，可执行文件后面标记" ＊ "，普通文件不做符号标记。

2. 与文件权限相关的用户分类

Linux 系统中与文件权限相关的用户可分为 3 种不同的类型：文件所有者(owner)、同组用户(group)、系统中的其他用户(other)。

(1) 文件所有者：建立文件或目录的用户，用 user 的首字母 u 表示。文件的所有者是可以改变的，文件所有者或 root 用户可以将文件或目录的所有权转让给其他用户。这可以通过使用 chown 命令来实现。文件所有者被改变后，原有所有者将不再拥有该文件或目录的权限。

(2) 同组用户：为方便管理，多个文件可以同时属于一个用户组，用 group 的首字母 g 表示。当创建一个文件或目录时，系统会赋予它一个所属的用户组，组中的所有成员(即同组用户)都可以访问此文件或目录。chgrp 命令可以改变文件的所属用户组。

(3) 其他用户：既不是文件所有者，又不是同组用户的其他用户。用 other 的首字母 o 表示。

3. 设置访问权限

1) chmod

chmod 命令用于改变文件或目录的访问权限。该命令有两种使用方式，即符号模式和绝对模式。符号模式使用字母符号表示文件权限，对大多数新用户来说，这种方式更容易理解；绝对模式用数字表示文件权限的每一个集合，这种表示方法更加有效，而且系统也是用这种方法查看权限。

(1) chmod 命令符号模式的一般语法格式如下：

```
chmod[role][ +| -| =][mode] filename
```

其中，选项 role 由字母 u、g、o 和 a 组合而成，它们各自的含义为：u 代表用户，g 代表组，o 代表其他用户，a 代表所有用户。操作符"＋"表示添加某个权限，"－"表示取消某个权限，"＝"表示赋予给定权限并取消其他所有权限。mode 所表示的权限可由字母 r(可读)、w(可写)和 x(可执行)任意组合。

在以下例子中，TextFile.txt 文件最初的权限为-rw-r--r--，即文件所有者具有可读可写的权限，组内用户和其他用户具有可读权限。使用 chmod 命令分别为文件所有者添加可执行的权限，为组内用户设置可写和可执行权限，为其他用户添加可写权限。最后 TextFile.txt 文件权限设置为-rwx-wxrw-.。

```
#ls -l TextFile.txt
-rw-r--r--.1  zhang  zhang  0  Dec 22 05:34 TextFile.txt
#chmod u+x TextFile.txt
#chmod g=wx TextFile.txt
#chmod o+w TextFile.txt
#ls -l TextFile.txt
-rwx-wxrw-.1  zhang  zhang  0  Dec 22 05:37  TextFile.txt
```

（2）chmod 命令绝对模式的一般语法格式如下：

```
chmod [mode] filename
```

其中，选项 mode 表示权限设置模式，用数字表示，即 0 表示没有权限，1 表示可执行权限，2 表示可写权限，4 表示可读权限，然后将其相加。

表 5-8 列出绝对模式下八进制权限。mode 的数字属性由 3 个 0～7 的八进制数组成，其顺序是 u、g、o。例如，如果将文件所有者权限设置为可读可写，计算方法为：4（可读）＋2（可写）＝6（读/写）。

表 5-8　绝对模式下八进制权限

数　字	八进制权限	权限引用
0	无权限	---
1	执行权限	--x
2	写入权限	-w-
3	写入和执行权限：2＋1＝3	-wx
4	读取权限	r--
5	读取和执行权限：4＋1＝5	r-x
6	读取和写入权限：4＋2＝6	rw-
7	所有权限：4＋2＋1＝7	rwx

延续上面的例子，依然是希望将 TextFile.txt 的权限-rw-r--r--.设置为-rwx-wxrw-.，使用绝对模式 chmod 736 直接设置为所需要的权限。

```
# chmod 736 TextFile.txt
# ls -l TextFile.txt
-rwx-wxrw-.1  zhang  zhang  0  Dec 2205:56 TextFile.txt
```

2）chgrp

chgrp 命令用于改变文件或目录的属组。chgrp 命令的一般语法格式如下：

```
chgrp [-R] group filename
```

其中，filename 为改变属组的文件名，可以是多个文件，用空格隔开。选项-R 表示递归地改变指定目录及其子目录和文件的属组。

通过以下操作，chgrp 命令将 TextFile.txt 的所属组由原来的 zhang 组改变为 root 组。

```
# ls -l TextFile.txt
-rw-r--r--.1  zhang  zhang  0  Dec 2206:23  TextFile.txt
# chgrp root TextFile.txt
# ls -l TextFile.txt
-rw-r--r--.1  zhang  root   0  Dec 2206:23  TextFile.txt
```

3）chown

chown 命令用于将指定文件的所有者改变为指定用户或组。chown 命令的一般语法格式如下：

```
chown [-R] [user:group] filename
```

其中,filename 为改变所属用户或组的文件名,可以是多个文件,用空格隔开。选项-R 表示递归地改变指定目录及其子目录和文件的所属用户或组。

以下使用 chown 命令将 TextFile.txt 的所有者和属组,由原来的 zhang 改变为 root。可以看出 chown 命令功能是 chgrp 命令的超集。

```
#ls -l TestFile
-rw-r--r--.  1  zhang  zhang  0  Dec 22 06:37  TestFile
#chown root:root TestFile
#ls -l TestFile
-rw-r--r--.  1  root   root   0  Dec 22 06:37  TestFile
```

4) umask

umask 命令用来显示或设置限制新文件权限的掩码。当新文件被创建时,其最初的权限由文件创建掩码决定。用户每次注册进入系统时,umask 命令都被执行,并自动设置掩码,改变默认值,新的权限将会把旧的覆盖。umask 命令的一般语法格式如下:

```
umask [-S][mode]
```

选项:-S 表示以符号的形式显示当前新建目录的默认权限。

umask 是从权限中"拿走"相应的位,且文件创建时不能赋予执行权限。用户登录系统之后创建文件或目录时总是有一个默认的权限,那么这个权限是怎么来的呢?umask 设置了用户创建文件或目录的默认权限,它与 chmod 的效果刚好相反,umask 设置的是权限"补码",而 chmod 设置的是文件权限码。

通常新建文件的默认权限值为 0666,新建目录的默认权值为 0777,与当前的权限掩码 0022 相减,即可得到每个新增文件的最终权限值为 0666−0022=0644,而新建目录的最终权限值为 0777−0022=0755。例如,新建文件 test,新建目录 TEST,通过 ls 命令可以看到生成的最终权限:

```
#umask                                    //显示当前权限掩码
0022
#umask -S                                 //以符号形式显示当前目录默认权限
u=rwx  g=rx  o=rx
#touch test
#ls -l test
-rw-r--r--  1  root  root  0  Dec 26 07:20test   //test 的权限为 rw-r--r--,即 644
#mkdir TEST
#ls -l
drw-r-xr-x  2  root  root 4096 Dec 26 07:24 TEST  //TEST 的权限为 rwxr-xr-x,即 755
#umask 0002                               //重设系统默认的权限掩码为 0002
#umask                                    //再次查看当前权限掩码
0002
```

5.4.3 文件的压缩与归档

用户在进行数据备份时,可以把若干个文件整合为一个文件以便保存。虽然整合成一个文件,但文件大小仍然没变。如果需要网络传输文件时,就希望将其压缩成较小的文件,以节省网络传输的时间。本小节介绍文件的归档与压缩。

1. 文件压缩和归档

归档文件是一个文件和目录的集合，而这个集合被存储在一个文件中。归档文件没有经过压缩，它所使用的磁盘空间是其中所有文件和目录的总和。压缩文件也是一个文件和目录的集合，且这个集合也被存储在一个文件中，但是，它的存储方式使其所占用的磁盘空间比其中所有文件和目录的总和要少。如果用户计算机上的磁盘空间不足，可以压缩不常使用或不再使用但想保留的文件，甚至可以创建归档文件，然后压缩它来节省磁盘空间，所以归档文件不是压缩文件，但是压缩文件可以是归档文件。

gzip 是 Linux 中最流行的压缩工具，具有很好的移植性，可在很多不同架构的系统中使用。bzip2 在性能上优于 gzip，提供了最大限度的压缩比率。如果用户需要经常在 Linux 和 Windows 系统之间交换文件，建议使用 zip 命令。表 5-9 列出了常见的压缩、解压缩命令及对应的文件后缀。

表 5-9　常见的压缩、解压缩命令及对应的文件后缀

压 缩 命 令	解压缩命令	文 件 后 缀
gzip	gunzip	.gz
bzip2	bunzip2	.bz2
zip	unzip	.zip

目前，归档使用最广泛的 tar 命令可以把很多文件（甚至磁带）合并到一个称为 tarfile 的文件中，通常文件后缀为.tar，然后使用 zip、gzip 或 bzip2 等压缩工具进行压缩。也可以在归档时使用 tar 命令调用相应的工具直接进行压缩。

2. 归档和压缩命令

使用归档和压缩命令可以直接完成文档的打包与解包任务。此类 Shell 命令是成对使用的，下面分别对其进行介绍。

1）zip 与 unzip

zip 命令用于将一个文件或多个文件压缩成一个文件；unzip 命令用于将 zip 压缩文件进行解压。

（1）zip 命令的一般语法格式如下：

```
zip [选项] zipfile filelist
```

其中，zipfile 表示压缩后的压缩文件名，一般用后缀.zip；filelist 表示被压缩的文件名列表，各文件名之间用空格分隔。表 5-10 列出了该命令的常见选项。

表 5-10　zip 命令的常用选项

选　　项	描　　述
-c	给每个被压缩的文件加上注释
-d	从压缩文件内删除指定的文件
-F	尝试修复已损坏的压缩文件
-g	将文件压缩后附加在既有的压缩文件之后，而非另行建立新的压缩文件
-q	不显示命令执行过程

续表

选　项	描　述
-j	不压缩文件夹下的子目录及其文件
-k	使用 MS-DOS 兼容格式的文件名称
-m	在文件被压缩之后,删除原文件
-r	递归压缩文件夹中所有内容,包括子目录及其文件
-S	包含系统和隐藏文件
-X	不保存额外的文件属性
-y	只压缩软链接文件本身,不包括链接目标文件的内容
-n suffixes	不压缩具有特定后缀名的文件,直接归档保存
-t date	指定压缩某一日期后创建的文件,日期格式为 mmddyy
-num	指定压缩比率,num 有 1～9 个等级

（2）unzip 命令的一般语法格式如下：

unzip［选项］　［文件］　［参数］

表 5-11 列出了该命令的常见选项。

表 5-11　unzip 命令的常见选项

选　项	描　述
-c	将解压缩的结果显示到屏幕上,并对字符做适当的转换
-f	更新现有的文件
-l	查看压缩文件中实际包含的文件内容
-t	检查压缩文件是否正确
-Z	查看压缩文件内的信息,包括文件数、大小、压缩比等参数,并不进行文件解压
-d exdir	指定文件解压缩后所要存储的目录
-x xfile	指定不要处理.zip 压缩文件中的哪些文件

例 1：

```
$zip - k filegroup file1 file2 file3    //将 3 个文件压缩到 filegroup.zip
adding: FILE1(deflated 45%)             //文件名转为大写且压缩了 45%
adding: FILE 2(deflated 45%)
adding: FILE 3(deflated 45%)
```

例 2：

```
$zip - r dir1 dir1                      //将 dir1 目录及子目录压缩到 dir1.zip 文件
adding: dir1/ (stored 0%)               //存储了 0
adding: dir1/dir2/ (stored 0%)
adding: dir1/dir2/dir3/ (stored 0%)
```

例 3：

```
$unzip - Z filegroup                    //列出 filegroup.zip 文件中的详细信息
```

```
Archive: filegroup.zip
Zip file size: 57 bytes,number of entries: 3
-rw----2.0 fat 247 tx defN Dec 23 23:00 FILE1
-rw----2.0 fat 247 tx defN Dec 23 23:00 FILE2$
-rw----2.0 fat 247 tx defN Dec 23 23:00 FILE3
3files,482 bytes uncompressed,216 bytes compressed: 38.9%
```

例 4：

```
$unzip filegroup -x FILE[^13]              //只解压出 FILE1、FILE3 文件
Archive: filegroup.zip
inflating: FILE1
inflating: FILE3
```

2）gzip 与 gunzip

gzip 命令用于将一个文件进行压缩，gunzip 命令用于将 gzip 压缩文件进行解压。gunzip 是 uncompress 的硬链接，无论是压缩还是解压缩，都可通过 gzip 命令单独完成，因此 gzip 与 gunzip 的选项基本相同。gzip 与 zip 的明显区别在于只能压缩一个文件，无法将多个文件压缩为一个文件，也无法压缩目录。

（1）gzip 命令的一般语法格式如下：

```
gzip［选项］filename
```

其中，filename 表示要压缩的文件名，gzip 会在这个文件名后自动添加后缀.gz，作为压缩文件的文件名；如果使用了选项（压缩比除外），则 filename 是压缩后的文件名。在执行 gzip 命令后，它将删除原来文件并只保留已压缩的版本。表 5-12 列出了该命令的常见选项。

表 5-12　gzip 命令的常见选项

选　项	描　述
-l	查看压缩文件的信息，并不进行文件解压
-d	将文件解压，功能与 gunzip 相同
-t	测试，检查压缩文件是否完整
-1 或 9	指定压缩比率，9 为最大压缩比，1 为最小压缩比

（2）gunzip 命令的一般语法格式如下：

```
gunzip［选项］file.gz
```

例如：

```
$gzip - 9 file1              //以最大的压缩比率对文件 file1 进行压缩
$gzip - l file1.gz           //查看压缩文件内信息
$gunzip file1.gz             //解压缩文件 file1.gz
```

3）bzip2 与 bunzip2

bzip2 命令提供比 gzip 命令更高的压缩效率，但是没有 gzip 使用得广泛。bzip2 命令的使用方法与 gzip 基本相同，命令格式可以参照 gzip 的命令格式。通常，bzip2 压缩的文件

以.bz、.bz2、.tbz、.tbz2 为后缀。如果遇到带有其中任何一个后缀的文件,该文件就有可能是使用 bzip2 压缩处理。bunzip2 是 bzip2 的硬链接文件,解压功能可由 bzip2 替代。

4) tar

tar 命令主要用于将若干个文件或目录合并为一个文件,以便备份和压缩。当然,tar 也可以实现在合并归档的同时进行压缩。tar 命令的一般语法格式如下:

```
tar [-txucvjzf] tarfile filelist
```

其中,tarfile 表示归档后的文件名,一般用后缀.tar;filelist 表示被归档的文件名列表,各文件之间用空格隔开。表 5-13 列出了该命令的常见选项。

表 5-13　tar 命令的常见选项

选　　项	含　　义
-cf	创建一个新的归档文件
-rf	增加文件,把要增加的文件追加在压缩文件的末尾
-tf	显示归档文件中的内容
-xf	释放(解压)归档文件
-uf	更新归档文件,即用新增的文件取代原备份文件
-vf	显示归档和释放的过程信息
-jf	由 tar 生成归档,然后由 bzip2 压缩
-zf	由 tar 生成归档,然后由 gzip 压缩

例如:

```
$tar -cf mydir.tar mydir              //将 mydir 目录下的所有文件归档打包到 mydir.tar
$tar -cjf mydir.tar.bz mydir          //将 mydir 目录下的所有文件归档并使用 bzip2 压缩到
                                        mydir.tar.bz
$tar -czf mydir.tar.gz mydir          //将 mydir 目录下的所有文件归档并使用 gzip 压缩到
                                        mydir.tar.gz
$ls -lh mydir.tar *
-rw-r--r--1 zhang zhang 9.3M  Dec 23 00:42 mydir.tar
-rw-r--r--1 zhang zhang 8.6M  Dec 23 00:43 mydir.tar.bz
-rw-r--r--1 zhang zhang 8.5M  Dec 23 00:44 mydir.tar.gz
$tar -tvf mydir.tar                   //查看归档文件中的详细内容
$tar -xvf mydir.tar                   //释放 tar 文件
$tar -xvjf mydir.tar.bz               //释放 tar 生成的.bz 文件
$tar -xvzf mydir.tar.gz               //释放 tar 生成的.gz 文件
```

实　　训

1. 实训目的

(1) 熟练掌握硬盘分区的方法。

(2) 熟练掌握挂载和卸载外部设备及其使用方法。

（3）熟练掌握文件权限的分配。

（4）掌握文件的压缩和归档。

2. 实训内容

（1）查看 Linux 文件系统结构。

（2）使用分区命令对个人计算机进行查看分区，添加分区，修改分区类型以及删除分区的操作。

（3）对磁盘分区创建基本逻辑卷、镜像卷、快照卷等。

（4）用 mkfs 创建文件系统并进行挂载使用。

（5）选定分区或逻辑卷，给指定用户设置磁盘配额。

（6）挂载、卸载光盘和 U 盘。

（7）设置文件的权限。

① 在用户的主目录下创建目录 test，在该目录下创建 file1。查看该文件的权限和所属的用户和组。

② 设置 file1 的权限，使其他用户可对其进行写操作，并查看设置结果。

③ 取消同组用户对该文件的读取权限，查看设置结果。

④ 设置 file1 文件的权限，所有者可读、可写和可执行；其他用户和属组用户只有读和执行的权限，查看设置结果。

⑤ 查看 test 目录的权限。

⑥ 为其他用户添加对该目录的写权限。

（8）将 test 目录压缩并归档。

3. 实训总结

掌握硬盘的分区，有利于对操作系统的合理管理；掌握挂载和卸载外部设备，有利于资源和数据的共享和传输；掌握文件权限的分配，有利于对文件系统的管理，保证文件数据的安全。

习　　题

一、选择题

1. 执行 chmod o＋rw file 命令后，file 文件的权限变化为（　　）。

　　A. 同组用户可读写 file 文件　　　　　　　B. 所有用户可读写 file 文件

　　C. 其他用户可读写 file 文件　　　　　　　D. 文件所有者可读写 file 文件

2. 如果要改变一个文件的拥有者，可通过（　　）命令来实现。

　　A. chmod　　　　　B. chown　　　　　C. usermod　　　　　D. file

3. 一个文件权限为 drwxrwxrw-，则下列说法错误的是（　　）。

　　A. 任何用户皆可读取、写入　　　　　　　B. root 可以删除该目录的文件

　　C. 给普通用户以文件所有者的特权　　　　D. 文件拥有者有权删除该目录的文件

4. 下列关于链接描述错误的是（　　）。

　　A. 硬链接就是让链接文件的索引节点号指向被链接文件的索引节点

B. 硬链接和符号链接都是产生一个新的索引节点

C. 链接分为硬链接和符号链接

D. 硬链接不能链接目录文件

5. 某文件的组外成员的权限为只读,所有者有全部权限,组内的权限为读与写,则该文件的权限为(　　)。

A. 467　　　　　　　B. 674　　　　　　　C. 476　　　　　　　D. 764

6. (　　)目录存放着 Linux 系统管理的配置文件。

A. /etc　　　　　　B. /usr/src　　　　　C. /usr　　　　　　D. /home

7. exerl 文件的访问权限为 rw-r--r--,现要增加所有用户的执行权限和同组用户的写权限,下列命令正确的是(　　)。

A. chomd a+x g+w exerl　　　　　　　B. chmod 765 exerl

C. chmod o+x exerl　　　　　　　　　D. chmod g+w exerl

8. 在以下设备文件中,代表第 2 块 SCSI 硬盘的第 1 个逻辑分区的设备文件是(　　)。

A. /dev/sdb　　　　B. /dev/sda　　　　C. /dev/sdb5　　　　D. /dev/sdbl

9. 光盘所使用的文件系统类型为(　　)。

A. ext2　　　　　　B. ext3　　　　　　C. swap　　　　　　D. ISO 9600

10. 在以下设备文件中,代表第 1 块 IDE 硬盘的第 1 个主分区的设备文件是(　　)。

A. /dev/hdbl　　　　B. /etc/hdal　　　　C. /etc/hdb5　　　　D. /dev/hda1

11. Debian 11 所提供的安装软件包的默认打包格式为(　　)。

A. .tar　　　　　　B. .tar.gz　　　　　C. .rpm　　　　　　D. .deb

12. 将光盘 CD-ROM(cdrom)安装到文件系统的/mnt/cdrom 目录下的命令是(　　)。

A. mount /mnt/cdrom　　　　　　　　B. mount /mnt/cdrom /dev/cdrom

C. mount /dev/cdrom /mnt/cdrom　　　D. mount /dev/cdrom

13. tar 命令可以进行文件的(　　)。

A. 压缩、归档和解压缩　　　　　　　B. 压缩和解压缩

C. 压缩和归档　　　　　　　　　　　D. 归档和解压缩

14. 如果要将当前目录中的 myfile.txt 文件压缩成 myfile.txt.tar.gz,则可实现的命令为(　　)。

A. tar -cvf myfile.txt myfile.txt.tar.gz

B. tar -zcvf myfile.txt myfile.txt.tar.gz

C. tar -zcvf myfile.txt.tar.gz myfile.txt

D. tar cvf myfile.txt.tar.gz myfile.txt

15. Debian 11 的默认文件系统为(　　)。

A. vfat　　　　　　B. xfs　　　　　　C. ext4　　　　　　D. ISO 9660

16. 要删除目录/home/user/subdir 连同其下级的目录和文件,不需要依次确认,正确的命令是(　　)。

A. rmdir -P /home/user/subdir　　　　B. rmdir -pf /home/user/subdir

C. rm -df /home/user/subdir　　　　　D. rm -rf /home/user/subdir

二、简答题

1. 在 Linux 中有一个文件,其信息格式如下:

```
lrwxrwxrwx. 1 myopia users 6 Jul 18 09:41 nurse2 -> nurse1
```

(1) 要完整显示以上文件列表信息,应该使用什么命令。请写出完整的命令行。

(2) 上述文件信息的第一列内容 lrwxrwxrwx 中的 l 是什么含义? 对于其他类型的文件或目录等还可能会出现什么字符? 它们分别表示什么含义?

(3) 上述文件信息的第一列内容 lrwxrwxrwx 中的第一～第三个 rwx 分别代表什么含义? 其中的 r、w、x 分别表示什么含义?

(4) 上述文件信息的第二列内容 1 是什么含义?

(5) 上述文件信息的第三列内容 myopia 是什么含义?

(6) 上述文件信息的第四列内容 users 是什么含义?

(7) 上述文件信息的第五列内容 6 是什么含义?

(8) 上述文件信息中的 Jul 18 09:41 是什么含义?

(9) 上述文件信息的最后一列内容 nurse2→nurse1 是什么含义?

2. Linux 支持哪些常用的文件系统?

3. 硬链接文件与符号链接文件有何区别与联系?

4. 简述标准的 Linux 目录结构及其功能。

5. Linux 中如何使用 U 盘?

6. 简述 Linux 中常用的归档/压缩文件类型。

第6章 进程与服务管理

要熟练驾驭服务器操作系统,只掌握其基本操作、基本管理是远远不够的,在日常工作中还要监控系统进程与服务,保障系统正常运行。

本章学习任务:
- 掌握 Linux 系统进程管理;
- 掌握系统服务启动、停止等管理。

6.1 系统进程管理

Linux 是一个多用户、多任务的操作系统,这就意味着多个用户可以同时使用一个操作系统,而每个用户又可以同时运行多个命令。在这样的系统中,各种计算机资源(如文件、内存、CPU 等)的分配和管理都以进程为单位。为了协调多个进程对这些共享资源的访问,操作系统要跟踪所有进程的活动,以及它们对系统资源的使用情况,实施对进程和资源的动态管理。

6.1.1 进程及相关概念

1. 进程

通常人们把保存在磁盘或者内存地址空间中的静态命令和数据的集合叫作程序,而把具有一定独立功能的程序在某个数据集合上的一次运行活动叫作进程。进程是 Linux 系统对正在运行中的应用程序的抽象,通过它可以管理和监视程序对内存、处理器时间和 I/O 资源的使用;进程是动态的,有生命周期及运行态、就绪态或封锁态(或阻塞态)等运行状态。

默认情况下,用户创建的进程都是前台进程,前台进程从键盘读取数据,并把处理结果输出到显示器。后台进程在后台运行,与键盘没有必然的关系,它不必等待程序运行结束就可以输入其他命令。创建后台进程最简单的方式就是在命令的末尾加"&"符号。守护进程(daemon)在系统引导过程中启动的进程,也是跟终端无关的进程。

在 Linux 系统中,进程(process)和任务(task)是同一个意思。所以在很多资料中,这两个名词常常混用。

2. Linux 线程

线程是和进程紧密相关的概念。一般来说,Linux 系统中的进程应具有一段可执行的程序、专用的系统堆栈空间、私有的"进程控制块"(即 task_struct 数据结构)和独立的存储空间。Linux 系统中的线程只具备前三个组成部分,而缺少自己的存储空间。

线程可以看作进程中命令的不同执行路线。例如,在文字处理程序中,主线程负责用户的文字输入,而其他线程可以负责文字加工的一些任务。往往也把线程称作轻型进程。Linux 系统支持内核空间的多线程,但它与大多数操作系统不同,后者单独定义线程,而Linux 则把线程定义为进程的"执行上下文"。

3. 作业

正在执行的一个或多个相关进程称为一个作业,即一个作业可以包含一个或多个进程。比如,在执行使用了管道和重定向操作的命令时,该作业就包含了多个进程。使用作业控制,可以同时运行多个作业,并在需要时在作业之间进行切换。作业控制是指控制正在运行的进程的行为。

4. 信号

信号是 Linux 中进程间通信的一种有限制的方式。它是一种异步的通知机制,用来提醒进程一个事件已经发生。收到信号后,进程对各种信号的处理方法可以分为三类:第一是类似中断的处理程序,对于需要处理的信号,进程可以指定处理函数,由该函数来处理。第二是忽略某个信号,不对该信号做任何处理,就像未发生过。第三是保留系统的默认值,对大部分信号的默认操作是终止进程。进程通过系统调用 signal 来指定进程对某个信号的处理行为。

6.1.2 进程管理的具体方法

进程管理是对并发程序的运行过程的管理,即对处理器的管理。其功能是跟踪和控制所有进程的活动,即分配和调度 CPU 以及协调进程的运行步调。

1. 查看进程

1) top 命令

功能:实时显示系统中各个进程的资源占用状况,类似于 Windows 的任务管理器。通过 top 命令提供的互动式界面,可用热键进行管理。

命令语法格式如下:

```
top[选项]
```

选项:-b 表示使用批处理模式;-c 表示列出程序时,显示每个程序的完整命令,包括命令名称、路径和参数等相关信息;-d 表示设置 top 监控程序执行状况的间隔时间,单位为秒;-i 表示忽略闲置或僵死的进程;-n 表示设置监控信息的更新次数;-s 表示使用安全模式,消除交互模式下的潜在安全隐患;-S 表示使用累计模式,其效果类似 ps 命令的-S 选项。

例如:

```
$top
top -11:06:48 up 3:18, 2 user, load average: 0.06, 0.60, 0.48
Tasks: 209 total, 1 running, 208 sleeping, 0 stopped, 0 zombie
%Cpu(s):0.3us, 1.0sy,0.0ni,98.7id,0.0wa,0.0hi,0.0si,0.0st
MiB Mem:  1086 total,    613 used,   413 free,   800 buff/cache
MiB Swap: 2096 total,      0k used,  2096 free,  1001 avail Mem


PID    USER    PR   NI    VIRT    RES    SHR S   %CPU    %MEM    TIME+    COMMAND
1379   root    16   0     7976    2456   1980 S  0.7     1.3     0:11.03  sshd
```

```
1474    wang    16   0    2128    980    796R    0.7    0.5    0:02.72  top
   1    root    20   0  178980   7632   9072 S    0.0    0.4    0:17.02  systemd
...
```

（1）统计信息区。前五行是系统整体的统计信息。第一行是任务队列信息,同 uptime 命令的执行结果;第二、第三行为进程和 CPU 的信息,当有多个 CPU 时,这些内容可能会超过两行;第四、第五行为内存信息。

（2）进程信息区。统计信息区域的下方显示各个进程的详细信息。各列的含义见表 6-1。

表 6-1　top 命令各列的含义

列　名	含　义
PID	进程 id
PPID	父进程 id
RUSER	任务属主的真正用户名
UID	进程所有者的用户 id
USER	进程所有者的用户名
GROUP	进程所有者的组名
TTY	启动进程的终端名。不是从终端启动的进程则显示为"?"
PR	优先级
NI	nice 值。负值表示高优先级,正值表示低优先级
P	最后使用的 CPU,仅在多 CPU 环境下有意义
%CPU	运行该进程占用 CPU 的时间与该进程总的运行时间的比例
TIME	进程使用的 CPU 时间总计,单位为 s
TIME+	进程使用的 CPU 时间总计,单位为 1/100s
%MEM	该进程占用内存和总物理内存的比例
VIRT	进程使用的虚拟内存总量,单位为 KB。VIRT=SWAP+RES
SWAP	进程使用的虚拟内存中,被换出的大小,单位为 KB
RES	进程使用的、未被换出的物理内存大小,单位为 KB。RES=CODE+DATA
CODE	可执行代码占用的物理内存大小,单位为 KB
DATA	可执行代码以外的部分(数据段+栈)占用的物理内存大小,单位为 KB
SHR	共享内存大小,单位为 KB
nFLT	页面错误次数
nDRT	最后一次写入到现在,被修改过的页面数
S	进程状态。D=不可中断的睡眠;R=运行;S=睡眠;T=跟踪/停止;Z=僵尸进程
COMMAND	命令名/命令行
WCHAN	如果该进程在睡眠,则显示睡眠中的系统函数名
Flags	任务标志

默认情况下,仅显示比较重要的 PID、USER、PR、NI、VIRT、RES、SHR、S、%CPU、%MEM、TIME+、COMMAND 列。可以通过相应的快捷键来更改显示内容。

（3）交互命令。top 命令执行过程中可以使用一些交互命令，以更方便查询相关信息。按 h 键或"?"键将显示帮助页面，给出一些命令的简短说明，读者可照此操作。执行完毕后按 Q 键退出 top 命令。

2）ps 命令

功能：静态查看当前进程的多种信息。尤其用于查看不与屏幕、键盘交互的后台进程。显示结果字段含义与 top 命令中的相同。

命令语法格式如下：

```
ps［选项］
```

选项：-e 表示显示所有进程信息；-f 表示全格式显示进程信息；-l 表示长格式显示进程信息；-w 表示加宽输出；-a 表示显示终端上的所有进程，包括其他用户的进程；-h 表示不显示标题；-r 表示只显示正在运行的进程；-x 表示显示所有非控制终端上的进程信息；-u 表示显示面向用户的格式（包括用户名、CPU 及内存使用情况等信息）。

例如：

```
$ps -ef                        //显示系统中所有进程的详细信息
UID    PID  PPID  C   STIME  TTY  TIME     CMD
root   1    0     0   20:42  ?    00:00:05  /usr/lib/system/systemd
root   2    1     0   20:42  ?    00:00:00  [kthreadd]
...
```

部分标题项的含义如下。

C：进程最近使用 CPU 的估算。

STIME：进程开始时间，以"小时:分:秒"的形式给出。

```
$ps -aux                        //显示所有终端上所有用户有关进程的所有信息
USER   PID  %CPU  %MEM  VSZ   RSS  TTY  STAT  START  TIME  COMMAND
root   1    0.1   0.1   1276  468  ?    S     20:42  0:05  systemd
root   2    0.0   0.0   0     0    ?    SW    20:42  0:00  [kthreadd]
...
```

部分标题项的含义如下。

VSZ：虚拟内存的大小，以 KB 为单位。

RSS：占用实际内存的大小，以 KB 为单位。

STAT：表示进程的运行状态，与 top 命令中的 S 字段相同。

START：开始运行的时间。

3）pstree 命令

功能：以树形结构显示进程之间的关系，即哪个进程是父进程，哪个是子进程。

命令语法格式如下：

```
pstree［选项］
```

选项：-a 表示显示启动每个进程对应的完整命令，包括启动进程的路径、参数等，如果是被置换出去的进程，则会加上括号；-A 表示各进程之间以 ASCII 码来连接；-l 表示采用长列格式显示树状图；-U 表示各进程之间以 UFT-8 编码来连接；-p 表示同时显示每个进程的

PID；-u 表示同时显示每个进程的所属账号名称；-c 表示不使用精简方式显示进程信息。

例如：

```
$pstree -p          //以树状图显示进程，同时显示进程名和进程 ID
```

2. 终止进程

在正常情况下，用户可以通过停止程序运行来结束此程序产生的进程。也可以使用 Ctrl＋C 组合键强制终止当前运行中的进程。在某些情况下，如后台进程、停止响应的进程等，可以使用 kill 命令终止进程，从而结束程序运行。

其实 kill 命令只是用来向进程发送一个信号，由用户指定信号类型。也就是说，kill 命令会向操作系统内核发送一个信号（多是终止信号）和目标进程的 PID，然后系统内核根据收到的信号类型，对指定进程进行相应的操作。

kill 命令的语法格式如下：

```
kill [-s 信号] 进程号 ...
```

或

```
kill -l [信号]
```

选项：-s 指定需要发送的信号，既可以是信号名（如 KILL），也可以是对应信号的号码（如 9）；-l 显示信号名称列表。

kill 命令是按照 PID 来确定进程的，所以 kill 命令只能识别 PID，而不能识别进程名。Linux 定义了几十种不同类型的信号，读者可以使用 kill -l 命令查看所有信号及其编号，这里仅列出几个常用的信号，见表 6-2。

表 6-2 kill 命令常用信号及其含义

信号编号	信号名	含　义
0	EXIT	程序退出时收到该信息
1	HUP	挂起信号，这个信号也会造成某些进程在没有终止的情况下重新初始化
2	INT	表示结束进程，但并不是强制性的，常用的 Ctrl＋C 组合键发出的就是一个 kill -s 2 信号
3	QUIT	退出
9	KILL	杀死进程，即强制结束进程
11	SEGV	段错误（内存引用无效）
15	TERM	正常结束进程，是 kill 命令的默认信号

例如：

```
#ps -e             //查找到某程序的进程号，如 2058
#kill -s 9 2058    //强制结束进程
```

使用 kill 命令时应注意以下几点。

(1) kill 命令可以带信号号码选项，也可以不带。如果不带号码，kill 命令就会发出终止信号（TERM）。这个信号可以杀掉没有捕获到该信号的进程。

（2）kill 可以将进程 ID 号作为参数。只有这些进程的主人才能用 kill 向这些进程发送信号。

（3）可以向多个进程发送信号，或者终止它们。

（4）强行终止进程常会带来一些副作用，如数据丢失或终端无法恢复到正常状态，因此只有在万不得已时才用 kill 信号（9）。

（5）要撤销所有的后台作业，可以输入 kill 0。因为有些在后台运行的命令会启动多个进程，跟踪并找到所有要杀掉的进程的 PID 是件很麻烦的事。这时，使用 kill 0 来终止所有由当前 Shell 启动的进程是个有效的方法。

3. 延迟进程运行

可以使用 sleep 命令使进程延迟执行一段时间。其命令语法格式如下：

```
sleep  时间值
```

其中，"时间值"参数以秒为单位，即使进程延迟由时间值所指定的秒数。此命令大多用于 Shell 程序设计中，使两条命令执行之间停顿指定的时间。

例如：

```
$sleep 100;who | grep zhang    //使进程先暂停 100s,然后查看用户 zhang 是否登录系统
```

4. 调度进程

启动一个进程有两种方式，即手动启动和自动启动。自动启动又称为调度启动。

1）手动启动

由用户输入命令并执行其实就是手动启动了一个进程。手动启动又可以分为前台启动和后台启动。

（1）前台启动：在终端直接输入命令并执行所启动的进程就是一个前台进程。例如，输入 ls -l。

（2）后台启动：如果因某种原因需要将程序放在后台运行，可以在输入的命令后面加上"&"符号并执行，即在后台启动了一个进程。例如，输入 vi aa.txt&。

2）调度启动

调度启动是指系统按照用户的事先设置，在指定的时间自动执行指定的程序，即可实现进程自动启动。对于偶尔运行的进程，可以采用 at 调度；对于特定时间周期性运行的进程，可以采用 cron 调度。

（1）at 调度。用户可以使用 at 命令在指定时刻执行指定的命令序列。其对应的服务是 atd,atd 守护进程每 60s 检查一次作业序列来运行作业，每个作业只运行一次。at 命令可以只指定时间，也可以指定时间和日期。at 命令语法格式如下：

```
at［选项］ 时间
```

① 选项："-f 文件名"用于指定计划执行的命令序列存放在哪一个文件中;-m 表示作业结束后发送邮件给执行 at 命令的用户;-l 是 atq 命令的别名，用于查询设置的命令序列;-d 是 atrm 命令的别名，用于删除命令序列。

如果采用默认选项，执行 at 命令后，将出现 at＞提示符，此时用户可在该提示符下，输入所要执行的命令，输入完每一行命令后按 Enter 键，再输入下一行命令，所有命令序列输

入完毕后,按 Ctrl+D 组合键结束 at 命令的输入。

② 时间:说明如下。

- 能够接受标准小时时间,即 hh:mm(小时:分钟)式的时间指定。假如该时间已过去, 那么就放在第二天执行,如 13:12。
- 可用特定英文命名时间,如用 now、midnight、noon、teatime(一般是下午 4 点)等比较模糊的词语来指定时间。
- 可用 AM/PM 指示符,采用 12 小时计时制,如 10:10 AM。
- 可用标准日期格式,即 MMDDYY、MM/DD/YY 等,如 10/1/2022。
- 可用时间增量,增量单位可以是 minutes、hours、days 或 weeks,如 now+25min, 10:17+7days。
- 可以使用表示时间的英文单词如(today、tomorrow)来指定时间。

例如,要在一周后重启系统,可以进行以下操作:

```
#at now+1 weeks
at> reboot                 //在 at 提示符下输入要执行的命令
at> <EOT>                  //输入结束,按 Ctrl+D 组合键,自动出现 EOT 标志
```

在任何情况下,超级用户都可以使用 at 命令。对于其他用户来说,是否可以使用就取决于两个文件:/etc/at.allow 和 /etc/at.deny。

(2) cron 调度。at 命令会在一定时间内完成一定任务,但是它只能执行一次。如果需要周期性重复执行一些命令,就需要 cron 进程的支持。cron 进程每分钟搜索一次/var/spool/cron 目录,检查有无/etc/passwd 文件中对应的用户名文件,如果有,则将它载入内存,执行/etc/crontab 文件。crontab 命令用于创建、删除或者列出保存在/var/spool/cron下的用于启动 cron 后台进程的配置文件,每个用户都可以创建自己的 crontab 文件。crontab 命令语法格式如下:

```
crontab [选项]
```

选项:-e 用于创建、编辑配置文件;-l 用于显示配置文件的内容;-r 用于删除配置文件。

在 crontab 文件中需按一定格式输入需要执行的命令和时间。该文件中每行包括六项,其中前五项是指定命令被执行的时间,最后一项是要被执行的命令。每项之间使用空格或者制表符分隔。格式如下:

```
minute hour day-of-month month-of-year day-of-week commands
```

第一项是分钟,第二项是小时,第三项是一个月的第几天,第四项是一年的第几个月,第五项是一周的星期几,第六项是要执行的命令。这些项都不能为空,必须填入内容。如果用户不需要指定其中的几项,那么可以使用通配符"*"代替,代表任意时间。可以使用"-"符号表示一段时间,如在"月份"字段中输入"3-12",则表示在每年的 3—12 月都要执行指定的进程或命令。也可以使用","符号来表示一些特定的时间,如在"日期"字段中输入"3,5,10",则表示每个月的 3、5、10 日执行指定的进程或命令。也可以使用"*/"后跟一个数字表示增量,当实际的数值是该数字的倍数时就表示匹配。

例如:

```
0 * * * * echo "Runs at the top of ervery hour."        //每个整点时运行事件
0 1,2 * * * echo "Runs at 1am and 2am."                 //每天早上 1 点、2 点整时运行事件
0 0 1 1 * echo "Happy New Year!"                        //新年到来时运行事件
```

由于 crond 的任务计划不会调用用户设置的环境变量,而是使用自己的环境变量,因此在 ceontab 中添加的 command 运行脚本必须是全路径命令。

5. 进程的挂起及恢复

如果在某个程序运行过程中需要临时运行另外一个程序,可以按 Ctrl+Z 组合键把此前台进程挂起(放置在后台,暂停运行),在临时程序运行完后再恢复。例如,在编辑一个文件时需要临时查看一下文件状态,就可以把编辑程序暂时挂起,待恢复进程后继续编辑。以下介绍几个相关命令。

1) jobs 命令

功能:查看系统当前的任务列表及其运行状态。

命令语法格式如下:

```
jobs [选项]
```

选项:-l 表示显示作业列表时包括进程号;-n 表示显示上次使用 jobs 后状态发生变化的作业;-p 表示显示作业列表时仅显示其对应的进程号;-r 表示仅显示运行的(running)作业;-s 表示仅显示暂停的(stopped)作业。

该命令可以显示任务号及其对应的进程号,其中,任务号是从普通用户的角度来看的,而进程号则是从系统管理员的角度来看的。一个任务可以对应一个或者多个进程号。

2) bg 命令

功能:可以将挂起的作业在后台继续运行。如果未指定任务号,则将挂起作业队列中的第一个任务切换到后台运行。

命令语法格式如下:

```
bg [作业号或者作业名]
```

3) fg 命令

功能:可以把后台作业调入前台执行。

命令语法格式如下:

```
fg [作业号或者作业名]
```

例如:

```
$cat > text.file                    //创建 text.file 文件
<Ctrl+Z>
[1]+ stopped cat > text.file
$jobs                               //查看系统中的用户作业
[1]+ stopped cat > text.file
$bg 1                               //切换到后台运行
[1]+ cat> text.file &
$fg 1                               //切换到前台运行
cat > text.file
```

6.2 系统服务管理

安装、配置网络服务器软件后通常由运行在后台的守护进程(daemon)来执行它,这个守护进程又被称为服务,它在被启动之后就在后台运行,时刻监听客户端的服务请求。一旦客户端发出服务请求,守护进程就为其提供相应的服务。Linux 的服务进程分为独立运行的服务和受超级守护进程管理的服务两类。

6.2.1 Debian 11 启动流程

Debian 11 的系统启动过程有别于之前的版本,不仅由现在的 Systemd 取代了过去的 upstart、init,而且 Linux 启动也由文件(file)控制转变为由单元(unit)控制。Debian 11 启动流程大致如下。

(1) 计算机接通电源后系统固件(UEFI 或 BIOS)运行开机自检(POST),并开始初始化部分硬件。

(2) 自检完成后,系统的控制权将移交给启动管理器的第一阶段,它检查启动配置和基于启动配置的设置,执行特定的操作系统引导加载程序或操作系统内核(通常是引导加载程序)。启动配置通过变量存储在 NVRAM,变量是指指示操作系统引导加载程序或操作系统内核的文件系统路径的变量。操作系统的引导加载程序存储在一个硬盘的引导扇区(对于使用 BIOS 和 MBR 的系统而言)或 EFI 分区上。

(3) 启动管理器的第一阶段完成后,接着进入启动管理器的第二阶段(second stage),通常大多数使用的是 GRUB(grand unified boot loader),在 Debian 11 中,通常采用 GRUB2,它保存在/boot 中。

(4) 启动加载器从磁盘加载 GRUB 配置,然后向用户显示用于启动的可能配置的菜单。在用户做出选择后,启动加载器会从磁盘把系统内核映像(Vmlinuz)和 initrd 映像加载到内存。Debian 11 系统通常使用 Linux 内核作为默认的系统内核;内核的 initrd 映像在技术上是 initramfs(初始 RAM 文件系统)映像。

```
#ls /boot
config-5.10.0-10-amd64          //系统 Kernel 的配置文件,内核编译完成后保存的就是这
                                  个配置文件
grub                            //开机管理程序 grub 相关文件目录
initrd.img-5.10.0-10-amd64
//系统启动时模块供应的主要来源,initrd 的目的就是在 Kernel 加载系统识别 CPU 和内存等内
    核信息之后,让系统进一步知道还有哪些硬件是启动所必须使用的
system.map-5.10.0-10-amd64      //系统 Kernel 中的变量对应表(也可以理解为索引文件)
vmlinuz-5.10.0-10-amd64         //系统 Kernel,用于启动系统的压缩内核镜像
```

(5) 启动加载器将系统控制权交给内核,从而传递启动加载器的内核命令行中指定的任何选项,以及 initrd 映像在内存中的位置。

(6) 内核会初始化在 initramfs 中找到的驱动程序的所有硬件,然后启动/user/sbin/init 作为 PID 1。

（7）从 initrd 映像执行/sbin/init。在 Debian 11 中，initrd 映像包含 Systemd 的工作副本（作为/sbin/init）和 udevd 守护进程。

（8）initrd 映像中的 Systemd 实例会执行 initrd.target 目标的所有单元。这包括在/上挂载的根文件系统。

（9）内核根文件系统从 initrd 映像切换到之前挂载于/上的根文件系统，即由内存文件系统切换到硬盘文件系统。随后，Systemd 会找到磁盘上安装的 Systemd 并自动重新执行。

（10）Systemd 会查找从内核命令行传递或系统中配置的默认目标，然后启动（或者停止）单元，以符合该目标的配置，从而自动解决单元间的依赖关系。本质上，Systemd 的目标是一组应在激活后达到所需系统状态的单元。这些目标通常至少包含一个生成的基本文本登录或图形登录。

Systemd 把初始化的每一项工作作为一个单元，每一个单元对应一个配置文件，单元文件保存于/etc/systemd/system、/run/systemd/system 或/usr/lib/systemd/system 目录中。Systemd 又将单元分成不同的类型，每一种类型的单元通过配置文件进行标识和配置，其配置文件具有不同的后缀名，常见的单元类型见表 6-3。

表 6-3　常见的单元类型

后缀名	含　　义
automount	用于控制自动挂载文件系统。自动挂载即当某一目录被访问时，系统自动挂载该目录，这类单元取代了早期 Linux 系统的 autofs 相应功能
device	对应一个用 udev 规则标记的设备，主要用于定义设备之间的依赖关系
mount	对应系统中的一个挂载点，Systemd 据此进行自动挂载，为了与 SysVinit 兼容，目前 Systemd 自动处理/etc/fstab 并转化为 mount
path	用于监控指定目录的变化，并触发其他单元运行
scope	这类单元文件不是用户创建的，而是 Systemd 运行时自己产生的，描述一些系统服务的分组信息
service	对应一个后台服务进程，如 httpd、mysqld 等
slice	用于描述 cgroup（控制组）的一些信息
socket	监控系统或互联网中的 socket 消息，用于实现基于网络数据自动触发服务启动
swap	定义一个用作虚拟内存的交换分区
target	配置单元的逻辑分组，包含多个相关的配置单元，相当于 SysVinit 中的运行级别
timer	定时器，用来定时触发用户定义的操作，可以用来取代传统的 atd、crond 等

6.2.2　服务管理

Debian 11 采用 Systemd 初始化系统。Systemd 的作用是提高系统的启动速度，尽可能启动较少的进程，尽可能并发启动更多进程，Systemd 对应的进程管理命令就是 systemctl。而 systemctl 命令不仅可以控制 Systemd 系统，还可以管理在系统上运行的各种服务。

systemctl 命令语法格式如下：

```
systemctl[选项] 命令 [单元...]
```

各部分说明如下。

（1）选项：-t 表示只列出指定类型的单元，否则将列出所有类型的单元；-p 表示在使用

show 命令显示属性时,仅显示参数中列出的属性;-a 表示列出所有已加载的单元;-l 表示在输出时显示完整的单元名称、进程树项目、日志输出和单元描述等。

(2)命令:系统控制和服务管理各有不同的命令。管理服务的命令主要有 start、stop、restart、reload、status、enable、disable、list-units、halt、reboot、suspend(挂起)、hibernate(休眠)、daemon-reload 等命令。

(3)单元:针对不同的单元类型,命名规则有所不同。针对常见的网络服务,单元名称既不是日常服务俗称,也不是软件包的名字,而是服务守候进程名。Debian 11 常用的服务单元名称见表 6-4。

表 6-4　Debian 11 常用的服务单元名称

网络服务名称	软件包名称	单元名称	主要配置文件名
DNS 服务	bind9	named	/etc/bind/named.conf
Samba 服务	samba	smbd	/etc/samba/smb.conf
WWW 服务	apache2	apache2	/etc/apache2/apache2.conf
FTP 服务	vsftpd	vsftpd	/etc/vsftpd.conf
DHCP 服务	isc-dhcp-server	isc-dhcp-server	/etc/default/isc-dhcp-server
NFS 服务	nfs-kernel-server	nfs-kernel-server	/etc/exports

1. 查看服务

可以使用 systemctl 命令查看某服务当前激活与否以及所有已经激活的服务或所有服务,命令应用格式如下:

```
#sytemctl is-active named.service    //查看当前 DNS 服务是否被激活
#systemctl list-units                //查看已经激活的服务
#systemctl list-units -all           //查看所有服务,包括无配置文件的和启动失败的服务
```

2. 管理服务

可以使用 systemctl 命令查看某服务的运行状态,然后启动、停止或重启服务等。命令应用格式如下:

```
#systemctl status named.service      //查看 DNS 服务的运行状态
#systemctl start named.service       //启动 DNS 服务
#sysytemctl stop named.service       //停止 DNS 服务
#systemctl restart named.service     //重启 DNS 服务
#systmenctl reload named.service     //重新加载 DNS 服务
#systemctl mask named.service        //禁止自启动和手动启动 DNS 服务
#systmectl unmask named.service      //取消禁止自启动和手动启动 DNS 服务
```

注意:当新添加单元配置文件或有单元的配置文件发生变化时,需要先执行 daemon-reload 子命令,以重新生成依赖树(也就是单元之间的依赖关系)。

3. 设置服务开机状态

可以使用 systemctl 命令查看、设定或禁止某服务开机自启动。命令应用格式如下:

```
#systemctl enable named.service      //设定 DNS 服务开机自启动
#systemctl disable named.service     //设定 DNS 服务开机禁止自启动
#systemctl list-unit-files           //查看所有服务的开机自启动状态
```

6.2.3　运行级别管理

Debian 11 是有运行级别的,运行级别就是操作系统当前正在运行的功能级别,级别是
0～6,其脚本文件保存于/lib/systemd/system/runlevel * 目录中。每个级别对应的功能见
表 6-5。

表 6-5　运行级别

级别	systemctl 命令目标	含　义
0	poweroff.target	系统处于停机状态,不能正常启动
1	rescue.target	单用户状态,用于系统维护,禁止远程登录
2	multi-user.target	文本模式,多用户状态
3	multi-user.target	文本模式,多用户状态
4	multi-user.target	文本模式,多用户状态
5	graphical.target	X11 控制台,GUI 模式,多用户状态
6	reboot. target	系统正常关闭并重启,不能正常启动

使用 systemctl 命令可以对系统的运行级别进行查看、设置、变更等操作。

1. 查看运行级别

系统引导时,默认情况下 Systemd 激活 default.target 单元。主要工作是通过依赖关系
激活服务和其他单元。要查看默认目标,可输入以下命令:

```
#systemctl get-default
```

2. 设置运行级别

如果要设置默认目标,请使用以下命令:

```
#systemctl set-default multi-user.target
```

3. 更改运行级别

系统正在运行时,可以切换目标(运行级别),这意味着只有服务以及该目标下定义的单
位才能在系统上运行。例如:

```
#systemctl isolate multi-user.target          //切换到运行级别 3
#systemctl isolate graphical.target           //切换到运行级别 5
```

实　　训

1. 实训目的

(1) 了解 Linux 系统的启动和初始化过程。

(2) 掌握 Linux 服务的启动、关闭及运行状态管理等。

2. 实训内容

(1) 观察 Linux 正在运行的进程,并进行分析。

(2) 绘制进程树。

（3）用 kill 命令删除进程。

（4）设置和更改进程的优先级。

（5）设置进程调度。编写一个每天晚上 12 点（即 0 点 0 分）向所有在线用户广播提醒大家注意休息和晚安消息的自动进程。（提示：是周期性执行的任务。）

（6）修改系统引导配置文件，在系统提示用户登录前显示 Welcome to login in Linux 和当前系统的日期和时间。

3. 实训总结

通过本次上机实训，掌握 Linux 系统的进程管理、服务管理、软件及服务管理方法，为学习 Linux 的后续内容打下基础。

习　　题

一、选择题

1. 下列（　　）控制了引导顺序的第一部分。

　　A. BIOS　　　　　　B. Linux 内核　　　　C. /sbin/init　　　　D. 引导程序

2. Debian 11 内核启动的第一个进程是（　　）。

　　A. /sbin/init　　　B. BIOS　　　　　　C. systemd　　　　　D. /sbin.login

3. systemctl enable httpd.service 命令的作用是（　　）。

　　A. 启动 httpd 服务　　　　　　　　B. 开机时自动启动 httpd 服务

　　C. 禁用 httpd 服务　　　　　　　　D. 立即激活 httpd 服务

4. 终止一个前台进程可能用到的命令和操作为（　　）。

　　A. kill　　　　　　　B. Ctrl＋C　　　　　C. shutdown　　　　D. halt

5. 正在执行的一个或多个相关（　　）组成一个作业。

　　A. 作业　　　　　　　B. 进程　　　　　　　C. 程序　　　　　　D. 命令

6. 在 Linux 中，（　　）是系统资源分配的基本单位，也是使用 CPU 运行的基本调度单位。

　　A. 作业　　　　　　　B. 进程　　　　　　　C. 程序　　　　　　D. 命令

7. 使用（　　）命令可以取消执行任务调度的工作。

　　A. crontab　　　　　B. crontab -r　　　　C. crontab -l　　　　D. crontab -e

8. crontab 文件由（　　）6 个域组成，每个域之间用空格分隔。

　　A. min hour day month year command

　　B. min hour day month day of week command

　　C. command hour day month day of week

　　D. command year month day hour min

二、简答题

1. 简述 Debian 11 系统的启动过程。

2. Linux 系统中的进程可以使用哪两种方式启动？

3. Linux 系统中的进程有哪几种主要状态？

第 7 章　网络与软件管理

在系统的日常运维中,经常会涉及软件的安装、卸载,系统的 TCP/IP 查看、设置、修改及各种网络问题,因此还要熟悉相关的管理工作。

本章学习任务:

- 掌握网络组件的基本配置;
- 掌握软件的安装、卸载等管理。

7.1　网络配置与管理

系统的网络基本配置一般包括配置主机名和配置网卡等。

7.1.1　配置主机名

主机名用于标识一台主机的名称,在网络中主机名具有唯一性。在 Debian 11 中定义了三种主机名,即静态主机名(static)、瞬态主机名(transient)和灵活主机名(pretty)。静态主机名也称为内核主机名,是系统在启动时从/etc/hostname 内自动初始化的主机名。瞬态主机名是在系统运行时临时分配的主机名。灵活主机名则允许使用特殊字符的主机名。

在安装系统时已初次确定了主机名,要查看或修改当前主机的名称,可使用 hostname 或 hostnamectl 命令。hostname 命令只能临时设置静态主机名,无法将新主机名自动保存到/etc/hostname 配置文件中,因此,重启系统后,静态主机名将恢复为配置文件中所设置的主机名。而 hostnamectl 命令修改的主机名同步保存在/etc/hostname 配置文件中,可使修改长期有效,其命令语法格式如下:

```
hostnamectl [options] [command]
```

其中,常用的命令有 status(显示当前主机名设置)、set-hostname(设置系统主机名)、set-icon-name(为主机设置 icon 名)、set-chassis(设置主机平台类型名)、set-deployment(设置部署环境描述)及 set-location(设置位置)等。

例如:

```
#hostnamectl                                    //显示本主机的名称
Static hostname: localhost.localdomain          //静态主机名,也称内核主机名
Icon name: computer-vm                          //图标名,用户的图形应用程序
Chassis: vm                                     //设备类型
Machine ID: 43935aa3ac364abc9d53d727e045eac9
```

```
Boot ID: ce34sbdc5s78dhsbcddvs8dbdhsv8b7
Virtualization: vmware                          //虚拟化
Operating System: Debian GNU/Linux 11(bullseye)
kernel: Linux 5.10.0-12.-amd64
Architecture: x86-64                            //体系结构
#hostnamectl set-hostname wlos                  //修改本主机名称为 wlos
```

7.1.2　配置网卡

在 Debian 11 中,同时使用 network 和 NetworkManager(NM)服务管理网络。一般情况下,默认使用 NM 服务对网络连接进行管理,其以后台服务的形式完成各种网络及 IP 管理,如有线网络、无线网络、以太网络、非以太网络、物理网卡、虚拟网卡、动态 IP 和静态 IP 等。如果在/etc/network/interfaces 文件中进行了手动配置,则会默认启用 network 服务。

NM 对网卡(网络接口卡)TCP/IP 的设置可通过两种途径完成:一种是由网络中的 DHCP 服务器动态分配后获得;另一种是通过 CLI 工具(nmcli 命令)配置。

1. nmcli 命令

在命令行方式下,可以直接利用文本编辑器编辑、修改网卡的配置文件,也可以使用 nmcli、ifconfig、ip 命令查看或设置当前网络接口的配置情况,设置网卡的 IP 地址、子网掩码,激活或禁用网卡等。nmcli 命令可以完成网卡上所有的配置工作,并且可以写入配置文件,永久生效,下面介绍 nmcli 命令的功能和用法。

命令语法格式如下:

```
nmcli[OPTIONS] {help | general | networking | radio | connection | device |agent |
monitor}[COMMAND][ARGUMENTS...]
```

说明:nmcli 是用于控制 NM 和报告网络状态的命令行工具。它可以用来替代 nm-applet 或其他图形客户软件。nmcli 用于创建、显示、编辑、删除、激活和停用网络连接,以及控制和显示网络设备状态。nmcli 操作的对象及子命令可以简写。

选项:-a 表示将停止并等待输入缺少的必需参数,因此不要将此选项用于脚本等非交互目的;-f 用于指定显示的字段(列名);-s 表示将显示操作输出中可能存在的密码;-t 表示用简洁方式输出;-p 表示用人类易读的方式输出;-m 表示在 tabular(表格输出)和 multiline (多行输出)之间切换;-c 用于控制颜色输出;-w 表示设置了一个超时时间来等待 NM 完成操作。

子命令功能及使用如下。

1) general 命令

使用此命令将显示 NM 状态和权限。还可以获取和更改系统主机名,以及 NM 日志记录级别和域。

命令语法格式如下:

```
nmcli general {status | hostname | permissions | logging}[ARGUMENTS...]
```

例如:

```
#nmcli -t -f running general              //查看 NM 是否正在运行
#nmcli -t -f state general                //显示 NM 的总体状态
```

2) networking 命令

使用此命令可以查询 NM 的网络状态以及启用和禁用网络。

命令语法格式如下：

```
nmcli networking {on | off | connectivity} [ARGUMENTS...]
```

例如：

```
#nmcli networking on                          //开启网络
#nmcli networking connectivity check          //获取 NM 重新检查后的网络状态
```

3) radio 命令

使用此命令可以显示无线传输的开关状态以及启用和禁用无线开关。

命令语法格式如下：

```
nmcli radio {all | wifi | wwan} [ARGUMENTS...]
```

例如：

```
#nmcli radio wifi on                          //打开 Wi-Fi
#nmcli radio wwan                             //查询 WWAN(移动宽带)的状态
```

4) connection 命令

使用此命令可以进行连接管理。NM 将所有网络配置作为 connection，这些连接是描述如何创建或连接到网络的数据集合(第 2 层的详细信息、IP 地址等)。当设备使用该连接的配置来创建或连接到网络时，连接是"活跃的"。可能有多个连接应用于设备，但在任何给定时间，只有一个连接可以在该设备上活跃。附加连接可用于允许在不同网络和配置之间快速切换。

考虑到一台计算机通常连接到支持 DHCP 的网络，但有时使用静态 IP 地址连接来测试网络。不必每次更改网络时都手动重新配置网卡，而是可以将设置保存为两个同时适用于网卡的连接，一个用于 DHCP(称为默认)，另一个具有静态寻址详细信息(称为测试)。连接到启用 DHCP 的网络时，用户将默认运行 nmcli con up，当连接到静态网络时，用户将运行 nmcli con up 测试。

命令语法格式如下：

```
nmcli connection {show | up | down | modify | add | edit | clone | delete | monitor |
reload | load | import | export} [ARGUMENTS...]
```

例如：

```
#nmcli connection show                        //列出 NM 拥有的所有连接
#nmcli -p -m multiline -f all connection show //以多行模式显示所有配置的连接
#nmcli connection show --active               //列出所有当前活动的连接
#nmcli -f name,autoconnect connection show    //显示所有连接名及其自动连接属性
#nmcli connection add con-name "my default" type ethernet ifname ens33
//创建新连接 my default
#nmcli -p connection show "my default"        //显示 my default 连接的详细信息
#nmcli -s connection show "my home wifi"      //显示 my home wifi 连接的详细信息(含密
                                               码)。如果没有-s 选项，则不会显示密码
```

```
#nmcli -f active connection show "my default"        //显示 my default 活动连接的详细信
                                                       息,如 IP、DHCP 信息等
#nmcli -f profile connection show "wired"            //显示 wired 连接的静态配置详细信息
#nmcli -p connection up "my default" ifname ens33    //在接口 ens33 上用 my default 激活
                                                       连接。-p 选项显示激活的过程
#nmcli connection up 6b028a27-6dc9-4411-9886-e9ad1dd43761 ap 00:3A:98:7C:42:D3
//绑定 Wi-Fi 连接
#nmcli connection add type ethernet autoconnect no ifname ens33
//添加一个绑定到 ens33 接口的以太网连接和自动 IP 配置(DHCP),并禁用自动连接
#nmcli connection modify ens33 ipv4.method auto   //设置 IP 地址为通过 DHCP 获取
#nmcli connection modify ens33 ipv4.method manual ipv4.addr 192.168.1.10/24 ipv4.
gateway 192.168.1.1 ipv4.dns 111.11.1.1          //手动设置 IP 地址、网关、DNS
#nmcli connection add ifname fik type vlan dev ens33 id 55
//添加 id 55 的 VLAN 连接。连接将使用 eth0 接口,VLAN 将被命名为 fik
#nmcli connection add ifname ens33 type ethernet ipv4.method disabled ipv6.method
link-local            //将使用 eth0 以太网接口且仅配置了 ipv6 link-local 地址的连接
#nmcli connection edit ethernet-2                 //用交互方式编辑已有的 ethernet-2 连接
#nmcli connection edit type ethernet con-name "Ethernet connection"
//用交互方式添加连接名为 Ethernet connection 的以太网连接
#nmcli connection modify ethernet-2 connection.autoconnect no
//修改 ethernet-2 连接的自动连接属性为 no
#nmcli connection modify "Home Wi-Fi" wifi.mtu 1350
//修改 Wi-Fi 连接的最大传输单元值
#nmcli connection modify ens33 +ipv4.dns 8.8.8.8
//在 ens33 上添加 DNS 服务器地址
#nmcli connection modify ens33 -ipv4.addresses "192.168.100.25/24 192.168.1.1"
//在 ens33 上删除 IP 地址
#nmcli connection import type openvpn file ~/Downloads/frootvpn.ovpn
//从文件导入 OpenVPN 配置
#nmcli connection export corp-vpnc /home/joe/corpvpn.conf
//将 VPN 配置导出
```

5) device 命令

使用此命令可以显示和管理网络接口。多个 connection 可以应用到同一个 device,但同一时间只能启用其中一个 connection,即针对一个网络接口,可以设置多个网络连接。connection 有活跃(表示当前该 connection 生效)和非活跃(表示当前该 connection 不生效)两种状态。device 有 connected(表示已被 NM 纳管,并且当前有活跃的 connection)、disconnected(表示已被 NM 纳管,但是当前 connection 不活跃)、unmanaged(表示未被 NM 纳管)和 unavailable(表示不可用,NM 无法纳管,通常出现于网卡连接中断时候)4 种状态。

命令语法格式如下:

```
nmcli device {status | show | set | connect | reapply | modify | disconnect | delete |
monitor | wifi | lldp} [ARGUMENTS...]
```

例如:

```
#nmcli device status              //显示所有设备的状态
#nmcli device connect ens33       //激活接口 ens33 上的连接
#nmcli device disconnect ens33    //断开接口 ens33 上的连接,并标记该设备不可自动连接
#nmcli -f CONNECTIONS device show ens33   //显示接口 ens33 的所有可用连接
```

```
#nmcli device wifi                                //列出可用 Wi-Fi 访问点
#nmcli device wifi connect "Cafe Hotspot" password caffeine name "My cafe"
//创建名为 My Cafe 的新连接,然后使用密码 caffeine 将其连接到 Cafe Hotspot
#nmcli -s device wifi hotspot con-name QuickHotspot
//创建连接名为 QuickHotspot 的热点并连接
#nmcli device modify ens33 ipv4.method shared      //使用 ens33 设备启动 IPv4 连接共享
#nmcli device modify ens33 ipv4.address 202.206.90.100 //临时将 IP 地址添加到设备中
```

6) agent 命令

使用此命令可以以 NM secret 代理或 polkit 代理的身份运行 nmcli。

命令语法格式如下:

```
nmcli agent {secret | polkit | all}
```

例如:

```
#nmcli agent secret            //将 nmcli 注册为 NM 秘密代理,并侦听秘密请求
```

7) monitor 命令

使用此命令可以观察 NM 活动。监视连接状态、设备或连接配置文件中的更改。

命令语法格式如下:

```
nmcli monitor
```

2. nmtui 工具

Debian 11 提供了一个文本用户界面工具 nmtui,可用于在终端窗口中配置 NM。下面介绍其操作步骤。

1) 启动 nmtui

命令语法格式如下:

```
#nmtui
```

执行命令后将出现如图 7-1 所示的用户界面,提供了 3 个选项,即 Edit a connection(编辑连接)、Activate a connection(激活连接)和 Set system hostname(设置主机名)。在此可以通过键盘上的上下光标移动键进行选择。

2) 选择网卡

选择 Edit a connection 选项后按 Enter 键,将出现如图 7-2 所示的界面,显示出 Ethernet (以太网)和 Bridge(网桥)两种连接及两种连接中的具体连接名列表,如以太网卡连接名 ens33。在此可以用上下光标移动键选择后按 Enter 键进行编辑,也可以选择后用左右光标移动键选择 Add(添加)、Edit(编辑)或 Delete(删除)选项进行相应操作。如果选择 Add 选项,可添加一个 DSL、Ethernet、Bond 等连接,这里可选择要配置的网卡名称(ens33),然后按 Enter 键。

3) 编辑连接

选择要编辑的网卡后按 Enter 键,将出现如图 7-3 所示的网络参数配置界面,在此界面中,可以修改连接名、设备名及 MAC 地址、IPv4 CONFIGURATION(IP 配置)的详细信息以及 Show(显示)或 Hide(隐藏)ETHERNET(因特网)等。

图 7-1 nmtui 启动界面

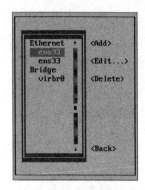

图 7-2 选择网卡

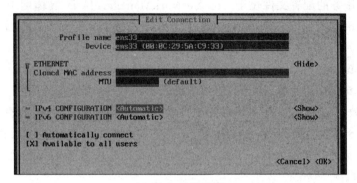

图 7-3 编辑连接

4）配置网络参数

如果要给系统设置静态 IP,可以将光标移至 IPv4 CONFIGURATION 后的 Automatic 选项上,然后按 Enter 键,选择 Manual(手动)后将光标移至 Show 上,再按 Enter 键,将出现如图 7-4 所示界面,可以选择 Add 选项来分别添加 Address(IP 地址)、Gateway(网关)和 DNS servers 等参数。

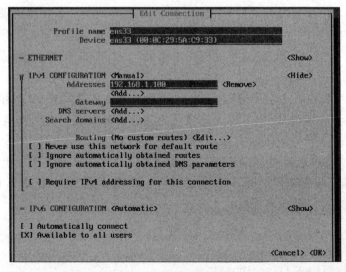

图 7-4 配置网络参数

5）保存配置

如果要保存编辑完后的网络参数，需要在图 7-4 所示界面中选择 OK 选项，然后按 Esc 键依次退出如图 7-2 所示界面、如图 7-1 所示界面即可。使用 linux 命令重启网卡后配置生效。

7.1.3　常用网络配置文件

在 Debian 11 中，TCP/IP 网络的配置信息分别存储在不同的配置文件中。相关的配置文件有/etc/hostname、/etc/hosts、/etc/resolv.conf、/etc/host.conf 以及网络服务等配置文件。netowrk 服务的配置文件位于/etc/network 目录，常用网卡配置文件为/etc/network/interfaces；NM 服务的配置文件位于/etc/NetworkManager/目录，具体网卡配置文件存于/etc/NetworkManager/system-connections/目录。下面分别介绍这些配置文件的作用和配置方法。

1．/etc/hostname

如果用 hostname 命令修改主机名，则主机名临时有效，重启系统后将失效。如果想让主机名永久有效，则需修改/etc/hostname 文件中的内容。修改方法有两种：一是使用 hostnamectl 命令修改主机名后，/etc/hostname 文件内容也被修改，重启或注销系统后生效；二是使用 vi 命令直接编辑/etc/hostname 文件，在内容中直接输入主机名后保存即可，重启系统后生效。

2．/etc/hosts

/etc/hosts 配置文件用来把主机名（hostname）映射到 IP 地址，这种映射一般只是本地有效，也就是说每台机器都是独立的，互联网上的计算机一般不能相互通过主机名来访问。/etc/hosts 文件一般有以下类似的内容：

```
127.0.0.1  localhost localhost.localdomain localhost4 localhost4.localdomain4
::1        localhost localhost.localdomain localhost6 localhost6.localdomain6
```

一般情况下，hosts 的内容是关于主机名的定义，每行对应一条主机记录，它由 3 部分内容组成，各部分内容间由空格隔开。第 1 部分内容是网络 IP 地址；第 2 部分内容是主机名；第 3 部分内容是"主机名.域名"，主机名和域名之间有个半角的点，如 localhost.localdomain。

当然每行也可以由 2 个字段组成，即主机 IP 地址和主机名，如 192.168.1.180 debian。

127.0.0.1 是回环地址，用户不想让局域网的其他机器看到测试的网络程序，就可以用回环地址来测试。

既然 hosts 文件本地有效，那么为什么还需要定义域名呢？其实道理也很简单，比如有三台主机，每台机器提供不同的服务，一台作为 E-mail 服务器，另一台作为 FTP 服务器，还有一台作为 SMB 服务器，就可以这样来设计 hostname：

```
127.0.0.1  localhost localhost.localdomain
192.168.1.2 ftp ftp.localdomain
192.168.1.3 mail mail.localdomain
192.168.1.4 smb smb.localdomin
```

把这上面这个配置文件的内容分别写入每台机器的/etc/hosts 内容中,这样三台局域网的机器既可以通过主机名来访问,也可以通过域名来访问。

3. /etc/host.conf

/etc/host.conf 文件用来指定如何进行域名解析。该文件的内容通常包含以下几行。

(1) order:设置主机名解析的可用方法及顺序。可用方法包括 hosts(利用/etc/hosts 文件进行解析)、Bind(利用 DNS 服务器解析)和 NIS(利用网络信息服务器解析)。

(2) multi:设置是否从/etc/hosts 文件中返回主机的多个 IP 地址,取值为 on 或者 off。

(3) nospoof:取值为 on 或者 off。当设置为 on 时系统会启用对主机名的欺骗保护以提高 rlogin、rsh 等程序的安全性。

下面是一个/etc/host.conf 文件的实例:

```
#vi /etc/host.conf
order hosts,bind
```

上述文件内容设置主机名称解析的顺序为:先利用/etc/hosts 进行静态域名解析,再利用 DNS 服务器进行动态域名解析。

4. /etc/resolv.conf

/etc/resolv.conf 配置文件用于配置 DNS 客户端,该文件内容可自动形成或手工添加,包含主机的域名搜索顺序和 DNS 服务器的 IP 地址。在配置文件中,使用 nameserver 配置项来指定 DNS 服务器的 IP 地址,查询时就按 nameserver 在配置文件中的顺序进行,且只有当第一个 nameserver 指定的域名服务器没有反应时,才用下面一个 nameserver 指定的域名服务器来进行域名解析。

```
#cat /etc/resolv.conf
nameserver  202.206.80.33
```

如果还要添加可用的 DNS 服务器地址,则利用 vi 编辑器在其中添加即可。假如还要再添加 219.150.32.132 和 202.99.160.68 这两个 DNS 服务器,则在配置文件中添加以下两行内容:

```
nameserver 219.150.32.132
nameserver 202.99.160.68
```

5. /etc/services

/etc/services 文件用于保存各种网络服务名称与该网络服务所使用的协议以及默认端口号的映射关系。文件中的每一行对应一种服务,一般由 4 个字段组成,分别表示"服务名称""使用端口""协议名称"以及"别名"等。一般情况下不用修改此文件。该文件内容较多,以下是该文件的部分内容。

```
#cat /etc/services
tcpmux      1/tcp          #TCP 端口服务多路开关选择器
tcpmux      1/udp
rje         5/tcp          #远程作业输入
rje         5/udp
echo        7/tcp
echo        7/udp
```

131

```
discard      9/tcp      sink null
discard      9/udp      sink null
...
```

6. /etc/NetworkManager/system-connections/

网卡的设备名、IP 地址、子网掩码以及默认网关等配置信息保存在网卡的配置文件中，在 Debian 11 中，如果使用 NM 服务，则一块网卡对应一个配置文件，该配置文件位于/etc/NetworkManager/system-connections/目录中，配置文件名一般采用"网卡名.nmconnection"的形式。

在网卡配置文件中，每一行为一个配置项目，左边为项目名称，右边为当前设置值，中间用"="连接。例如查看其中一个配置文件：

```
#cat /etc/NetworkManager/system-connections/ens33.nmconnection
[connection]
id=ens33
uuid=8d1ece55-d999-3c97-866b-d2e23832a324
type=ethernet
autoconnect-priority=-999
interface-name=ens33
permissions=
timestamp=1639473429

[ethernet]
mac-address-blacklist=

[ipv4]
address1=192.168.1.92/24,192.168.1.1
dns=8.8.8.8;
dns-search=
method=manual

[ipv6]
addr-gen-mode=eui64
dns-search=
method=auto

[proxy]
```

7. /etc/network/interfaces

在 Debian 11 中，如果使用 network 服务，则网卡配置文件为/etc/network/interfaces。在这个配置文件中，可以为一块网卡配置一个 IP 地址，也可以为一块网卡配置多个 IP 地址，还可以为多块网卡配置 IP 地址。如果为一块网卡配置多个 IP 地址，可采用虚拟多块网卡的方式，为每块网卡配置一个 IP 地址，设备名为 ensX:N，其中 X 和 N 均为数字，如 ens33:1。

7.1.4　常用网络调试命令

在网络的使用过程中，经常会出现由于某些原因导致网络无法正常通信的情况，为便于查找网络故障,Linux 提供了一些网络诊断测试命令。这些命令可以帮助用户找出故障原因并最终解决问题。本小节将学习一些常用的网络调试诊断命令,以提高排错能力。

1. ip 命令

功能:ip 命令是一个功能强大的网络配置工具,它可以查看或维护路由表、网络设备、接口和隧道,能够替代一些传统的网络管理工具,如 ifconfig、route 等,只有超级用户有使用权限。几乎所有的 Linux 发行版本都支持该命令。

命令语法格式如下:

```
ip［选项］对象 { 命令 | help }
```

各部分说明如下。

(1) 选项:-d 表示输出更为详尽的信息;-f 后面接协议种类,包括 inet、inet6 或 link,用于强调使用的协议种类;-4 表示-family inet 的简写;-6 表示-family inet6 的简写;-o 表示单行输出每行记录,换行用"\"代替;-r 表示查询域名解析系统,用获得的主机名代替主机 IP 地址。

(2) 对象:主要包括 link(网络设备)、address(IP 或者 IPv6 地址)、neighbour(ARP 或者 NDISC 缓冲区记录)、route(路由表条目)、rule(路由策略数据库中的规则)、maddress(多播地址)、mroute(多播路由缓冲区条目)、tunnel(IP 上的通道)等。

(3) 命令:设置针对指定对象执行的操作,它和对象的类型有关。一般情况下,ip 命令支持对象的增加(add)、删除(delete)和显示(show 或 list)。有些对象不支持这些操作,或者有其他的一些命令。对于所有的对象,用户可以使用 help 命令获得帮助。这个命令会列出这个对象支持的命令和参数的语法。如果没有指定对象的操作命令,ip 命令会使用默认的命令。一般情况下,默认命令是 list。如果对象不能列出,就会执行 help 命令。

示例:

```
# ip address                                    //查询配置到所有网络接口的地址
# ip addr add 192.168.4.2/24 dev ens33          //在网卡 ens33 上增加一个 IP 地址
# ip neigh                                       //显示在内核中现存的邻居表
# ip link set ens33 up                           //启动网卡
# ip route                                       //显示路由表
# ip tunnel add sit remote 20.0.0.1 local 10.0.0.1 ttl 32
                                                 //建立一个点对点通道,TTL 最大是 32
```

2. ping 命令

功能:检测主机之间的连通性。执行 ping 指令会使用 ICMP,发出要求回应的信息,如果远端主机的网络功能没有问题,就会回应相应信息,因此得知该主机运作正常。

命令语法格式如下:

```
ping ［OPTIONS］［-c count］［-i interval］［-I interface］［-l preload］［-p
pattern］［-s packetsize］［-t ttl］［-W timeout］ destination
```

各部分说明如下。

(1) 选项(OPTIONS):-a 表示在执行时发出警报声;-b 表示允许 ping 广播地址;-f 表示极限检测;-n 表示只输出数值;-q 表示不显示指令执行过程,只显示开头和结尾的相关信

133

息;-r 表示忽略普通的路由表,直接将数据包通过网卡送到远端主机上;-R 表示记录路由过程;-v 表示详细显示指令的执行过程。

(2)-c count:用于指定向目的主机地址发送多少个报文,count 代表发送报文的数目。默认情况下,ping 命令会不停地发送 ICMP 报文,如果要让 ping 命令停止发送 ICMP 报文,则可按 Ctrl+C 组合键来实现,最后还会显示一个统计信息。

(3)-i interval:指定发送分组的时间间隔。默认情况下,每个数据包的间隔时间是 1s。

(4)-I interface:使用指定的网络接口送出数据包。可以是 IP 地址或设备名。

(5)-l preload:如果设置此选项,则在没有等到响应之前,就先行发出的数据包。

(6)-p pattern:设置填满数据包的范本样式。

(7)-s packetsize:该选项用于指定发送 ICMP 报文的大小,以 B 为单位。默认情况下,发送的报文数据大小为 56B,加上每个报文头的 8B,共 64B。有时网络会出现 ping 小包正常,而 ping 较大数据包时发生严重丢包的现象,此时就可利用该参数选项来发送一个较大的 ICMP 包,以检测网络在大数据流量的情况下工作是否正常。

(8)-t ttl:设置数据包存活数值 TTL 的大小。

(9)-W timeout:定义等待响应的时间。

例如:

```
#ping -c 3 -i 1 www.sjzpt.edu.cn          //发送 3 次信息,每次间隔为 1s
PING www.sjzpt.edu.cn (202.206.80.35)56(84)bytes of data.
64 bytes from 202.206.80.35: icmp_seq=1 ttl=246 time=1.2ms
64 bytes from 202.206.80.35: icmp_seq=1 ttl=246 time=1.2ms
64 bytes from 202.206.80.35: icmp_seq=1 ttl=246 time=1.2ms

---www.sjzpt.edu.cn statistics ---
3 packets transmitted, 3 received, 0%packet loss, time 1047ms
rtt min/avg/max/mdev =0.377/1.397/2.145/0.803 ms
```

3. netstat 命令

功能:该命令可用来显示网络连接、路由表和正在侦听的端口等信息。通过网络连接信息,可以查看当前主机已建立了哪些连接,以及有哪些端口正处于侦听状态,从而发现一些异常的连接和开启的端口。"木马"程序通常会建立相应的连接并开启所需的端口,有经验的管理员通过该命令,可以检查并发现一些可能存在的"木马"等后门程序。

命令语法格式如下:

netstat[选项]

netstat 命令的选项较多,常用选项说明见表 7-1。

表 7-1　netstat 命令常用选项说明

选项	含　义
-a	显示所有连接中的 socket,包括 TCP 端口和 UDP 端口,以及当前已建立的连接和正在侦听的端口
-c	持续列出网络状态,每隔 1s 更新 1 次

续表

选项	含　义
-e	显示网络其他相关信息
-g	显示多播群组成员信息
-i	显示网络接口卡的相关信息
-l	只显示处于侦听模式的 socket
-n	端口和地址均采用数字显示
-N	显示网络硬件外围设备的符号连接名称
-o	显示计时器
-p	显示正在使用 socket 的程序识别码和程序名称
-r	显示核心路由表
-s	显示每个协议的汇总统计
-t	显示使用 TCP 的连接状况
-u	显示使用 UDP 的连接状况
-v	显示命令执行过程
-w	显示使用 RAW 协议的连接状况

例如：

```
#netstat -lpe        //显示所有监控中的服务器的 scoket 和正在使用 scoket 的程序信息
Active Internet connections(only servers)
Proto Recv-Q send-Q Local Address Foreign Address State  User  Inode  PID/Program name
tcp   0     0       0.0.0.0:ssh   0.0.0.0:*       LISTEN root 32417 1057/sshd
...
```

4. tracepath 命令

功能：可以追踪数据到达目标主机的路由信息，同时还能够发现 MTU 值。

命令语法格式如下：

```
tracepath [OPTIONS][-l pktlen][-m max_hops][-p port] destination
```

选项：-n 表示只显示 IP 地址；-b 表示既显示主机名又显示 IP 地址；-l 设置初始的数据包长度，默认为 65535 字节；-m 设置最大跳数值，默认为 30 跳；-p 设置初始目的端口。

例如：

```
#tracepath -n 202.206.80.125
1?:[LOCALHOST]            pmtu   1500
1: 202.206.85.254                        0.24ms
2: 202.206.80.125                        1.10ms
   Resume: pmtu  1500 hops 2 back 2      1.12ms reached
```

5. arp 命令

功能：配置并查看 Linux 系统的 ARP 缓存，包括查看 ARP 缓存，删除某个缓存条目以及添加新的 IP 地址和 MAC 地址的映射关系等。

命令语法格式如下：

arp [-v] [-n] [-H type] [-i if] [-a] [-d] [-s] [hostname] [hw_addr]

说明：本地主机向"某个 IP 地址（目标主机 IP 地址）"发送数据时，先查找本地的 ARP 表，如果在 ARP 表中找到"目标主机 IP 地址"的 ARP 表项，将把"目标主机 IP 地址（hostname）"对应的"MAC 地址（hw_addr）"填充到数据帧的"目的 MAC 地址字段"后再发送出去。

选项说明如下。

-a：用 BSD 格式输出（没有固定栏）。

-n：以数字地址形式显示。

-H type：设置和查询 ARP 缓存时检查指定类型的地址。

-i if：选择指定的接口（interface）。

-d：删除 hostname 指定的主机。hostname 可以是通配符" * "，以删除所有主机。

-s：手工添加 Internet 地址 inet_addr 与物理地址 eth_addr 的关联。物理地址是用冒号分隔的 6 个十六进制数。

-v：在详细模式下显示当前 ARP 项。显示所有无效项和环回接口上的项。

-f [filename]：从指定文件中读取新的记录项。如果没有指定文件，则默认使用/etc/ethers 文件。

例如：

```
#arp -s 202.206.90.4 00:19:56:6F:87:D2        //添加静态项
#arp                                          //显示 ARP 表
```

注意：arp -s 设置的静态项在用户注销或重启之后会失效，如果想要任何时候都不失效，可以将 IP 和 MAC 的对应关系写入 arp 命令默认的配置文件/etc/ethers 中。

7.2　软件管理

在系统的使用和维护过程中，安装和卸载软件是经常碰到的工作。为了便于软件的安装、卸载、升级及查询操作，Linux 提供了相应的软件包管理器。

7.2.1　deb 软件包管理

早期的 Linux 系统中主要使用源代码包发布软件，用户往往要直接将源代码编译成二进制文件，并对系统进行相关配置，有时甚至还要修改源代码。这种方式给用户带来较大的自由度，可以自行设置编译选项，选择所需的功能或组件，或者针对硬件平台进行优化。但是源代码编译对用户技术水平要求较高，因此对普通用户推出了软件包管理的概念。

软件包将应用程序的二进制文件、配置文档和帮助文档等合并打包在一个文件中，用户只需使用相应的软件包管理器来执行软件的各种操作即可。软件包中的可执行文件是由软件发布者进行编译的，这种预编译的软件包重在考虑适用性，通常不会针对某种硬件平台优化，它所包含的功能和组件也是通用的。目前主流的软件包格式有两种，即 RPM 和 Deb。

RPM 是 Red Hat Package Manager 的缩写，是由 Red Hat 公司开发的一种软件包管理

标准,可管理文件名后缀为.rpm 的软件,得到很多 Linux 发行版的支持。大多数 RPM 软件包的命名遵循"名称-版本.平台类型.rpm"的格式,如 MYsoftware-1.2.3-1.el6.x86_64.rpm。可以使用 rpm 命令管理 RPM 软件包。

deb 是 Debian 和 Ubuntu 系列发行版使用的软件包格式,其文件名后缀为.deb。大多数 deb 软件包的命名遵循"名称_软件版本_修订版本_体系结构.deb"的格式,如 MYsoftware_1.2.3-1_linux_amd64.rpm。可以使用 dpkg 命令管理 deb 软件包。

由于使用 RPM 或 deb 软件包管理还需要考虑依赖性问题,只有应用程序所依赖的库和支持文件都正确安装,才能完成软件的安装,因此均推出了软件包管理工具,如 DNF、APT 等。

7.2.2 dpkg 命令

dpkg 命令是 Debian package 的缩写,是 Debian Linux 系统用来安装、创建和管理软件包的实用工具。dpkg 主要是用来安装已经下载到本地的 deb 软件包,或者对已经安装好的软件进行管理。

命令语法格式如下:

dpkg［选项］［动作］［软件包名］

其中,dpkg 本身完全由命令行参数控制,命令行参数只包含一个动作和零个或多个选项。动作参数告诉 dpkg 要做什么,选项以某种方式控制动作的行为。常用动作有:-i 表示安装软件包;-r 表示删除软件包;-l 表示显示已安装软件包列表;-L 表示显示与软件包关联的文件;-c 表示显示软件包内文件列表;-P 表示在删除软件包的同时删除配置文件。

例如:

```
#dpkg -i cmatrix_1.2a-5bulid2_amd64.deb          //安装软件 cmatrix
#dpkg -L cmatrix                                 //列出软件包 cmatrix 的安装清单
#dpkg --info cmatrix_1.2a-5bulid2_amd64.deb      //列出软件包解压后的包名称
```

7.2.3 apt 命令

APT 是 Advanced Packaging Tool 的缩写,它调用底层的 dpkg 功能,提供了查找、安装、升级以及删除一个、一组甚至全部软件包的命令,还可以解决软件包安装时较为复杂的依赖关系问题。

1. apt 软件仓库

Debian 采用集中式的软件仓库管理机制,将各式各样的软件包分门别类地存放在软件仓库中,进行有效的组织和管理。然后将软件仓库放置在很多镜像服务器中,并保持一致。这样,所有的 Debian 用户随时都能获得最新版本的安装软件包。因此,对于用户来说,这些镜像服务器就是他们的软件源。

apt 默认的软件仓库位置是在安装 Linux 发行版时设置的,在文件/etc/apt/sources.list 中,一般不需要添加或删除软件仓库,所以也没必要改动这个文件。另外,在搜索软件进行安装或更新时,aptitude 同样只会检查这些库。

2. 配置 APT 源

如果有更好的 APT 源,可以打开/etc/apt/source.list 文件,把原有的源换掉或添加上优质源即可。例如:

```
#vi /etc/apt/sources.list
deb cdrom:[Debian GNU/Linux 11.2.0 _Bullseye_ - Official amd64 DVD Binary-1
20211218-11:13]  / bullseye contrib main
deb http://security.debian.org/debian-security bullseye-security main contrib
deb-src http://security.debian.org/debian-security bullseye-security main contrib
...
```

在此文件中,除了以"#"开头的注释行外,每行就是一个 APT 源记录,一般由 3 个字段组成,每个字段用空格隔开。

第 1 个字段表示软件包的类型,使用 deb 或 deb-src 表示直接使用.deb 文件还是源文件的方式进行安装。

第 2 个字段表示软件的 URL,定义了软件源的本地或网络 URL 地址。

第 3 个字段表示软件包的发行版本或者分类,用于帮助 apt 命令遍历软件库。这些分类是用空格隔开的字符串,每个字符串分别对应相应的目录结构。例如,bullseye-security main contrib 表示 Debian 安全更新的开源软件。

编辑并保存/etc/apt/sources.list 文件,执行 apt-get update 命令后,当调用更新源命令的时候,会把服务器上的所有软件包以文件列表的形式同步到/var/lib/apt/lists 目录下。

3. apt 命令的使用

apt 命令是一个用于软件包管理的高级命令行界面。它基本上是 apt-get、apt-cache 和类似命令的一个封装,被设计为针对终端用户交互的界面,它默认启用了某些适合交互式使用的选项。

命令语法格式如下:

```
apt [选项] {命令} [软件包...]
```

选项:-y 表示安装过程中的提示选择全部为 yes;-q 表示不显示安装过程。常用的子命令及其含义见表 7-2。

表 7-2　apt 常用的子命令及其含义

命　　令	含　　义
list	显示满足特定条件的软件包列表
search	查找软件包
show	显示软件包具体信息,如版本号、安装大小、依赖关系等
update	更新软件包
install	安装软件包
remove	删除软件包
autoremove	删除不再使用的依赖和库文件

续表

命　　令	含　　义
upgrade	升级软件包
full-upgrade	升级软件包,升级前先删除需要更新的软件包
edit-sources	编辑 sources.list 文件

例如:

```
# apt -y install vim          //安装 vim 命令
# apt list --installed        //列出所有已安装的软件包
```

实　　训

1. 实训目的

(1) 掌握 Debian 11 系统的 TCP/IP 配置及查询、测试网络配置的方法。

(2) 掌握 Linux 软件的查询、安装、升级及卸载。

2. 实训内容

(1) 查询当前主机名。

(2) 修改主机名为本人姓名大写简拼,如 LS(李帅)。

(3) 查询当前主机 IP 地址及获取方式。

(4) 根据实训环境给当前主机设置静态 IP 地址、子网掩码、网关及 DNS 等。

(5) 测试网络联通性。

(6) 检查系统是否安装了 SSH 服务,如果没有,则安装 OpenSSH 软件。

(7) 使用远程登录命令登录服务器。

(8) 卸载 SSH 服务。

3. 实训总结

通过本次实训,掌握 Linux 系统的网络管理、软件管理方法,为 Linux 后续内容的学习打下基础。

习　　题

一、选择题

1. 在安装软件包时,为了解决软件包的相关性问题,最好能(　　)。

　　A. 安装独立的软件包　　　　　　B. 安装支持的软件包

　　C. 安装套件　　　　　　　　　　D. 选择全部安装方式

2. 在 Debian 11 中 device 的状态不可能出现的有(　　)。

　　A. connected　　　　　　　　　B. unconnected

C. unmanaged   D. unavailable

3. 在 Debian 11 系统中，主机名保存在（　　）配置文件中。

    A. /etc/hosts   B. /etc/modules.conf

    C. /etc/sysconfig/network   D. /etc/hostname

4. 如果要激活 ens33 网卡，以下可以实现的命令有（　　）。

    A. nmcli dev connect ens33   B. nmcli connect up ens33

    C. nmcli connect down ens33   D. nmcli dev disconnect ens33

5. 查询已安装软件包 samba 内所含文件信息的命令是（　　）。

    A. dpkg -l samba   B. dpkg -L samba

    C. apt show samba   D. apt list samba

二、简答题

1. 配置 Linux 的 TCP/IP 网络，需要配置的参数有哪些？

2. 如何使用 nmcli 命令手动配置 IP 地址？

3. dkpg 和 apt 命令的异同点有哪些？

第 8 章　NFS 服务器配置与管理

在某些情况下,需要将一些文件集中存放在一台机器上,在其他机器上可以像访问本地文件一样来远程访问集中存放的文件,这就需要一种网络文件系统来满足上述需求。

本章学习任务:

- 了解 NFS 的基本工作过程;
- 掌握 NFS 服务器的配置方法;
- 掌握 NFS 客户机的配置方法。

8.1　概述

8.1.1　NFS 简介

Linux 中的 ext、xfs 格式的本地文件系统,都是通过单个文件名称空间来包含很多文件,并提供基本的文件管理和空间分配功能。文件是存放在文件系统中(上述名称空间内)的单个命名对象,每个文件都包含了文件实际数据和属性数据。这些类型的文件系统和其内文件都是存放在本地主机上的。

实际上,还有一种文件系统叫作网络文件系统。顾名思义,它就是跨不同主机的文件系统,将远程主机上的文件系统(或目录)存放在本地主机上,就像它本身是本地文件系统。在 Windows 环境下,有由 CIFS(common internet file system)协议实现的网络文件系统;在类 UNIX 环境下,最出名是由 NFS 协议实现的 NFS 文件系统。

NFS 是 network file system 的缩写,即网络文件系统。它是一种应用于分散式文件系统的协议,由 Sun 公司开发,于 1984 年向外公布。其功能是通过网络让不同的机器、不同的操作系统能够彼此分享特定的数据,让应用程序在客户端通过网络访问位于服务器磁盘中的数据,是在类 UNIX 系统间实现磁盘文件共享的一种方法。

NFS 的基本原则是“允许不同的客户端及服务端通过一组 RPC 分享相同的文件系统”,它独立于操作系统,允许不同硬件及操作系统的系统共同进行文件的分享。

NFS 在文件传送或信息传送过程中依赖于 RPC(remote procedure call,远程过程调用)协议。RPC 是能使客户端执行其他系统中程序的一种机制。NFS 本身是没有提供信息传输的协议和功能的,但 NFS 却能通过网络进行资料的分享,这是因为 NFS 使用了一些其他的传输协议,而这些传输协议用到了 RPC 功能。可以说 NFS 本身就是使用 RPC 的一个程序,或者说 NFS 也是一个 RPC 服务器,所以只要用到 NFS 的地方都要启动 RPC 服务,无论是 NFS 服务端还是 NFS 客户端。这样服务器和客户端才能通过 RPC 来实现程序端口的对应。可以这么理解 RPC 和 NFS 的关系：NFS 是一个文件系统，而 RPC 负责信息的传输。

8.1.2 NFS 工作机制

NFS 是通过网络来进行服务器端和客户端之间的数据传输，两者之间要传输数据就要有相对应的网络端口，NFS 服务器到底使用哪个端口来进行数据传输呢？NFS 基本服务的端口使用 2049，但由于 NFS 支持的功能相当多，而不同的功能都会使用不同的程序来启动，每启用一个功能就会有相应一些端口来传输数据，因此 NFS 功能对应的端口并不固定，而客户端要知道 NFS 服务器端的相关端口才能建立连接从而进行数据传输，故而 NFS 客户端就需要通过远程过程调用(RPC)与 NFS 服务器的随机端口实现连接。

RPC 是用来统一管理 NFS 端口的服务，并且统一对外的端口是 111。PRC 最主要的功能就是指定每个 NFS 功能所对应的端口号，并且通知客户端，让客户端可以连接到正常端口上，这样用户就能够通过 RPC 实现服务端和客户端沟通端口信息。

那么 RPC 又是如何知道每个 NFS 功能的端口呢？首先当 NFS 启动后，就会随机地使用一些端口，然后 NFS 会向 RPC 注册这些端口，RPC 就会记录下这些端口，并且 RPC 会开启 111 端口，等待客户端 RPC 的请求，如果客户端有请求，那么服务器端的 RPC 就会将之前记录的 NFS 端口信息告知客户端。如此客户端就会获取 NFS 服务器端的端口信息，就会以实际端口进行数据的传输，如图 8-1 所示。

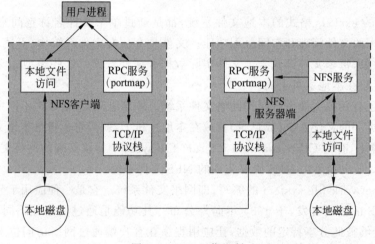

图 8-1　NFS 工作机制

8.2　NFS 的安装与启动

1. 安装 NFS 服务

由于 NFS 服务的运行需要 RPC 服务的支持，在进行 NFS 服务的操作之前，首先需要验证是否已安装了 RPC 和 NFS 服务器组件。RPC 服务由 rpcbind 程序实现，该程序由

rpcbind 包提供；NFS 本身是很复杂的，它由很多进程组成，这些进程的启动程序由 nfs-kernel-server 包提供。可执行以下命令：

```
#dpkg -l |grep rpc                          //查询是否安装了含有 RPC 字符串的软件包
ii rpcbind 1.2.5-9 amd64 converts RPC program numbers into universal addresses
#dpkg -l | grep nfs                         //查询是否安装了含有 NFS 字符串的软件包
ii nfs-commom 1:1.3.4-6 amd64 NFS support files common to client and server
ii nfs-kernel-server 1:1.3.4-6 amd64 support for NFS kernel server
```

如果包含以上命令执行结果，表明系统已安装了 RPC 和 NFS 服务。如果未安装，则需要先安装 NFS 服务。由于 NFS 服务依赖 RPC 服务和 nfs-commom 服务，因此使用 apt 命令安装 nfs-kernel-server 服务时会自动安装 rpcbind 和 nfs-common 服务。具体操作如下：

```
#apt -y install nfs-kernel-server
```

2. 启动、停止 NFS 服务器

在启动 NFS 服务时，系统会先启动 RPC 服务，否则 NFS 无法向 RPC 注册。如果 RPC 服务重新启动，其保存的信息将丢失，需重新启动 NFS 服务以注册端口信息，否则客户端将无法访问 NFS 服务器。NFS 服务使用 nfs-kernel-server 进程，其启动、停止或重启可以使用以下命令：

```
#systemctl start nfs-kernel-server.service          //启动 NFS 服务
#systemctl status nfs-kernel-server.service         //查看 NFS 服务运行状态
#systemctl restart nfs-kernel-server.service        //重启 NFS 服务
#systemctl stop nfs-kernel-server.service           //停止 NFS 服务
```

3. 安装客户端

服务器配置完毕后，如果在另外的客户端测试，会需要一些测试命令，Debian 默认没有安装这些测试工具，需要专门安装。命令如下：

```
#apt -y install nfs-common
```

8.3　配置 NFS 服务

1. 配置 NFS 导出目录

在将服务端的目录共享或者导出给客户端之前，需要先配置好要导出的目录。一般要指定哪些地址可访问该目录，该目录是否可写以及以什么身份访问导出目录等。

配置导出目录的配置文件为/etc/exports 文件，这是 NFS 的主要配置文件，不过系统并没有默认值，需要使用 vi 命令手动在文件里面写入配置内容。在 NFS 服务启动时，会自动加载这些配置文件中的所有导出项。/etc/exports 文件内容的书写格式如下：

共享目录［客户端 1(参数)］［客户端 2(参数)］　...

各部分说明如下。

(1) 共享目录：指定服务器共享目录的绝对路径。

(2) 客户端：指定客户端时可以使用的 IP 地址、网络号地址、FQDN、DNS 区域等。可以指定多个客户端,客户端之间用空格分隔。客户端匹配条件表示方法见表 8-1。

表 8-1　客户端匹配条件表示方法

客　户　端	示　　例	含　　义
指定单一主机 IP	192.168.1.70	客户端 IP 地址为 192.168.1.70
指定某一网段	192.168.1.0/24	客户端所在网段为 192.168.1.0/24
指定单一主机域名	nfs.example.com	客户端 FQDN 为 nfs.example.com
指定域名范围	*.example.com	客户端 FQDN 的 DNS 后缀为 example.com
所有主机	*	任何访问 NFS 服务器的客户端

(3)参数:对满足客户端匹配条件的客户端进行相关配置。参数必须紧跟在客户端的圆括号中,括号与客户端之间无空格。可用参数见表 8-2。

表 8-2　可用参数

参　　数	含　　义
ro	设置共享为只读,属于默认选项
rw	设置共享为可读写
root_squash	当 NFS 客户端用户是 root 时,将被映射为 NFS 服务器的匿名用户
no_root_squash	当 NFS 客户端用户是 root 时,将被映射为 NFS 服务器的 root 用户
all_squash	将所有用户映射为 NFS 服务器的匿名用户(nfsnobody),属于默认选项
no_all_squash	访问用户先与本机用户进行匹配,匹配失败后再映射为匿名用户或用户组
anonuid	设置匿名用户的 UID,要和 root_squash 以及 all_squash 一起使用
anongid	设置匿名用户的 GID,要和 root_squash 以及 all_squash 一起使用
sync	保持数据同步,同时将数据写入内存和硬盘,属于默认选项
async	先将数据保存在内存,然后写入硬盘,效率更高,但可能造成数据丢失
secure	NFS 客户端必须使用 NFS 保留端口(1024 以下的端口),属于默认选项
insecure	允许 NFS 客户端不使用保留端口(1024 以下的端口)
wdelay	如果 NFS 服务器认为有另一个相关的写请求正在处理或马上就要到达,NFS 服务器将延迟提交写请求到磁盘,这就允许使用一个操作提交多个写请求到磁盘,可以改善性能,属于默认选项
nowdelay	NFS 服务器将每次写操作写入磁盘,设置 async 时该选项无效
subtree_check	如果输出目录是一个子目录,则 NFS 服务器将检查其父目录的权限,属于默认选项
no_subtree_check	即使输出目录是一个子目录,NFS 服务器也不检查其父目录的权限,这样可以提高效率

例如,将/data 作为共享目录共享给 192.168.1.0 网段的主机,客户端对该目录可读可写并要求数据同步,如果输出目录是一个子目录,则 NFS 服务器将检查其父目录的权限(默认设置)。

```
#mkdir /data                        //创建/data 目录
#vim  /etc/exports                  //修改配置文件内容
/data 192.168.1.0/24(rw,sync,subtree_check)
```

在配置文件中配置好要导出的目录后,直接重启 NFS 服务即可,它会读取配置文件内容。随后就可以在客户端执行挂载命令进行挂载。

2. 管理和维护 NFS 导出列表

在生产环境中,如果使用了 NFS 服务器,会遇到修改 NFS 服务器配置的情况,如果想重新让客户端加载修改后的配置,但是又不能重启 rpcbind 服务,则需要使用 export 命令让新修改的配置生效。

NFS 服务端维护着一张可被 NFS 客户端访问的本地物理文件系统表。表中的每个文件系统都被称为导出的文件系统,简称导出项。exportfs 命令维护 NFS 服务端当前导出表。其中导出主表存放在/var/lib/nfs/etab 文件中。当客户端发送一个 NFS mount 请求时,rpc.mountd 进程会读取该文件。

一般来说,导出主表是 exportfs -s 读取/etc/exports 和/etc/exports.d/ * .exports 文件来初始化的。但是,系统管理员可以使用 exportfs 命令直接向主表中添加或删除导出项,而不需要去修改/etc/exports 或/etc/exports.d/ * .exports 文件。

命令语法格式如下:

```
exportfs [OPTIONS] [client:/path...]
```

选项说明如下。

-d *kind*:开启调试功能。有效的 *kind* 值为 all、auth、call、general 和 parse。

-a:导出或卸载所有目录。

-o *options* ,...:指定一系列导出选项(如 rw、async、root_squash)。

-i:忽略/etc/exports 和/etc/exports.d 目录下文件,此时只有命令行中的给定选项和默认选项会生效。

-r:重新导出所有目录,并同步修改/var/lib/nfs/etab 文件中关于/etc/exports 和/etc/exports.d/ * .exports 的信息(即还会重新导出/etc/exports 和/etc/exports.d/ * 等配置文件中的项,移除/var/lib/nfs/etab 中已经被删除和无效的导出项)。

-u:卸载(即不再导出)一个或多个导出目录。

-f:如果/prof/fs/nfsd 或/proc/fs/nfs 已被挂载,即工作在新模式下,该选项将清空内核中导出表中的所有导出项。在客户端下一次请求挂载导出项时会通过 rpc.mountd 将其添加到内核的导出表中。

-v:输出详细信息。

-s:显示适用于/etc/exports 的当前导出目录列表。

例如:

```
#exportfs -arv                            //不用重启 NFS 服务,配置文件就会生效
#exportfs -o async 192.168.1.17:/home/share  //192.168.1.17 可只读访问该目录,且
                                           允许匿名访问
```

3. 检查 NFS 服务器挂载情况

使用 showmount 命令可以查看某一台主机的导出目录情况。因为涉及 PRC 请求，所以如果 RPC 出问题，showmount 将会默默地等待。

命令语法格式如下：

```
showmount［选项］［主机］
```

选项说明如下。

-a：以 host:dir 格式列出客户端名称/IP 地址以及所挂载的目录。但注意：该选项是读取 NFS 服务端/var/lib/nfs/rmtab 文件，而该文件很多时候并不准确，所以 showmount - a 的输出信息很可能并非准确无误的。

-e：显示 NFS 服务端所有导出列表。

-d：仅列出已被客户端挂载的导出目录。

例如：

```
# showmount - e 192.168.1.70
```

4. 挂载 NFS 文件系统

服务器配置完毕后，在客户端测试时，客户机也需要安装 NFS 和 rpcbind 服务，才能将 NFS 服务器共享的目录挂载至客户机的本地目录下，来使用服务器指向的共享目录中文件。例如：

```
#mount - t nfs 192.168.1.70:/data /mnt
```

挂载时 -t nfs 可以省略，因为对于 mount 而言，只有挂载 NFS 文件系统才会写成 host:/path 格式。当然，除了 mount 命令，nfs-utils 包还提供了独立的 mount.nfs 命令，它其实和 mount -t nfs 命令是一样的。

5. 相关命令

1）nfsstat

功能：显示有关 NFS 客户端和服务器活动的统计信息。

命令语法格式如下：

```
nfsstat［选项］
```

选项：-s 表示仅列出 NFS 服务器端状态；-c 表示仅列出 NFS 客户端状态；-n 表示仅列出 NFS 状态，默认显示 NFS 客户端和服务器的状态；-m 表示列出已加载的 NFS 文件系统状态；-r 表示仅显示 RPC 状态。

例如：

```
#nfsstat - r          //显示客户机和服务器与 RPC 调用相关的信息
```

2）rpcinfo

功能：查看 RPC 信息，用于检测 RPC 运行情况。

命令语法格式如下：

```
rpcinfo［选项］［host］
```

选项说明如下。

-p：列出所有在 host 用 portmap 注册的 RPC 程序，如果没有指定 host，就查找本机上的 RPC 程序。

-n port：根据-t 或者-u 选项，使用编号为 port 的端口，而不是由 portmap 指定的端口。

-u：用 UDPRPC 调用 host 上程序 program 的 version 版本（如果指定），并报告是否接收到响应。

-t：用 TCPRPC 调用 host 上程序 program 的 version 版本（如果指定），并报告是否接收到响应。

-b：向程序 program 的 version 版本进行 RPC 广播，并列出响应的主机。

-d：将程序 program 的 version 版本从本机的 RPC 注册表中删除。只有具有 root 特权的用户才可以使用这个选项。

例如：

```
#rpcinfo -p            //查看 RPC 开启端口所提供的程序
```

3）rpcdebug

功能：设置或清除 NFS 和 RPC 内核调试标志。设置这些标志会导致内核向系统日志发送消息以响应 NFS 活动；调试信息通常存放在/var/log/messages 中。

命令语法格式如下：

```
rpcdebug［选项］
```

选项：-c 表示清除调试标志；-h 表示显示帮助信息；-s 表示设置调试标志；-v 表示以详细方式输出；-m 表示指定要设置或清除哪个模块（nfsd、nfs、nlm、rpc 之一）的标志。

例如：

```
#rpcdebug -m nfs -s all    //设置调试 nfs 客户端的信息
```

在很多时候 NFS 客户端或者服务端出现异常，如连接不上，锁状态丢失以及连接非常慢等问题，都可以通过对 NFS 进行调试来发现问题出在哪个环节。NFS 有不少进程都可以直接支持调试选项，但最直接的调试方式是调试 RPC，因为 NFS 的每个请求和响应都会经过 RPC 的封装。显然，调试 RPC 比直接调试 NFS 更难分析出问题所在。

实　　训

1. 实训目的

掌握 Linux 系统之间资源共享和互访方法，掌握 NFS 服务器和客户端的安装与配置。

2. 实训内容

在某企业销售部有一个局域网，域名为 nfs.com。网内有一台 Linux 的共享资源服务器 shareserver，域名为 shareserver.nfs.com。

（1）在 shareserver 上配置 NFS 服务器，使销售部内的所有主机都可以访问 shareserver 服务器的/share 共享目录中的内容，但不允许客户机更改共享文件的内容。

（2）让主机 host1 在每次系统启动时自动挂载 shareserver 的/share 共享目录。

3. 实训总结

通过此次的上机实训，掌握在 Linux 上安装与配置 NFS 服务器，从而实现操作系统之间的资源共享。

习　题

一、选择题

1. 当 NFS 工作站要挂载远程 NFS 服务器上的一个目录时，以下（　　）是服务器端必需的。

    A. portmap 必须启动

    B. NFS 服务必须启动

    C. 共享目录必须加在/etc/exports 文件里

    D. 以上全部都需要

2.（　　）命令可完成加载 NFS 服务器 svr.sjzpt.edu.cn 的/home/nfs 共享目录到本机/home2。

    A. mount -t nfs svr.sizpt.edu.cn：/home/nfs /home2

    B. mount -t -s nfs svr.sjzpt.edu.cn./home/nfs /home2

    C. nfsmount svr.sjzpt.edu.cn：/home/nfs /home2

    D. nfsmount -s svr.sjzpt.edu.cn /home/nfs /home2

3.（　　）命令用来通过 NFS 使磁盘资源被其他系统使用。

    A. share   B. mount   C. export   D. exportfs

4. 以下关于 NFS 系统中用户 ID 映射的描述，正确的是（　　）。

    A. 服务器上的 root 用户默认值和客户端的一样

    B. root 被映射到 nfsnobody 用户

    C. root 不被映射到 nfsnobody 用户

    D. 默认情况下，anonuid 不需要密码

5. 你所在公司有 10 台 Linux 服务器，你想用 NFS 在 Linux 服务器之间共享文件，应该修改的文件是（　　）。

    A. /etc/exports   B. /etc/crontab

    C. /etc/named.conf   D. /etc/smb.conf

6. 查看 NFS 服务器 192.168.12.1 中共享目录的命令是（　　）。

    A. show -e 192.168.12.1   B. show //192.168.12.1

    C. showmount -e 192.168.12.1   D. showmount -l 192.168.12.1

7. 装载 NFS 服务器 192.168.12.1 的共享目录/tmp 到本地目录/mnt/share 的命令是（　　）。

    A. mount 192.168.12.1/tmp /mnt/share

    B. mount -t nfs 192.168.12.1/tmp /mnt/share

C. mount -t nfs 192.168.12.1:/tmp /mnt/share

D. mount -t nfs //192.168.12.1/tmp /mnt/share

二、简答题

1. 简述 NFS 服务的工作流程。

2. 简述 NFS 服务各组件及其功能。

第9章 Samba 服务器配置与管理

Windows 基于 SMB 协议来实现文件、打印机以及其他资源的共享;而 Samba 是 SMB 协议的一种实现方法,用来实现 Linux 系统文件和打印服务,可以让 Linux 和 Windows 客户机实现资源共享。

本章学习任务:
- 了解 Samba 服务的功能;
- 掌握安装和启动 Samba 服务;
- 掌握 Samba 服务配置方法,实现文件和打印共享。

9.1 了解 Samba 服务

9.1.1 SMB 协议

在 NetBIOS 出现之后,Microsoft 就使用 NetBIOS 实现了网络文件/打印服务系统,这个系统基于 NetBIOS 设定了一套文件共享协议,Microsoft 称为 SMB(server message block)协议。这个协议被 Microsoft 用于它们 LAN Manager 和 Windows NT 服务器系统中,而 Windows 系统均带有使用此协议的客户软件,因而这个协议在局域网系统中影响很大。

随着 Internet 的流行,Microsoft 希望将这个协议扩展到 Internet 上,成为 Internet 上计算机之间共享数据的一种标准,因此它将原有的几乎没有多少技术文档的 SMB 协议进行整理,重新命名为 CIFS(common internet file system),并打算使它脱离 NetBIOS,试图使它成为 Internet 上的一个标准协议。为了让 Windows 和 UNIX 计算机相集成,最好的办法是在 UNIX 中安装支持 SMB/CIFS 协议的软件,这样 Windows 客户不需要更改设置,就能如同使用 Windows NT 服务器一样,使用 UNIX 计算机上的资源。

与其他标准的 TCP/IP 不同,SMB 协议是一种复杂的协议,因为随着对 Windows 计算机的开发,越来越多的功能被加入协议中,很难区分哪些概念和功能应该属于 Windows 操作系统本身,哪些概念应该属于 SMB 协议。其他网络协议由于是先有协议,再实现相关的软件,因此结构上就清晰简洁一些,而 SMB 协议一直是与 Microsoft 的操作系统混在一起进行开发的,因而协议中包含了大量 Windows 系统中的概念。

1. 浏览

在 SMB 协议中,计算机为了访问网络资源,就需要了解网络上存在的资源列表(如在 Windows 下使用"网络邻居"查看可以访问的计算机),这个机制就被称为浏览(browsing)。虽然 SMB 协议中经常使用广播的方式,但如果每次都使用广播的方式来了解当前的网络资源(包括提供服务的计算机和各个计算机上的服务资源),就需要消耗大量的网络资源和浪费较长的查找时间,因此最好在网络中维护一个网络资源的列表,以方便查找网络资源。只在必要的时候才重新查找资源,如使用 Windows 下的查找计算机功能。但没有必要每个计算机都维护整个资源列表,维护网络中当前资源列表的任务由网络上的几个特殊计算机完成,这些计算机被称为浏览服务器,这些浏览服务器通过记录广播数据或查询名字服务器来记录网络上的各种资源。浏览服务器并不是事先指定的计算机,而是在普通计算机之间通过自动进行的推举产生的。不同的计算机可以按照其提供服务的能力,设置在推举时具备的不同权重。为了保证在一个浏览服务器停机时网络浏览仍然正常,网络中常常存在多个浏览服务器,一个为主浏览服务器,其他的为备份浏览服务器。

2. 工作组和域

在进行浏览时,工作组和域的作用是相同的,都是用于区分并维护同一组浏览数据的多台计算机。事实上它们的不同在于认证方式,工作组中每台计算机基本上都是独立的,即独立地对客户访问进行认证,而域中将存在一个(或几个)域控制器,保存对整个域的有效认证信息,包括用户的认证信息以及域内成员计算机的认证信息。浏览数据的时候,并不需要认证信息,Microsoft 将工作组扩展为域,只是为了形成一种分级的目录结构,将原有的浏览和目录服务相结合,以扩大网络服务范围。

3. 认证方式

在低版本的 Windows 系统中,习惯使用共享级认证的方式互相共享资源,主要原因是在这些 Windows 系统上不能提供真正的多用户能力。一个共享级认证的资源只有一个口令与其相联系,而没有用户数据。这种方法适合于小组人员相互共享很少的文件资源的情况,一旦需要共享的资源变多,需要进行的限制复杂化,那么针对每个共享资源都设置一个口令的做法就不再合适了。因此对于大型网络来讲,更适合的方式是用户级的认证方式,区分并认证每个访问的用户,并通过给不同用户分配权限的方式共享资源。对于采用工作组方式的计算机,认证用户是通过本机完成的,而域中的计算机通过域控制器进行认证。当Windows 计算机通过域控制器的认证时,它可以根据设置执行域控制器上的相应用户的登录脚本和桌面环境描述文件。每台 SMB 服务器对外提供文件或打印服务,每个共享资源需要被给予一个共享名,这个名字将显示在这个服务器的资源列表中。然而,如果一个资源名字的最后一个字母为 $,则这个名字就为隐藏名字,不能直接显示在浏览列表中,但可以通过直接访问这个名字来进行访问。在 SMB 协议中,为了获得服务器提供的资源列表,必须使用一个隐藏的资源名字 IPC $ 来访问服务器,否则客户无法获得系统资源的列表。

9.1.2 Samba 服务

Samba 是一个工具套件,在 UNIX 上实现 SMB 协议,或者称为 NETBIOS/LanManager 协议。Samba 既可以用于在 Windows 和 Linux 之间共享文件,也可以用于在 Linux 和 Linux 之间共享文件。不过对于在 Linux 和 Linux 之间共享文件,有更好的网络文件系统 NFS。

大家知道在 Windows 网络中的每台机器既可以作为文件共享服务器,也可以同时作为客户机;Samba 也是一样的,如果一台 Linux 的机器作为 Samba 服务器,则它既能充当共享服务器,同时也能作为客户机来访问其他网络中的 Windows 共享文件系统,或其他 Linux

的 Samba 服务器。

在 Windows 网络中,用户可以利用共享文件功能把共享文件夹当作本地硬盘来使用。在 Linux 中,可以通过 Samba 向网络中的机器提供共享文件系统,也可以把网络中其他机器的共享挂载在本地机上使用,这与 FTP 的使用方法是不一样的。

9.2 安装 Samba 服务

1. 安装 Samba 服务

在进行 Samba 服务的配置操作之前,可使用下面的命令验证是否已安装了 Samba 组件。

```
#dpkg -l|grep samba
ii samba            ...                    //Samba 服务软件
ii samba-common...                         //Samba 服务支持软件
...
```

如果包含以上命令执行结果,表明系统已安装了 Samba 服务。如果未安装,可以用 apt 命令来安装或卸载 Samba 服务以及相关的软件包,具体操作如下:

```
#apt -y install samba
```

2. 启动、停止 Samba 服务

Samba 服务使用 smb 进程,其启动、停止或重启可以使用以下命令:

```
#systemctl start smbd.service          //启动 Samba 服务
#systemctl status smbd.service         //查看 Samba 服务运行状态
#systemctl restart smbd.service        //重启 Samba 服务
#systemctl stop smbd.service           //停止 Samba 服务
```

9.3 配置 Samba 服务

配置 Samba 服务器的主要内容是定制 Samba 的配置文件以及建立 Samba 用户账号。安装 Samba 服务器所需要的程序包后,就会自动生成 Samba 服务的主配置文件 smb.conf,默认存放在/etc/samba 目录中。它用于设置工作群组、Samba 服务器工作模式以及共享目录等。Samba 服务器在启动时会读取这个配置文件,以决定如何启动,提供哪些服务以及向网络上的用户提供哪些资源。

smb.conf 文件包含 Samba 程序运行时的配置信息,该文件由节和参数组成,文件包含多个节,每个节以方括号中节的名称(如[global])开头,一直持续到下一节开始。节中包含以下形式的多个参数:

```
name = value
```

该文件是基于行的,每行表示注释、节名或参数,内容不区分大小写。例如,参数 writable=yes 与 writable=YES 等价。文件中以"#"和";"开头的行表示注释行,不会影响服务器的工作。参数中的第一个等号很重要,服务运行时将忽略第一个等号之前或之后

的空格。等号之后的值主要是字符串(不需要引号)或布尔值,可以是 yes/no、1/0 或 true/false。可以借助文件编辑器 vi 查看 smb.conf 文件的内容,命令如下:

```
#vi /etc/samba/smb.conf
```

配置文件中的每个节([global]节除外)描述共享资源(称为"共享")。节名称是共享资源的名称,节中的参数定义共享属性。默认有三个特别节,即[global]、[homes]和[printers],用户可以根据自己的需要添加普通共享节,共享包括文件共享和打印共享,意在定义向其授予访问权限的目录以及授予服务用户访问权限的说明。

9.3.1　特殊节

1. 全局设置

在[global]节中的设置选项是关于 Samba 服务整体运行环境的选项,包括工作群组、服务器角色、字符编码的显示,登录文件的设定以及是否使用密码和密码验证的机制等。

2. 主目录设置

如果配置文件中包含名为[homes]的部分,服务器可以动态地把客户端连接到其主目录上。发出连接请求时,将扫描现有设置。如果找到匹配项,则使用该匹配项;否则请求的节名称将被视为用户名,并在本地密码文件中进行搜索。如用户名存在且已给出正确的密码,则通过克隆[homes]节创建共享:

(1) 共享名称从 homes 更改为找出的用户名;

(2) 如果未提供路径,则将路径设置为用户主目录。

如果决定在[homes]节中使用"path ="行,则使用%u 宏可能很有用。例如,如果用户使用用户名 john 连接,则选项 path ＝ /tmp/%u 被解释为路径 ＝ /tmp/john。

宏的使用可以使大量用户快速而简单地访问其主目录而不用重复设置。在 smb.conf中常用宏的含义见表 9-1。

表 9-1　常用宏的含义

宏名	描　　述	宏名	描　　述
%a	远程计算机的操作系统	%S	当前服务的名称
%d	当前服务器进程 ID	%D	当前用户的域或工作组的名称
%u	当前服务的用户名	%U	会话用户名
%g	%u 的主组名	%G	%U 的主组名
%h	运行 Samba 机器的主机名	%H	由%u 给定用户的主目录
%m	客户机的 NetBIOS 名称	%M	客户机的 Internet 名称
%p	自动从 NIS 获取的服务主目录的路径	%P	当前服务的根路径
%j	客户端连接到的本地 IP 地址,冒号/点替换为下画线	%J	客户机的 IP 地址,冒号/点替换为下画线
%t	当前日期和时间,没有冒号的最小格式(YYYYmmdd_HHMMSS)	%T	当前的日期和时间
%i	客户端连接到的本地 IP 地址	%I	客户机的 IP 地址
%v	Samba 服务版本号	%L	服务器的 NetBIOS 名称
%w	winbind 分隔符	%R	协议协商后选定的协议级别

普通共享小节可以指定的所有参数基本上都可以指定给[homes]节，重要的一点是：如果在[homes]节中指定了来宾访问，则所有主目录都将对所有客户端可见，而无须密码。

主目录的可浏览标志将自动继承全局可浏览标志，而不是继承[homes]可浏览标志。这很有用，因为这意味着在[homes]节中设置 browseable＝no 将隐藏[homes]共享，但使任何主目录自动可见。

3. 打印机设置

[printers]节的工作方式与[homes]类似，但共享对象是打印机，这让用户能够连接到本地主机的 Printcap 文件中指定的任何打印机。发出连接请求时，将扫描现有节，请求的节名称将被视为打印机名称，并扫描相应的 printcap 文件以查看请求的节名是否是有效的打印机共享名称。如果找到匹配项，则通过克隆[printers]节创建新的打印机共享。

9.3.2　全局参数

Samba 服务配置文件涉及的功能参数很多，随着版本的提高，其功能参数也在不断增加，现把常用的全局参数含义介绍如下。

1. workgroup＝SAMBA

workgroup＝SAMBA 参数用来设置服务器所处的工作组或域名。但要注意，要同时设置下面的 security 语句，如果设置了 security＝domain，则 workgroup 用来指定域名。

2. server string＝Samba%v

server string＝Samba%v 参数用来控制在打印管理器的"打印机注释"框中或在"IPC 连接"视图中显示的字符串。它可以是希望向用户显示的任何字符串。

3. netbios name＝MYSERVER

netbios name＝MYSERVER 参数用来设置 Samba 服务器的 NetBIOS 名称。默认情况下，它与主机 DNS 名称的第一个部分相同。如果没有这个语句，则浏览共享时显示的是默认的 hostname 名称。

4. interfaces＝lo eth0 192.168.12.2/24 192.168.13.2/24

多网卡的 Samba 服务器使用 interfaces＝lo eth0 192.168.12.2/24 192.168.13.2/24 参数来设置 Samba 服务器需要监听的网卡。可以通过网络接口或 IP 地址进行设置。

5. hosts allow＝127. 192.168.12. 192.168.13

hosts allow＝127. 192.168.12. 192.168.13 参数设置允许访问 Samba 服务器的 IP 范围或域名，是一个与服务器安全相关的重要参数。默认情况下，该参数被禁用，即表明所有主机都可以访问该 Samba 服务器。如果要设置的参数值有多个，应使用空格或逗号进行分隔。这与参数 allow hosts 的含义相同。

6. hosts deny＝205.202.4. badhost.mynet.edu.cn

hosts deny＝205.202.4. badhost.mynet.edu.cn 参数设置拒绝访问 Samba 服务器的 IP 范围或域名。当 host deny 和 hosts allow 语句同时出现，且定义的内容中有冲突时，hosts allow 语句优先。这与参数 deny hosts 的含义相同。

另外要注意，hosts 语句既可以进行全局设置，也可以进行局部设置。如果 hosts 语句是在[global]节中设置的，就会对整个 Samba 服务器生效，也就是对添加的所有共享目录生效；而如果在具体的共享目录部分中设置的，则表示只对该共享目录生效。

7. security＝user

security＝user 参数用来设置用户访问 Samba 服务器的安全模式。在 Samba 服务器中主要有 4 种不同级别的安全模式,即 AUTO、USER、DOMAIN、ADS。下面分别介绍这 4 种模式。

1) AUTO(自动模式)

在 AUTO(自动模式)下,Samba 将参考服务器角色参数来确定安全模式。如果要设置成该模式,只需要把 smb.conf 文件中的 security 语句设置成 security＝auto 即可。

2) USER(用户模式)

如果未指定服务器角色,则 USER(用户模式)是 Samba 中的默认安全设置。对于用户级安全,客户端在连接时必须首先使用有效的用户名和密码登录(可以使用 username map 参数映射)。加密密码(参见 encrypted passwords 参数)也可用于此安全模式。如果设置参数 user 和 guest only 并应用,会影响 Linux 用户在某一连接上的使用。如果要设置成该模式,只需要把 smb.conf 文件中的 security 语句设置成 security＝user 即可。

3) DOMAIN(域模式)

DOMAIN(域模式)是把 Samba 服务器加入 Windows 域网络中,作为域中的成员。在这种模式中,担当对 Samba 服务器的访问用户身份验证的是域中的 PDC(主域控制器),而不是 Samba 服务器。如果要设置成该模式,只需要把 smb.conf 文件中的 security 语句设置成 security＝domain 即可。

4) ADS(活动目录模式)

在 ADS(活动目录模式)下,Samba 将在 ADS 域充当域成员。要在此模式下运行,运行 Samba 的计算机将需要安装和配置 Kerberos,Samba 将需要使用网络实用程序加入 ADS 域。如果要设置成该模式,只需要把 smb.conf 文件中的 security 语句设置成 security＝ads 即可。

8. server role＝AUTO

server role＝AUTO 参数用来设置 Samba 服务器的角色,如果没有指定,则 Samba 为未连接到任何域的简单文件服务器。Samba 服务器定义了 6 种角色,即 AUTO、STANDALONE、MEMBER SERVER、CLASSIC PRIMARY DOMAIN CONTROLLER、CLASSIC BACKUP DOMAIN CONTROLLER 和 ACTIVE DIRECTORY DOMAIN CONTROLLER。下面分别介绍这 6 种角色。

1) AUTO(自动)

AUTO(自动)操作模式是 Samba 中的默认服务器角色,会导致 Samba 根据安全设置来确定服务器角色,从而为以前的 Samba 版本提供兼容性。如果要设置成该角色,只需要把 smb.conf 文件中的 server role 语句设置成 server role＝auto 即可。

2) STANDALONE(独立服务器)

如果还未设置 security 选项,则 STANDALONE(独立服务器)操作模式是 Samba 中的默认安全设置。采用这种角色时,客户端必须首先将有效的用户名和密码(可以使用用户名映射)存储在这台机器上。在该安全模式中默认使用加密密码(参见 encrypted passwords 参数)。如果设置参数 user 和 guest only 并应用,会影响 Linux 用户在某一连接上的使用。如果要设置成该角色,只需要把 smb.conf 文件中的 server role 语句设置成 server role＝

standalone 即可。

3) MEMBER SERVER(成员服务器)

只有将此计算机添加到 Windows 域中，MEMBER SERVER(成员服务器)操作模式才能正常工作。它希望将 encrypted passwords 参数设置为 yes。在这种模式下，Samba 把用户名/密码传递给 Windows 或 Samba 域控制器，以与 Windows 服务器完全相同的方式验证用户名/密码。需要注意的是，有效的 Linux 用户还必须存在于域控制器上的账户上，以允许 Samba 有一个有效的 Linux 账户来映射文件访问。Winbind 可以提供这种功能。如果要设置成该角色，只需要把 smb.conf 文件中的 server role 语句设置成 server role＝member server 即可。

4) CLASSIC PRIMARY DOMAIN CONTROLLER(经典主域控制器)

CLASSIC PRIMARY DOMAIN CONTROLLER(经典主域控制器)操作模式运行一个经典的 Samba 主域控制器，向 Windows 和 Samba 客户机提供类似于 NT 域的登录服务。客户端必须加入域中，以创建跨网络的安全可信路径。每个 NetBIOS 作用域只能有一个 PDC(通常是广播网络或由单个 WINS 服务器提供服务的客户端)。如果要设置成该角色，只需要把 smb.conf 文件中的 server role 语句设置成 server role＝classic primary domain controller 即可。

5) CLASSIC BACKUP DOMAIN CONTROLLER(经典备份域控制器)

CLASSIC BACKUP DOMAIN CONTROLLER(经典备份域控制器)操作模式运行一个经典的 Samba 备份域控制器，向 Windows 和 Samba 客户机提供类似于 NT 域的登录服务。作为 BDC，这允许多个 Samba 服务器为单个 NetBIOS 作用域提供冗余登录服务。如果要设置成该角色，只需要把 smb.conf 文件中的 server role 语句设置成 server role＝classic backup domain controller 即可。

6) ACTIVE DIRECTORY DOMAIN CONTROLLER(活动目录域控制器)

ACTIVE DIRECTORY DOMAIN CONTROLLER(活动目录域控制器)操作模式将 Samba 作为 active directory 域控制器运行，向 Windows 和 Samba 客户机提供类似于 NT 域的登录服务。如果要设置成该角色，除了需要把 smb.conf 文件中的 server role 语句设置成 server role＝active directory domain controller 外，还需要其他特殊配置。

9. passdb backend＝tdbsam

passdb backend＝tdbsam 参数允许管理员选择用哪个后台来存储用户和组信息。这允许在不同的存储机制之间进行交换，而无须重新编译。选项值可分为两部分，即后台名称和用户数据库文件存放的目录，中间用冒号隔开。passdb backend 就是用户后台的意思，目前有 3 种后台，即 smbpasswd、tdsam 和 ldapsam。

(1) smbpasswd：老式的明文 passdb 后台。如果使用这个 passdb 后台，一些 Samba 特性将不起作用。用户数据库 smbpasswd 文件需要用 smbpasswd 命令手工创建，默认在/var/lib/samba/private 目录下。

(2) tdbsam：基于 TDB 的密码存储后台。用户数据库 passdb.tdb 文件需要用 smbpasswd 命令手工创建，默认在/var/lib/samba/private 目录下。

(3) ldapsam：该方式是通过基于 LDAP 的账户管理方式来验证用户。首先要建立 LDAP 服务，然后在 smb.conf 文件中把此选项设置为"passdb backend＝ldapsam：ldap：//

LDAP Server"。

10. smb passwd file＝

smb passwd file＝参数用于设置密码文件 smbpasswd 的路径，即针对 passdb backend＝smbpasswd 的有效。

11. guest account＝

guest account＝参数设置用于指定为 guest ok 访问服务的用户名。此用户拥有的任何权限都将对连接到来宾服务的任何客户端可用，且必须存在于密码文件中，但不需要有效的登录名。对于此参数，用户账户 ftp 通常是一个不错的选择。此参数不接受宏，因为系统的有些地方只有在此值为常量的情况下才能正确操作。

12. username map＝

username map＝参数用于指定包含从客户端到服务器的用户名映射的文件。详见后述。

13. domain master＝yes

将 Samba 服务器定义为域的主浏览器，domain master＝yes 参数允许 Samba 跨子网浏览列表。如果已经有一台 Windows 域控制器，则不要使用此参数。

14. domain logons＝yes

如果要 Samba 服务器成为 Windows 等工作站的登录服务器，使用 domain logons＝yes 参数。设置此参数后，可以设置紧跟其后的登录脚本，如 logon script＝％m.bat 等。

15. local master＝no

local master＝no 参数用于设置是否允许 nmdb 守护进程成为局域网中的主浏览器。将该参数设置为 yes，并不能保证 Samba 服务器成为网络中的主浏览器，只是允许 Samba 服务器参加主浏览器的选举。

16. os level＝33

os level＝33 参数用于设置 Samba 服务器参加主浏览器选举的优先级，取值为整数，如设置为 0，则表示不参加主浏览器选举，默认为 33。

17. preferred master＝yes

设置 preferred master＝yes 参数后，preferred master 可以在服务器启动时强制选择本地浏览器，同时服务器也会享有较高的优先级。默认不使用此功能。

18. wins support＝no

wins support＝no 参数用于设置是否使 Samba 服务器成为网络中的 WINS 服务器，以支持网络中 NetBIOS 名称解析。

19. wins proxy＝no

wins proxy＝no 参数用于设置 Samba 服务器是否成为 WINS 代理。在拥有多个子网的网络中，可以在某个子网中配置一台 WINS 服务器，在其他子网中各配置一个 WINS 代理，以支持网络中所有计算机上的 NetBIOS 名称解析。

20. dns proxy＝yes

dns proxy＝yes 参数可用来决定是否将服务器作为 DNS 代理，即代表名称查询客户端向 DNS 服务器查找 NetBIOS 名称。

21. printing＝cups

printing＝cups 参数控制如何在系统上解释打印机状态信息，即定义打印系统。目前支持的打印系统包括 cups、bsd、sysv、plp、lprng、aix、hpux、qnx 和 iprint 九种。

22. load printers＝yes

load printers＝yes 参数用于决定是否自动加载 printcap 中的打印机列表，值为 yes 时，表示自动加载，这样就不需要单独设置每台打印机了。

23. cups options＝raw

cups options＝raw 参数仅适用于将打印设置为 CUPS。它的值是直接传递给 CUPS 库的自由形式的选项字符串。

24. printcap name＝/etc/printcap

printcap name＝/etc/printcap 参数用来设置开机时自动加载的打印机配置文件及路径，系统默认为/etc/printcap。这与参数 printcap 的含义相同。

25. max disk size＝0

max disk size＝0 参数允许设置使用磁盘空间的上限。如果将此选项设置为 100，则所有共享的空间将不会大于 100MB。

26. log file＝/var/log/samba/log.％m

log file＝/var/log/samba/log.％m 参数设置日志文件存放路径，Samba 服务器为每个登录的用户建立不同的日志文件，存放在/var/log/smba 目录下。

27. max log size＝50

max log size＝50 参数用来设置每个日志文件的最大限制为 50KB。一般来说保持默认设置即可。如果取值为 0，则表示不限制日志文件的存储容量。

9.3.3　普通共享参数

普通共享参数可用于[homes]节、[printers]节和用户自定义的共享目录部分，其常用参数的含义说明如下。

1. comment＝

共享备注，comment＝是一个文本字段，当客户端通过网络邻居或网络视图查询服务器时，可以在共享旁边看到，以列出可用的共享。

2. path＝

path＝参数指定将授予用户具有访问权限的共享路径，此路径是共享资源的绝对路径。这与参数 directory 的含义相同。

3. browseable＝yes

browseable＝yes 参数控制共享资源是否显示在网络视图中的可用共享列表和浏览列表中。这与参数 browsable 的含义相同。

4. browse list＝yes

browse list＝yes 参数控制是否将浏览列表提供给运行 NetServerEnum 调用的客户端。通常设置为 yes。用户一般不要改变此参数。

5. read only＝yes

与 writeable 相反，如果 read only＝yes 参数为 yes，则使用 Samba 服务的用户不能创

建或修改服务目录中的文件。

6. read list＝

read list＝参数设定列表内的用户对服务有只读访问权限。如果连接用户在此列表中，则无论只读选项设置为什么，都不会授予他们写访问权限。列表可以使用 invalid users 参数中描述的语法格式的组名。

7. writeable＝no

与 read only 相反，如果 writeable＝no 参数为 no，则使用 Samba 服务的用户不能创建或修改服务目录中的文件。这与参数 writable、write ok 的含义相同。

8. write list＝

write list＝参数设定列表内用户对服务有读写访问权限。如果连接用户在此列表中，则无论只读选项设置为什么，都将授予他们写访问权限。列表可以使用@group 语法格式的组名。需要注意的是，如果用户同时在读列表和写列表中，那么他们将被授予写访问权限。

9. guest ok＝no

如果 guest ok＝no 参数设置为 yes，则连接到服务器时不需要密码。将使用 guest 账户的权限。此设置将使 restrict anonymous＝2 的设置无效。这与参数 pubilc 的含义相同。

10. guest only＝no

如果将 guest only＝no 参数设置为 yes，则只允许 guest 用户与服务器连接。如果没有设置 guest ok 选项，则此参数将不起作用。这与参数 only guest 含义相同。

11. valid users＝

valid users＝参数设置允许登录到此服务的用户列表。以@、＋和 & 开头的名称使用与 invalid users 参数中的规则相同。如果该值为空（默认值），则任何用户都可以登录。如果用户名同时在此列表和 invalid users 列表中，则拒绝该用户的访问。

12. keepalive＝300

参数的值（整数）表示保持活动时间的秒数。如果 keepalive＝300 参数为 0，则不发送保持活跃的分组。发送 keepalive 包是服务器判断客户端是否仍然存在并响应。一般情况下，只有在遇到问题时才使用这个参数。

13. max connections＝0

max connections＝0 参数用来限制同时连接服务器的数量。如果设置最大连接数不为 0，则如果达到此服务连接数，则将拒绝连接。值为 0 意味着可以建立无限数量的连接。

14. printable＝no

printable＝no 参数设置是否允许访问用户使用打印机。如要允许打印，则设置为 printable＝yes。这与参数 print ok 含义相同。

15. create mask＝0744

create mask＝0744 参数设置用户对在此共享目录下创建文件的默认访问权限。通常是以数字表示，如 0604，代表文件所有者对新创建的文件具有可读可写权限，其他用户具有可读权限，而所属组成员不具有任何访问权限。这与参数 create mode 的含义相同。

16. directory mask＝0755

directory mask＝0755 参数设置用户对在此共享目录下创建子目录的默认访问权限。

通常是以数字表示,如 0765,代表目录所有者对新创建的子目录具有可读、可写和可执行权限,所属组成员具有可读可写权限,其他用户具有可读和可执行权限。这与参数 directory mode 的含义相同。

17. inherit acls＝no

inherit acls＝no 参数可用于确保如果父目录上存在默认 ACL,则在这些父目录中创建新文件或子目录时始终遵循这些 ACL。默认行为是使用创建目录时指定的 unix mode。启用此选项会将 unix mode 设置为 0777,从而保证传播默认目录 ACL。

18. map archive＝no

map archive＝no 参数用来设置是否变换文件的归档属性,默认是 no,以防止把共享文件的属性弄乱以影响访问权限。紧跟其后的 hidden、read only、system 属性也是如此。

19. force group＝

force group＝参数指定一个 UNIX 组名称,该名称将被分配给连接到该服务的所有用户的默认主组。确保对服务上的所有文件的访问都将使用命名组进行权限检查,这对于共享文件非常有用。因此,通过将此组的权限分配给此服务中的文件和目录,Samba 管理员可以限制或允许共享这些文件。如果 force user 参数也被设置,则在 force group 中指定的组将推翻 force user 中的主组。

20. force user＝

force user＝参数将指定一个 UNIX 用户名,该用户名将被指定为连接到此服务的所有用户的默认用户,这对共享文件很有用。不正确使用它会导致安全问题。此用户名仅在建立连接后使用,因此,客户端仍然需要以有效用户身份连接并提供有效密码。无论客户端连接的用户名是什么,一旦连接,所有文件操作都将以"强制用户"的身份执行。此参数还能将强制用户的主组用作所有文件活动的主组。

9.3.4 管理 Samba 用户

如果采用 Samba 的默认安全级别(sercurity＝user),需要为 Samba 添加用户账号才能正常访问。以下介绍涉及的两个文件。

1. 添加 Samba 用户

无论是使用 smbpasswd 后台还是 tdbsam 后台,均需要把系统本地用户添加到 Samba 用户数据库中才能使用。将 Linux 系统账号添加到 Samba 用户数据库的命令格语法式如下:

```
smbpasswd -a linux 系统用户名
```

例如:

```
# useradd wu                    //添加系统账号 wu
# smbpasswd -a wu               //添加为 Samba 账号 wu
```

2. 用户映射

所谓用户映射是将 Windows 系统中使用的用户名映射到 Linux 系统中使用的用户名,或者将多个用户映射到一个用户名,以便更方便地使用共享文件。做了映射后的 Windows 账号,在连接 Samba 服务器时,就可以直接使用 Windows 账号进行访问。

设置用户映射需要先在 Samba 主配置文件中修改全局参数 username map ＝,通过该参数指定一个映射文件，如 username map ＝/etc/samba/smbusers。然后编辑/etc/samba/sambusers 文件，将需要进行映射的用户添加到文件中，格式如下：

> linux 账号 = Windows 账号列表

账号列表中的用户名需用空格分隔。该格式表明，多个 Windows 用户账号可以映射为同一个 Samba 账号，如 root＝admin administrator。

9.3.5　配置实例

在本示例中配置了两个共享目录，即/share 和/program，Samba 服务器要求进行身份验证，允许 192.168.10.0 网段对/usr/share 共享目录具有只读访问权限，仅允许 root 组成员和 wu 用户对/etc/program 共享目录具有写入权限，来宾账户使用 wu 账户。操作方法如下。

1. 前期准备

```
#useradd wu                          //添加 wu 用户
#smbpasswd -a wu                     //添加 wu 为 Samba 用户
#mkdir /share                        //创建共享文件夹 share
#mkdir /program                      //创建共享文件夹 program
#chmod o+w /program                  //修改文件夹 program 权限
```

2. 编辑 Samba 服务主配置文件 smb.conf

```
#vi /etc/samba/smb.conf
[global]
workgroup=wl                         //设置 Samba 服务器所属工作组为 wl
server string=File Server            //此服务器的描述为 File Server
netbio sname=Sambaserver             //设置服务器名字为 Sambaserver
security=user                        //指定 Samba 服务器的工作模式为 user
passdb backend =tdbsam               //指定存储账号的后台
guest account=wu                     //指定 wu 作为 guest 账号

[share]
comment=All user'sshare directory
path=/share                          //指定共享资源所在位置
public=no                            //指定该共享目录不允许匿名访问
hosts allow =192.168.10.             //允许来自 192.168.10.0 网段的主机连接
readonly=yes                         //指定该共享目录只能以只读方式访问

[program]
comment=Program Files
path=/program
valid users=@root wu                 //指定允许访问该共享目录的用户账户为 root 组成
员和账户 wu
guestok=yes                          //允许以来宾账户访问
writable=yes                         //允许用户对该共享目录具有读取和写入权限
```

把有关选项分别添加到默认的主配置文件 smb.conf 的对应部分，同时，可用"＃"符号注释掉或删除有冲突的语句。

3. 检查配置文件

编辑 Samba 主配置文件并保存退出后，可以用 testparm 命令测试配置的文件中的语法是否正确，同时将可能出错的地方列出来。命令语法格式如下：

testparm［选项］［配置文件］［hostname hostIP］

选项：-s 表示如果没有这个选项，将先列出共享名，按 Enter 键后再列出共享定义项；-v 表示将没有在配置文件中设置的选项及其默认值一起显示出来；-V 表示显示此命令的版本信息。

参数：hostname hostIP 需成对出现，用于测试该 IP 地址（hostIP）对应的主机名（hostname）是否可以访问 Samba 服务器。

例如，对以上的配置可以以下测试：

```
# testparm
Load smb config files from /etc/samba/smb.conf
Loaded services file OK.
Server role:ROLE_STANDALONE
Press enter to see a dump of your service definitions
...
```

由以上的输出结果中显示 Loaded services file OK.，表示配置文件正确。再按 Enter 键，会显示当前主配置文件中的有效设置。

4. 查看资源使用情况

（1）配置文件编辑无误后需重启服务以便客户端访问。

```
# systemctl restart smb.service
```

（2）当 Samba 服务器将资源共享之后，可在服务器端使用 smbstatus 命令查看 Samba 当前资源被使用的情况。例如：

```
# smbstatus
Samba version 4.13.13-Debian
PID      Username  Group    Machine          Protocol Version Encryptin Signing
----     --------  ------   --------         ---------------- --------- -----
2984     wu        wu       192.168.10.50 SMB3_11           -         -
Service pid         machine  connected at                   Encryptin Signing
------  -----      ---------  ------------------------       --------- ----
share   2984       192.168.10.50  Thu Mar 24 00:30:11 2011       -         -
No locked files
```

以上信息显示名为 wu 的用户正在使用 IP 地址为 192.168.10.50 的计算机进行连接，屏幕显示的 No locked files（无锁定文件）信息，说明 wu 未对共享目录中的文件进行编辑，否则显示正在被编辑文件的名称。

9.4　Samba 应用实例

9.4.1　Windows 客户机访问 Samba 共享资源

Windows 计算机需要安装 TCP/IP 和 NetBIOS 协议，才能访问到 Samba 服务器提供的文件和打印机共享。如果 Windows 计算机要向 Linux 或 Windows 计算机提供文件共享,那么在 Windows 计算机上不仅要设置共享的文件夹,还必须设置 Microsoft 网络的文件和打印机共享。

在 Windows 客户机上访问 Samba 服务器有两种常用的方法:一是通过"网上邻居"访问,二是通过 UNC 路径访问。

通过"网上邻居"的方法比较直观。如图 9-1 所示,在 Windows 计算机的桌面上双击"网络"图标,可找到 Samba 服务器。双击 Samba 服务器图标,如果该 Samba 服务器的安全级别为 share,那么将直接显示出 Samba 服务器所提供的共享目录。

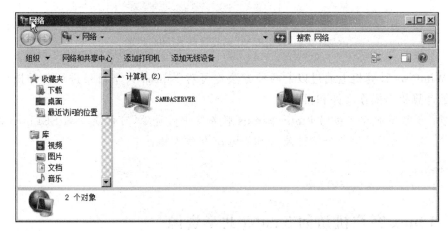

图 9-1　通过"网上邻居"访问 share 级 Samba 服务器

如果 Samba 服务器的安全级别是 user,那么首先会出现"输入网络密码"对话框,如图 9-2 所示,输入 Samba 用户名和口令后将显示 Samba 服务器提供的共享目录。

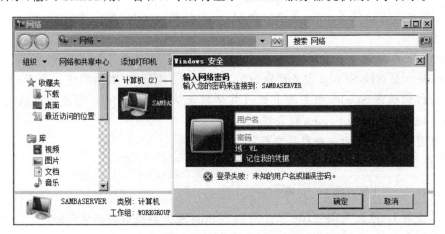

图 9-2　通过"网上邻居"访问 user 级 Samba 服务器

利用"网上邻居"访问 Samba 资源的方法虽然直观,但是由于"网上邻居"浏览列表服务器不能及时刷新 Samba 工作组的图标,有一段时间的延迟,所以有时不能及时在"网上邻居"中找到 Samba 服务器,在这种情况下,可以使用第二种方法。

利用 UNC 路径访问 Samba 共享的方法是在 Windows 运行窗口、搜索栏或资源管理器

163

地址栏中直接输入"\\Samba 服务器 IP 地址",如\\192.168.10.100,注意此处加两个反斜杠,如图 9-3 所示。

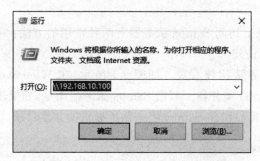

图 9-3　利用 UNC 路径访问 Samba 共享

在 Windows 计算机上通过以上两种方法均可对 Samba 共享目录进行各种操作,就如同在本地计算机上操作文件和目录。

注意:如果不能正常访问 Linux Samba 服务器中的资源,可能是受到 SELinux 或防火墙的影响,可以使用以下命令临时关闭 SELinux 和防火墙:

```
#setenforce 0
#systemctl stop firewlled
```

9.4.2　Linux 客户机访问 Samba 共享资源

Linux 客户机在桌面环境下访问 Samba 共享资源的方法与 Windows 客户机相似。但使用桌面环境下的图形方式需安装相应的工具软件,可达到 Windows 中的"网上邻居"的效果,在此不再赘述。

在文本方式下访问 Samba 共享资源时,可以使用 Samba 客户端命令,即 smbclient、smbget 等。

1. smbclient 命令

smbclient 是访问 Samba 服务器资源的客户程序。该程序提供的接口与 FTP 程序类似,访问操作包括在 Samba 服务器上查看共享目录信息,从 Samba 服务器下载文件到本地,或从本地上传文件到 Samba 服务器。

1) 使用 smbclient 命令查看共享资源

命令语法格式如下:

```
smbclient -L 主机名或 IP -U 用户名
```

例如,查看 IP 地址为 192.168.10.100 的 Samba 服务器提供的共享资源。

```
#smbclient -L 192.168.10.100 -U wu
Enter wl\wu's password:
    Sharename       Type        Comment
    ---------       ----        -------
    share           Disk        All's user's share directory
    program         Disk        Program Files
    IPC$            IPC         IPC Service (File Server)
```

```
        wu                Disk          Home Directories
Reconnecting with SMB1 for workgroup listing.
        Server            Comment
        --------          -------

        Workgroup         Master
        --------          ------
```

如果在命令行中不指定用户，则默认为 root 用户；如果在提示输入 root 密码行中不输入密码，则默认尝试使用匿名用户。

2）使用 smbclient 命令使用共享资源

命令语法格式如下：

smbclient //服务器名/共享名［密码］-U 用户名

例如，访问该机器上的某一共享目录（如 share）。

```
#smbclient //192.168.10.100/share -U wu
Enter wl\wu's passwd:
Try "help" to get a list of possible commands.
smb:\> ?
?               allinfo         altname    archive   backup
cancel          case_sensitive  cd         chmod     chown
...
```

上面的示例进入了 Samba 客户端子命令环境。利用各子命令可对共享目录进行各种操作，如文件的上传、下载等，其用法类似于 FTP 客户端用法。

2. smbget 命令

smbget 命令能够直接将 Samba 服务器或 Windows 上开放的共享资源下载到本地文件系统中。smbget 命令语法格式如下：

smbget［选项］　smb 地址［-U 用户］

选项：-a 表示使用 guest 用户；-R 表示使用递归下载目录；-r 表示自动恢复中断的文件；-U 表示使用用户名。

smb 地址：使用"smb://host/share/path/to/file"的形式。

例如：

```
#smbget -R smb://192.168.10.100/nc -U wu
                            //匿名递归下载服务器 192.168.10.100 上的共享目录 nc
#smbget -Rr smb://sambaserver    //匿名下载服务器 sambaserver 上的所有共享目录
```

9.4.3　Linux 客户机访问 Windows 共享资源

Linux 也可以利用 SMB 访问 Windows 共享资源。在桌面环境下访问 Windows 共享资源的方法较为简单，选择"活动"→"文件"→"其他位置"→"Windows 网络"命令，将显示计算机 Linux 所处局域网中的所有计算机，单击要访问的 Windows 主机即可。

也可以采用命令方式来访问 Windows 的共享资源。例如，要查询 Windows 主机 192.168.10.50 上的共享资源，可以输入命令：

\#smbclient -L 192.168.10.50 -U administrator

实　　训

1. 实训目的

掌握 Samba 服务器的安装、配置与调试,实现同一网络中 Linux 主机与 Windows 主机以及 Linux 主机与 Linux 主机之间的资源共享。

2. 实训内容

(1) 安装 Samba 软件包并启动 Samba 服务;使用 smbclient 命令测试 smb 服务是否正常工作。

(2) 利用 useradd 命令添加 wu、liu 用户,但并不设定密码。这些用户仅用来通过 Samba 服务访问服务器。为了使用户在 shadow 中不含有密码,这些用户的 Shell 可设定为/sbin/nologin。

(3) 利用 smbpasswd 命令为上述用户添加 Samba 访问密码。

(4) 利用 wu 和 liu 用户在 Windows 客户端登录 Samba 服务器,并试着上传文件。观察实验结果。

(5) 在 Linux 中访问 Windows 中共享的资源。

3. 实训总结

通过此次的上机实训,使用户掌握在 Linux 上安装与配置 Samba 服务器,从而实现不同操作系统之间的资源共享。

习　　题

一、选择题

1. Samba 服务器的默认安全级别是(　　)。

　　A. share　　　　　　B. user　　　　　　C. server　　　　　　D. domain

2. 编辑修改 smb.conf 文件后,使用以下(　　)命令可测试其正确性。

　　A. smbmount　　　　B. smbstatus　　　　C. smbclient　　　　D. testparm

3. Samba 服务器主要由两个守护进程控制,它们是(　　)。

　　A. smbd 和 nmbd　　　　　　　　　　B. nmbd 和 inetd

　　C. inetd 和 smbd　　　　　　　　　　D. inetd 和 httpd

4. 以下可启动 Samba 服务的命令有(　　)。

　　A. systemctl status smb　　　　　　B. /etc/samba/smb start

　　C. service smb stop　　　　　　　　D. systemctl start smb

5. Samba 的主配置文件是(　　)。

　　A. /etc/smb.ini　　　　　　　　　　B. /etc/smbd.conf

　　C. /etc/smb.conf　　　　　　　　　　D. /etc/samba/smb.conf

6. 利用(　　)命令可以对 Samba 的配置文件进行语法检查。

　　A. smbclient　　　　B. smbpasswd　　　　C. testparm　　　　D. smbmount

二、简答题

1. 简述 smb.conf 文件的结构。

2. Samba 服务器有哪几种安全级别？

3. 如何配置 user 级的 Samba 服务器？

第 10 章　DNS 服务器配置与管理

域名系统(DNS)在 TCP/IP 网络中是一种很重要的网络服务,其用于将易于记忆的域名和不易记忆的 IP 地址进行转换。承担 DNS 解析任务的网络主机即为 DNS 服务器。本章详细介绍 DNS 服务的基本知识以及 DNS 服务器的安装、配置、测试与管理方法。

本章学习任务:

- 了解 DNS 功能、组成和类型。
- 掌握安装、启动 DNS 服务的方法。
- 掌握配置 DNS 服务器的方法。

10.1　DNS 服务器简介

10.1.1　域名及域名系统

任何 TCP/IP 应用在网络层都是基于 IP 实现的,因此必然要涉及 IP 地址。但是无论是 32 位二进制的 IP 地址还是 4 组十进制的 IP 地址都难以记忆,所以用户很少直接使用 IP 地址来访问主机。一般采用更容易记忆的 ASCII 字符串来代替 IP 地址,这种特殊用途的 ASCII 字符串被称为域名。例如,人们很容易记住百度网站的域名 www.baidu.com,但是极少有人知道或者记得百度网站的 IP 地址。使用域名访问主机虽然方便,却带来了一个新的问题,即所有的应用程序在使用这种方式访问网络时,首先需要将这种以 ASCII 字符串表示的域名转换为 IP 地址,因为网络本身只能识别 IP 地址。

在为主机标识域名时要解决 3 个问题:一是全局唯一性,即一个特定的域名在整个互联网上是唯一的,它能在整个互联网中通用,不管用户在哪里,只要指定这个名字,就可以唯一找到这台主机;二是域名要便于管理,即能够方便地分配域名,确认域名以及回收域名;三是高效地完成 IP 地址和域名之间的映射。

域名与 IP 地址的映射在 20 世纪 70 年代由网络信息中心(NIC)负责完成,NIC 记录所有的域名地址和 IP 地址的映射关系,并负责将记录的地址映射信息分发给接入因特网的所有最低级域名服务器(仅管辖域内的主机)。每台服务器上维护一个称为 hosts.txt 的文件,记录其他各域的域名服务器及其对应的 IP 地址。NIC 负责所有域名服务器上 hosts.txt 文件的一致性。主机之间的通信直接查阅域名服务器上的 hosts.txt 文件。但是,随着网络规模的扩大,接入网络的主机也不断增加,从而要求每台域名服务器都可以容纳所有的域名地址信息就变得极不现实,同时对不断增大的 hosts.txt 文件一致性的维护也浪费了大量的网络系统资源。

为了解决这些问题,1983 年,因特网开始采用层次结构的命名树作为主机的名字,并使用分布式的 DNS。因特网的 DNS 被设计成一个联机分布式配置系统,并采用客户机或服务器模式。DNS 使大多数名字都在本地解析,仅少量解析需要在因特网上通信,因此系统效率很高。由于 DNS 是分布式系统,即使单个计算机出了故障,也不会妨碍整个系统的正常运行。人们常把运行将主机域名解析为 IP 地址程序的机器称为域名服务器。

10.1.2　域名结构

在因特网上采用了层次树状结构的命名方法,任何连接在因特网上的主机或路由器,都有一个唯一的层次结构的名字,即域名(domain name)。

域名的结构由若干个字段组成,各字段之间用点隔开,最右边的点代表根域,其格式如下:

×××.三级域名.二级域名.顶级域名.

各字段分别代表不同级别的域名。每一级的域名都由英文字母和数字组成(不超过 63 个字符,并且不区分大小写),级别最低的域名写在最左边,而级别最高的根域则写在最右边。完整的域名不超过 255 个字符。域名系统既不规定一个域名需要包含多少个下级域名,也不规定每一级的域名代表什么意思。各级域名由其上一级的域名管理机构管理,而顶级域名则由因特网的有关机构管理。用这种方法可使每一个名字都是唯一的,并且也容易设计出一种查找域名的机制。需要注意,域名只是个逻辑概念,并不代表计算机所在的物理节点。

如图 10-1 所示为因特网名字空间的结构,它实际上是一个倒过来的树,树根在最上面,用点表示。树根下面一级的节点就是最高一级的顶级域节点。在顶级域节点下面的是二级域节点。最下面的叶节点就是单台计算机。图 10-1 列举了一些域名作为例子。凡是在顶级域名.com 下注册的单位都获得了一个二级域名。例如,图 10-1 中的有 cctv(中央电视台)、ibm、hp(惠普)、mot(摩托罗拉)等公司。在顶级域名.cn 下的二级域名的例子是:3 个行政区域名 hk(中国香港)、bj(北京)、he(河北)以及我国规定的 6 个类别域名。这些二级域名是我国规定的,凡是在其中的某一个二级域名下注册的单位就可以获得一个三级域名。图 10-1 中给出的.edu 下面的三级域名有:sjzpt(石家庄职业技术学院)、tsinghua(清华大学)、pku(北京大学)、fudan(复旦大学)等。一旦某个单位拥有了一个域名,它就可以自己决定是否要进一步划分其下属的子域,并且不必将这些子域的划分情况报告给上级机构。图 10-1 画出了在二级域名.cctv.com 下的中央电视台自己划分的三级域名 mail(域名为mail.cctv.com)以及在石家庄职业技术学院下的四级域名 mail 和 www(域名分别为 mail.sjzpt.edu.cn 和 www.sjzpt.edu.cn)等。域名树的树叶就是单台计算机的名字,它不能再继续往下划分子域。

10.1.3　域名服务器类型

域名服务器是整个域名系统的核心。域名服务器,严格地讲应该是域名名称服务器,它保存着域名称空间中部分区域的数据。

因特网上的域名服务器按照域名的层次来安排,每一个域名服务器都只对域名体系中

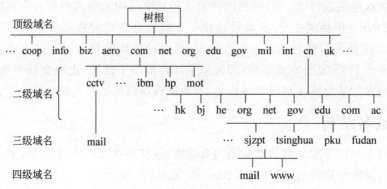

图 10-1　因特网名字空间的结构

的一部分进行管辖。域名服务器有以上三种类型。

1. 本地域名服务器

本地域名服务器也称默认域名服务器,当一个主机发出 DNS 查询报文时,这个报文就首先被送往该主机的本地域名服务器。在用户的计算机中,TCP/IP 设置的首选 DNS 服务器即为本地域名服务器。本地域名服务器离用户较近,一般不超过几个路由器之间的距离。当所要查询的主机也属于同一本地 ISP 时,该本地域名服务器能立即将所查询的主机名转换为它的 IP 地址,而不需要再去询问其他的域名服务器。

2. 根域名服务器

目前因特网上有 13 台 IPv4 根域名服务器,其中 1 台为主根服务器(在美国),由美国互联网机构 Network Solutions 运作。其余 12 台均为辅根服务器,其中 9 台在美国,2 台在欧洲(位于英国和瑞典),1 台在日本,这对我国网络造成很大安全隐患。当域名解析时,如果一台本地域名服务器不能立即回答某个主机的查询时,该本地域名服务器就以 DNS 客户的身份向某一根域名服务器查询。

如果根域名服务器有被查询主机的信息,就发送 DNS 回答报文给本地域名服务器,然后本地域名服务器再回答给发起查询的主机。即使根域名服务器没有被查询主机的信息,它也一定知道某个保存有被查询主机名字映射的授权域名服务器的 IP 地址。通常根域名服务器用来管辖顶级域(如.com)。根域名服务器并不直接对顶级域下面所属的域名进行转换,但它一定能够找到下面所有二级域名的域名服务器。

3. 授权域名服务器

每一个主机都必须在授权域名服务器处注册登记。通常,一台主机的授权域名服务器就是它的本地 ISP 的一个域名服务器。实际上,为了更加可靠地工作,一台主机最好有至少两个授权域名服务器。许多域名服务器同时充当本地域名服务器和授权域名服务器。授权域名服务器总是能够将其管辖的主机名转换为该主机的 IP 地址。

每个域名服务器都维护一个高速缓存,存放最近用过的名字以及从何处获得名字映射信息的记录。当客户请求域名服务器转换名字时,服务器首先按标准过程检查它是否被授权管理该名字。如果未被授权,则查看自己的高速缓存,检查该名字是否最近被转换过。域名服务器向客户报告缓存中有关名字和地址的绑定信息,并标志为非授权绑定,以及给出获得此绑定的服务器的域名。本地服务器同时也将服务器与 IP 地址的绑定告知客户。因此,客户可很快收到回答,但有可能信息已过时。如果强调高效,客户可选择接收非授权的回答信息并继续进行查询。如果强调准确性,客户可与授权服务器联系,并检验名字与地址间的绑定是否仍有效。

因特网允许各个单位根据本单位的具体情况将本单位的域名划分为若干个域名服务器管辖区(zone),一般就在各管辖区中设置相应的授权域名服务器。如图 10-2 所示,abc 公司有下属部门 X 和 Y,而部门 X 下面又分为三个分部门 u、v 和 w,而 Y 下面还有其下属的部门 T。

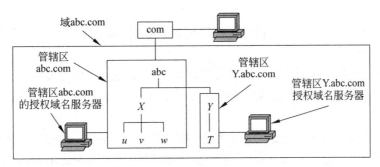

图 10-2　域名服务器管辖区的划分

10.1.4　域名的解析过程

1. DNS 解析流程

当使用浏览器阅读网页时,在地址栏输入一个网站的域名后,操作系统会调用解析程序(resolver,即客户端负责 DNS 查询的 TCP/IP 软件),开始解析此域名对应的 IP 地址,其流程如图 10-3 所示。

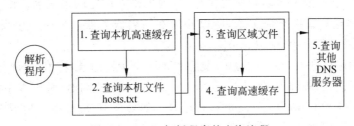

图 10-3　DNS 解析程序的查询流程

(1)先解析程序会去检查本机的高速缓存记录,如果从高速缓存内即可得知该域名所对应的 IP 地址,就将此 IP 地址传给应用程序。

(2)如果在本机高速缓存中找不到答案,接着解析程序会去检查本机文件 hosts.txt,看是否能找到相对应的数据。

(3)如果还是无法找到对应的 IP 地址,则向本机指定的域名服务器请求查询。域名服务器在收到请求后,会先去检查此域名是否为管辖区域内的域名。即检查区域文件,看是否有相符的数据,反之则进行下一步。

(4)如果在区域文件内找不到对应的 IP 地址,则域名服务器会去检查本身所存放的高速缓存,看是否能找到符合的数据。

（5）如果还是无法找到相对应的数据，就需要借助外部的域名服务器，这时就会开始进行域名服务器与域名服务器之间的查询操作。

上述过程主要使用两种查询模式，即客户端对域名服务器的查询（第（3）、第（4）步）及域名服务器和域名服务器之间的查询（第（5）步）。

1）递归查询

DNS 客户端要求域名服务器解析 DNS 名称时，采用的多是递归查询（recursive query）。当 DNS 客户端向 DNS 服务器提出递归查询时，DNS 服务器会按照下列步骤来解析名称。

（1）如果域名服务器本身的信息足以解析该项查询，则直接响应客户端其查询的名称所对应的 IP 地址。

（2）如果域名服务器无法解析该项查询，会尝试向其他域名服务器查询。

（3）如果其他域名服务器也无法解析该项查询，则告知客户端找不到数据。

2）循环查询

循环查询多用于域名服务器与域名服务器之间的查询方式。它的工作过程是：当第 1 台域名服务器向第 2 台域名服务器（一般为根域服务器）提出查询请求后，如果在第 2 台域名服务器内没有所需要的数据，则它会给第 1 台域名服务器提供第 3 台域名服务器的 IP 地址，让第 1 台域名服务器直接向第 3 台域名服务器进行查询。依此类推，直到找到所需的数据为止。如果到最后一台域名服务器都还没有找到所需的数据，则通知第 1 台域名服务器查询失败。

3）反向查询

反向查询的方式与递归型和循环型两种方式都不同，它是让 DNS 客户端利用自己的 IP 地址查询它的主机名称。

反向型查询是依据 DNS 客户端提供的 IP 地址来查询它的主机名。由于 DNS 域名与 IP 地址之间无法建立直接对应关系，所以必须在域名服务器内创建一个反向型查询的区域，该区域名称最后部分为 in-addr.arpa。

一旦创建的区域进入 DNS 配置中，就会增加一个指针记录，将 IP 地址与相应的主机名相关联。换句话说，当查询 IP 地址为 211.81.192.250 的主机名时，解析程序将向 DNS 服务器查询 250.192.81.211.in-addr.arpa 的指针记录。如果该 IP 地址在本地域之外，DNS 服务器将从根开始，顺序解析域节点，直到找到 250.192.81.211.in-addr.arpa。

当创建反向型查询区域时，系统就会自动为其创建一个反向型查询区域文件。

2. 域名解析的效率

为了提高解析速度，域名解析服务提供了两方面的优化，即复制和高速缓存。

复制是指在每个主机上保留一个本地域名服务器配置的副本。由于不需要任何网络交互就能进行转换，复制使本地主机上的域名转换非常快。同时，它也减轻了域名服务器的计算机负担，使服务器能为更多的计算机提供域名服务。

高速缓存是比复制更重要的优化技术，它可使非本地域名解析的开销大大降低。网络中每个域名服务器都维护一个高速缓存器，由高速缓存器来存放用过的域名和从何处获得域名映射信息的记录。当客户机请求服务器转换一个域名时，服务器首先查找本地域名到 IP 地址映射配置，如果无匹配地址，则检查高速缓存中是否有该域名最近被解析过的记录，如果有就返回给客户机;否则应用某种解析方式或算法解析该域名。为保证解析的有效性和正确性,高速缓存中保存的域名信息记录设置有生存时间,这个时间由响应域名询问的服务器给出,超时的记录就将从缓存区中删除。

3. DNS 完整的查询过程

图 10-4 显示了一个 DNS 客户端向指定的 DNS 服务器查询 www.sjzpt.edu.cn 的 IP 地址的过程,包含递归型和循环型两种类型的查询方式。查询的具体解析过程如下。

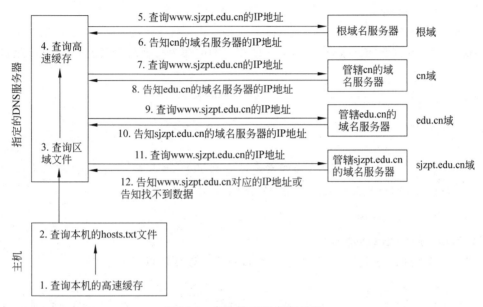

图 10-4　完整的 DNS 解析过程

域名解析使用 UDP,其 UDP 端口号为 53。提出 DNS 解析请求的主机与域名服务器之间采用客户机/服务器(C/S)模式工作。当某个应用程序需要将一个名字映射为一个 IP 地址时,应用程序调用一种名为解析器(resolver,参数为要解析的域名地址)的程序,由解析器将 UDP 分组传送给本地 DNS 服务器,由本地 DNS 服务器负责查找名字并将 IP 地址返回给解析器。解析器再把它返回给调用程序。本地 DNS 服务器以配置查询方式完成域名解析过程,并且采用了递归查询。

10.1.5　动态 DNS 服务

动态 DNS(域名解析)服务是将固定的互联网域名和动态(非固定)IP 地址实时对应(解析)的服务。相对于传统的静态 DNS 而言,它可以将一个固定的域名解析到一个动态的 IP 地址。简单地说,不管用户何时上网,以何种方式上网,得到一个什么样的 IP 地址以及 IP 地址是否会变化,它都能保证通过一个固定的域名就能访问到用户的计算机。

动态域名的功能就是实现固定域名到动态 IP 地址之间的解析。用户每次上网得到新的 IP 地址之后,安装在用户计算机里的动态域名软件就会把这个 IP 地址发送到动态域名解析服务器,更新域名解析配置。Internet 上的其他人要访问这个域名的时候,动态域名解析服务器会返回给他正确的 IP 地址。

10.2 安装 DNS 服务

Bind 是 Linux 中实现 DNS 服务的软件包。几乎所有 Linux 发行版都包含 Bind,在 Debian 11 中,其版本为 Bind 9.16.27,支持 ACL、IPv6 等新技术,功能有了很大的改善和提高。Bind 9 已成为 Internet 上使用最多的 DNS 服务器版本。

1. 安装 DNS 服务器

在进行 DNS 服务的配置操作之前,可使用下面的命令验证是否已安装了 Bind 组件。

```
#dpkg -l|grep bind9
ii bind9           ...                    //DNS 服务软件
ii bind9-host      ...                    //DNS 查询软件
ii bind9-utils     ...                    //DNS 服务支持软件
...
```

如果包含以上命令执行结果,表明系统已安装了 DNS 服务。如果未安装,可以用 apt 命令来安装或卸载 DNS 服务以及相关的软件包,具体操作如下:

```
#apt -y install bind9
```

2. 启动、停止 DNS 服务器

DNS 服务使用 Bind 进程,其启动、停止或重启可以使用以下命令:

```
#systemctl start named 或 systemctl start bind9         //启动 DNS 服务
#systemctl status named 或 systemctl status bind9       //查看 DNS 服务运行状态
#systemctl restart named 或 systemctl restart bind9     //重启 DNS 服务
#systemctl stop named 或 systemctl stop bind9           //停止 DNS 服务
```

10.3 配置 DNS 服务器

配置一台完整的服务器需要涉及多个配置文件,见表 10-1。其中最关键的主配置文件是/etc/bind/named.conf。DNS 服务的 named 守护进程运行时首先从 named.conf 文件获取其他配置文件的信息,然后按照各配置文件的设置内容提供域名解析服务。

表 10-1　DNS 服务器的主要配置文件

配 置 文 件	说　　明
/etc/bind/named.conf	主配置文件,用于指向其他配置文件
/etc/bind/named.conf.default-zones	默认区域配置文件,可用来定义需要解析的区域
/etc/bind/named.conf.options	全局选项配置文件,用于配置整台服务器的选项
正向区域解析配置文件	由 named.conf.default-zones 文件指定,用于实现区域内主机名到 IP 地址的解析
反向区域解析配置文件	由 named.conf.default-zones 文件指定,用于实现区域内 IP 地址到主机名的解析

此外,与域名解析有关的文件还有/etc/hosts、/etc/host.conf 和/etc/resolv.conf 等。本节分别介绍各种 DNS 服务器的配置文件以及与 DNS 解析相关的文件结构。

10.3.1　主配置文件

Bind 软件安装时会自动创建一系列文件,其中包含主配置文件/etc/bind/named.conf,打开后可看到主要内容如下:

```
#vi /etc/bind/named.conf
include "/etc/bind/named.conf.options"
include "/etc/bind/named.conf.local"
include "/etc/bind/named.conf.default-zones"
```

由以上内容可以看到,在 named.conf 文件中除了注释行外,起作用的是以 include 开头的 3 行,说明此配置文件指向(包含)了另外 3 个配置文件。在实际配置中,这个文件一般不用修改,保持默认即可。

10.3.2　选项配置文件

Bind 软件安装后将形成选项配置文件/etc/bind/named.conf.options,打开后可看到主要内容如下:

```
#vi /etc/bind/named.conf.options
options {
        // forwarders {                      //定义转发服务器
        //        0.0.0.0;
        // };
        dnssec-validation auto;              //定义是否进行 DNSSEC 验证
        listen-on-v6 { any; };               //定义服务侦听的 IPv6 地址
};
```

在 named.conf.options 配置文件中,除了注释行外,起作用的内容很少。在实际配置中,这个文件一般不用编辑,如果有特殊需要可以增减有关选项。

10.3.3　区域配置文件

Bind 软件安装后将形成默认区域配置文件/etc/bind/named.conf.default-zones,打开后可看到主要内容如下:

```
#vi /etc/bind/named.conf.default-zones
zone"."{                                    //定义"."(根)区域
        type hint;                          //区域类型为提示类型
        file "/usr/share/dns/root.hints";   //定义区域配置文件
};
zone"localhost" {                           //定义正向解析区域
        type master;                        //定义区域类型
        file "/etc/bind/db.local";          //定义区域配置文件
};
zone "127.in-addr.arpa" {                   //定义反向解析区域
        type master;                        //定义区域类型
        file "/etc/bind/db.127";            //定义区域配置文件
};
...
```

在 named.conf.default-zones 配置文件中,默认定义了多个解析区域。在这些默认定义的区域中,除了根区域外,其他区域可作为配置区域的模板。在实际配置 DNS 服务器时,可以直接编辑这个文件,在原区域基础上修改或增加配置区域,也可以按照区域定义格式编辑 named.conf 文件指向的 named.conf.local 文件。

在 named.conf.default-zones 配置文件中,最重要的是 zone 语句。zone 语句用于定义 DNS 服务器所服务的区域,其中包括区域名、区域类型和区域文件名等信息。默认配置的 DNS 服务器没有定义合法注册的区域,主要靠根提示类型的区域来找到 Internet 根服务器,并将查询的结果缓存到本地,进而用缓存中的数据来响应其他相同的查询请求,因此采用默认配置的 DNS 服务器就被称为缓存域名服务器。

zone 语句的基本格式如下:

```
zone "区域名"{
    type 子句;
    file 子句;
    其他配置子句;
};
```

以上每条配置语句均以";"结束,各选项说明如下。

(1) 区域名:根域名用"."表示。除根域名以外,通常每个区域都要指定正向区域名和反向区域名。正向区域名形如 wu.com,为合法的 Internet 域名;反向区域名形如 80.206.202.in-addr.arpa,由网段 IP 地址(202.206.80.0/24)的逆序形式加 in-addr.arpa 后缀而成,其中 arpa 是反向域名空间的顶级域名,in-addr 是 arpa 的一个下级域名。

(2) type 子句:说明区域的类型,区域类型可以是 master、slave、stub、forward 或 hint,各类型及其说明见表 10-2。

表 10-2　区域类型及其说明

类　型	说　　明
master	主 DNS 区域,指明该区域保存主 DNS 服务器信息
slave	辅助 DNS 区域,指明需要从主 DNS 服务器定期更新数据
stub	存根区域,与辅助 DNS 区域类似,但只复制主 DNS 服务器上的 NS 记录
forward	转发区域,将任何 DNS 查询请求重定向到转发语句所定义的服务器上
hint	提示区域,提示 Internet 根域名服务器的名称及对应的 IP 地址

(3) file 子句:指定区域配置文件的名称,应在文件名前后使用双引号。

10.3.4　区域配置文件和资源记录

除根域名以外,DNS 服务器在域名解析时对每个区域使用两个区域配置文件,即正向区域配置文件和反向区域配置文件。区域配置文件定义一个区域的域名和 IP 地址信息,主要由若干个资源记录组成。区域配置文件的名称可由 named.conf.default-zones 文件或 named.conf.local 文件中的 zone 语句指定,它可以是任意的,但通常使用域名作为区域配置文件名,以方便管理,如 wu.com 区域可对应一个名为 wu.com.zone 的区域配置文件。

1. 正向区域配置文件

正向区域配置文件实现区域内主机名到 IP 地址的正向解析,包含若干条资源记录。下面是一个典型的正向区域配置文件的内容(假定区域名为 wu.com):

```
$TTL        604800
@           IN      SOA     localhost. root.localhost.(
                            2        ;序列号
                            604800   ;刷新
                            86400    ;重试
                            2419200  ;过期
                            604800 ) ;否定缓存时间
@           IN      NS      localhost.
@           IN      A       127.0.0.1
@           IN      AAAA    ::1
computer    IN      A       10.0.0.2
            IN      MX 10   mail.wu.com.
www         IN      CNAME   computer.wu.com.
```

该区域文件中包含 SOA、NS、A、CNAME、MX 等资源记录类型,现说明如下。

1) SOA 记录

区域配置文件通常以被称为"授权记录开始(start of authority,SOA)"的资源记录开始,此记录用来表示某区域的授权服务器的相关参数,其基本格式如下:

```
@       IN      SOA     DNS 主机名  管理员电子邮件地址(
                        序列号
                        刷新时间
                        重试时间
                        过期时间
                        否定缓存时间)
```

(1) SOA 记录首先需要指定区域名称,通常使用"@"符号表示 named.conf.default-zones 文件中 zone 语句定义的域名,上面文件中的"@"表示 wu.com。由于"@"符号在区域文件中的特殊含义,管理员的电子邮件地址中可以不使用"@"符号,而使用"."符号代替。

(2) IN 代表 Internet 类,SOA 是起始授权类型。

注意:其后所跟的授权域名服务器如采用域名必须是完全标识域名(FQDN)形式,它以点号结尾,管理员的电子邮件地址也是如此。Bind 规定:在区域配置文件中,任何没有以点号结尾的主机名或域名都会自动追加"@"的值,即追加区域名以构成 FQDN。

(3) 序列号也称版本号,用来表示该区域配置的版本,它可以是任何数字,只要它随着区域中记录的修改而不断增大即可。辅助 DNS 服务器将会使用主 DNS 服务器的此参数。

(4) 刷新时间:指定辅助 DNS 服务器根据主 DNS 服务器更新区域配置文件的时间间隔。

(5) 重试时间:指定辅助 DNS 服务器如果更新区域文件时出现通信故障,多长时间后重试。

(6) 过期时间:指定辅助 DNS 服务器无法更新区域文件时,多长时间后所有资源记录无效。

（7）否定缓存时间：指定非权威响应资源记录信息存放在缓存中的时间。

以上时间的表示方法有两种。

① 数字形式：用数字表示，默认单位为秒，如 3600。

② 时间形式：可以指定单位为分钟（M）、小时（H）、天（D）、周（W）等，如 3H 表示 3 小时。

2）NS 记录

NS 记录用来指明该区域中 DNS 服务器的主机名或 IP 地址，是区域配置文件中不可缺少的资源记录。如果有一个以上的 DNS 服务器，可以在 NS 记录中将它们一一列出，这些记录通常放在 SOA 记录后面。由于其作用于与 SOA 记录相同的域，所以可以不写出域名，以继承 SOA 记录中"@"符号指定的服务器域名。假设服务器 IP 地址为 10.0.0.1，机器名为 dns，域名为 wu.com，则以下语句的功能相同：

```
          IN  NS @
          IN  NS 10.0.0.1.
          IN  NS dns.
          IN  NS dns.wu.com.              //需有对应的 A 记录
wu.com.   IN  NS dns.wu.com.              //需有对应的 A 记录
```

3）A 记录

A 记录指明区域内的主机域名和 IP 地址的对应关系，仅用于正向区域文件。A 记录是正向区域文件中的基础数据，任何其他类型的记录都要直接或间接地利用相应的 A 记录。这里的主机域名通常仅用其完整标识域名的主机名部分表示，如前所述，系统对任何没有使用点号结束的主机名都会自动追加域名，因此上面文件中的语句：

```
computer          IN A   10.0.0.2
```

等价于

```
computer.wu.com.  IN A   10.0.0.2
```

4）CNAME 记录

CNAME 记录用于为区域内的主机建立别名，仅用于正向区域文件。别名通常用于一个 IP 地址对应多个不同类型服务器的情况。上文中 www.wu.com 是 computer.wu.com 的别名。

利用 A 记录也可以实现别名功能，可以让多个主机名对应相同的 IP 地址。例如，为使 www.wu.com 成为 computer.wu.com 的别名，只要为它增加一个地址记录，使其具有与 computer.wu.com 相同的 IP 地址即可。

```
computer  IN  A   10.0.0.2
www       IN  A   10.0.0.2
```

5）MX 记录

MX 记录仅用于正向区域文件，它用来指定本区域内的邮件服务器主机名，这是邮件服务要用到的。其中的邮件服务器主机名可用 FQDN 形式表示，也可用 IP 地址表示。MX 记录中可指定邮件服务器的优先级别，当区域内有多个邮件服务器时，根据其优先级别决定邮件路由的先后顺序,数字越小,级别就越高。前面的正向区域文件中指定邮件服务器名为 mail.wu.com,表明任何发送到该区域的邮件(邮件地址的主机部分是"@"值)会被路由到该邮件服务器,然后发送给具体的计算机。

总之,正向区域配置文件都是以 SOA 记录开始,可以包括 NS 记录、A 记录、MX 记录等。

2. 反向区域配置文件

反向区域配置文件用于实现区域内主机 IP 地址到域名的映射。下面是一个典型的反向区域配置文件内容:

```
$TTL     604800
@        IN        SOA      localhost. root.localhost. (
                            2                ;Serial
                            604800           ;Refresh
                            86400            ;Retry
                            2419200          ;Expire
                            604800)          ;Negative Cache TTL
@        IN        NS       localhost.
2        IN        PTR      computer.wu.com.
3        IN        PTR      mail.wu.com.
```

将该文件与前面的正向区域配置文件进行对照就可以发现,它们的前两条记录 SOA 与 NS 记录是相同的。所不同的是,反向区域配置文件中并没有 A 记录、MX 记录和 CNAME 记录,而是使用了 PTR 记录类型。

PTR 记录类型又称指针类型,它用于实现 IP 地址与域名的逆向映射,仅用于反向区域文件。需要注意的是,该记录最左边的数字不以"."结尾,系统将会自动在该数字的前面补上"@"的值,即补上反向区域名称来构成 FQDN。因此,上述文件中的第一条 PTR 记录等价于:

```
2.0.0.10.in-addr.arpa.IN PTR computer.wu.com.
```

一般情况下,反向区域配置文件中除了 SOA 和 NS 记录外,绝大多数都是 PTR 类型的记录。每条 PTR 记录的第一项是逆序的 IP 地址,最后一项必须是一个主机的完全标识域名,后面一定以根域名"."结束。

10.4　DNS 服务器配置实例

假设需要配置一个符合下列条件的主域名服务器。

(1) 域名为 linux.net,网段地址为 192.168.10.0/24。

(2) 主域名解析服务器的 IP 地址为 192.168.10.10,主机名为 dns.linux.net。

(3) 需要解析的服务器包括 www.linux.net(192.168.10.11)、ftp.linux.net(192.168.10.12)和 mail.linux.net(192.168.10.13)。

配置过程如下。

1. 配置默认区域配置文件/etc/bind/named.conf.default-zones

在默认区域配置文件中需要修改以下内容：

```
#vi  /etc/bind/named.conf.default-zones
...
zone "linux.net." {                        //新建一个正向 linux.net 区域
     type master;                          //设置为主 DNS 服务器
     file "/etc/bind/linux.net.zone";      //指定区域文件的位置与名称
};

zone "10.168.192.in-addr.arpa." {         //新建一个反向 10.168.192.in-addr.arpa 区域
     type master;
     file "/etc/bind/10.168.192.zone";     //指定区域文件的位置与名称
};
```

2. 配置正向区域配置文件

在上面文件中指定的目录中创建指定的正向区域文件。为了加快创建速度和提高准确性，可以将此目录下的模板文件复制过来。

```
#cp  /etc/bind/db.empty /etc/bind/linux.net.zone
#vi  /etc/bind/linux.net.zone
$TTL    604800
@       IN    SOA    localhost. root.localhost. (
                     2
                     604800
                     86400
                     2419200
                     604800 )
@       IN    NS     localhost.
www     IN    A      192.168.10.11
ftp     IN    A      192.168.10.12
mail    IN    A      192.168.10.13
        IN    MX 10  @              //设置邮件交换器为当前域主机
```

3. 配置反向区域配置文件

配置反向区域配置文件与配置正向区域配置文件操作类似。操作步骤如下。

```
#cp  /etc/bind/db.empty /etc/bind/10.168.192.zone
#vi  /etc/bind/10.168.192.zone
$TTL    604800
@       IN    SOA    localhost. root.localhost. (
                     2
                     604800
                     86400
                     2419200
                     604800)
@       IN    NS     localhost.
11      PTR          www.linux.net.
12      PTR          ftp.linux.net.
13      PTR          mail.linux.net.
```

4. 重启动 DNS 服务

```
#systemctl restart named
```

5. 测试 DNS 服务

对 DNS 服务的测试既可以在 Windows 客户端进行,也可以在 Linux 客户端进行,为简化测试环境,也可在服务器上开启客户端配置。无论在什么环境下,首先应修改 TCP/IP 设置,使客户端指向要测试的 DNS 服务器。以下是在 Linux 客户端进行的测试。

```
#vim  /etc/resolv.conf
search linux.net                       //指明本机域名后缀为 linux.net
nameserver  192.168.10.10              //添加 DNS 服务器的 IP 地址
```

Bind 软件包为 DNS 服务的测试提供了 3 种工具,即 nslookup、dig 和 host,可选择自己熟悉的命令进行测试。

1) 使用 nslookup 命令测试

使用 nslookup 命令可以直接查询指定的域名或 IP 地址,还可以采用交互方式查询任何资源记录类型,并可以对域名解析过程进行跟踪。例如:

```
#nslookup
>mail.linux.net                        //测试正向资源记录
Server: 192.168.10.10                  //显示当前采用哪个 DNS 服务器来解析
Address:192.168.10.10#53

Name: mail.linux.net
Address: 192.168.10.13
>192.168.10.12                         //测试反向资源记录
12.10.168.192.in-addr.arpa  name =ftp.linux.net.
>set type=mx                           //改变要查询的资源记录类型为 mx
>mail.linux.net
Server: 192.168.10.10
Address: 192.168.10.10#53

mail.linux.net mail exchanger =10 linux.net.
>set debug                             //打开调试开关,将显示详细的查询信息
>mail.linux.net
Server: 192.168.10.10
Address: 192.168.10.10#53

...
    QUESTIONS:                         //查询的内容
        mail.linux.net, type =MX, class =IN
    ANSWERS:                           //回答的内容
    ->   mail.linux.net
         mail exchanger =10 wu.com.
         ttl =86400
    AUTHORITY RECORDS:                 //授权记录
    ->   wu.com
         nameserver =wu.com.
         ttl =86400
```

```
ADDITIONAL RECORDS:                        //附加记录
    ->    wu.com
          internet address =127.0.0.1
          ttl =86400
    ->    wu.com
          has AAAA address ::1
          ttl =86400
...
computer.wu.com mail exchanger =10 wu.com.
>set nodebug                               //关闭调试开关,以不影响正常测试
>server 192.168.100.1                      //使用 server 命令临时更改 DNS 服务器地址
Default server: 192.168.100.1
Address: 192.168.100.1#53
>exit                                      //退出 nslookup 命令状态
```

在交互方式查询中,可以用 set type 命令来指定任何资源记录类型,包括 SOA、MX、NS、PTR 等。查询命令中的字符不区分大小写。如果发现错误,就需要修改相应文件,然后重新启动 named 进程再次进行测试。

2) 使用 dig 命令测试

dig 命令是一个较为灵活的命令行方式的域名信息查询命令,默认情况下 dig 执行正向查询,如需反向查询,需要加上选项-x。例如:

```
#dig www.linux.net
; <<>> DiG 9.16.27-Debian <<>> www.linux.net
; global options: +cmd
; Got answer:
; ->>HEADER<< -opcode: QUERY, status: NOERROR, id: 60350
; flags: qr aa rd ra; QUERY: 1, ANSWER: 1, AUTHORITY: 1, ADDITIONAL: 3
; QUESTION SECTION:
;www.linux.net.                 IN      A

; ANSWER SECTION:
www.linux.net.          86400  IN      A       192.168.10.11

; Query time: 3 msec
; SERVER: 192.168.10.10#53(192.168.10.10)
; WHEN: Tue Mar 22 07:09:28 2022
; MSG SIZE rcvd: 81
```

3) 使用 host 命令测试

host 命令可以用来做简单的主机名的信息查询,其用法与 dig 命令类似,以检查服务器配置正确与否。

```
#host ftp.linux.net                        //测试正向资源记录
ftp.linux.net has address 192.168.10.12
#host 192.168.10.12                        //测试反向资源记录
12.10.168.192.in-addr.arpa domain name pointer ftp.linux.net.
#host -a mail.linux.net                    //选项-a 表示显示详细的查询信息
Trying "mail.linux.net"
; -> > HEADER< < -opcode: QUERY, status: NOERROR, id: 2952
```

```
; flags: qr aa rd ra; QUERY: 1, ANSWER: 2, AUTHORITY: 1, ADDITIONAL: 2,

; QUESTION SECTION:                              //查询段
;mail.linux.net.             IN      ANY

; ANSWER SECTION:                                //回答段
mail.linux.net.        10800   IN      A       192.168.10.13
mail.linux.net.        10800   IN      MX      10  linux.net.

Received 123 bytes from 192.168.1.119#53 in 36 ms
```

10.5　DNS 管理工具

DNS 是一个较复杂的系统,配置 DNS 服务对于 Linux 新手来说是一个挑战,一不小心就有可能使系统不能正常运行。DNS 配置出现的许多问题都会引起相同的结果,但大多数问题是由于配置文件中的语法错误而导致的。DNS 是由一组文件构成的,所以可以采用不同的工具检查对应文件的正确性。

1. named-checkconf

功能：通过检查 named.conf 语法的正确性来检查 named 文件的正确性。对于配置正确的 named.conf 文件,named-checkconf 不会显示任何信息。

命令语法格式如下：

```
named-checkconf［选项］［文件名]
```

选项：-h 表示显示帮助信息;-p 表示列出 named.conf 文件的内容;-v 表示显示命令版本。

例如：

```
#named-checkconf
/etc/named.conf:23: unknown  option  'flie'
```

上面信息说明在第 23 行有一个错误,原来是把 file 错误拼写为 flie。找到错误原因后,用 vi 修改配置文件,就可以很快排除故障。

2. named-checkzone

功能：通过检查区域对应的区域文件语法的正确性,来检查区域文件是否有错。named-checkzone 如果没有检查到错误,会返回一个简单的 OK 提示。

命令语法格式如下：

```
named-checkzone［选项］　区域名　区域文件名
```

选项：-q 表示安静模式;-d 表示启用调试模式;-c 指定区域的类别。如果没指定,就使用 IN。

例如：

```
#named-checkzone linux.net  linux.net.zone
```

```
dns_rdata_fromtext: linux.net.zone:11  near '192.168.1.300':bad  dotted  quad
zone linux.net/IN: loading from master file linux.net.zone failed:bad  dotted  quad
zone linux.net/IN: not loaded due to errors.
```

上面信息说明在第 11 行出现了错误，可能是设定了一个错误 IP 地址。而且由于错误设置没能将 linux.net 区域加载。查看/var/named/linux.net. zone 文件可找出故障进而排除它。

3. rndc

功能：rndc 是 Bind 安装包提供的一种控制域名服务运行的工具，它可以根据管理员的指令对 named 进程进行远程控制，此时，管理员不需要 DNS 服务器的根用户权限。

使用 rndc 可以在不停止 DNS 服务器工作的情况进行数据的更新，使修改后的配置文件生效。在实际情况下，DNS 服务器是非常繁忙的，任何短时间的停顿都会给用户的使用带来影响。因此，使用 rndc 工具可以使 DNS 服务器更好地为用户提供服务。

rndc 与 DNS 服务器进行连接时，需要通过数字证书进行认证，而不是传统的用户名/密码方式。rndc 和 named 都只支持 HMAC-MD5 认证算法，在通信两端使用共享密钥。rndc 在连接通道中发送命令时，必须使用经过服务器认可的密钥加密。为了生成双方都认可的密钥，可以使用 rndc-confgen 命令产生密钥和相应的配置，再把这些配置分别放入 DNS 主配置文件/etc/named.conf 和 rndc 的配置文件/etc/rndc.conf 中。

命令语法格式如下：

```
rndc［-c config］［-s server］［-p port］［-y key］ command
```

其中，常用的 command(命令)包括以下几个。

(1) reload zone［class［view］]：重新装入指定的配置文件和区域数据文件。

(2) refresh zone［class［view］]：按计划维护指定的区域数据文件。

(3) reconfig：重新装入配置文件和区域数据文件，但是不装入原来的区域数据文件，即使这个数据文件已经改变。这比完全重新装入要快，当有许多区域数据文件时，它比较有效，因为它避免了检查区域文件是否改变。

(4) stats：把服务器统计信息写到统计文件中。

(5) status：显示服务器运行状态。

(6) stop：停止域名服务的运行，一定要确定动态更新的内容和 IXFR 已经存入主管理文件。

(7) dumpdb：将服务器缓存中的内容存成一个 dump 文件。

(8) querylog：是否记录查询日志。

(9) halt：立即停止运行服务。最近动态更新的内容和 IXFR 不会存入主文件，但当服务重新开始时，它会从日程文件(journal files)中继续。

(10) trace：增加一级服务器的 debug 等级。

(11) trace level：把服务器的 debug 等级设置成一个数。

(12) notrace：将服务器的 debug 级别设为 0。

(13) flush：清理服务器缓存。

例如：

```
#rndc  reload  linux,net          //重新加载 linux.net 域
```

实　　　训

1. 实训目的

根据提供的环境,学习并掌握 Linux 下主 DNS、辅助 DNS 和转发器 DNS 服务器的配置与调试方法。

2. 实训内容

配置一个主 DNS 服务器,其主机名为 DNS,IP 地址为 192.168.10.1,负责解析的域名为 shixun.com,需完成以下资源记录的正向与反向解析。

(1) 主机记录 www,对应 IP 地址为 192.168.10.3。

(2) 代理服务器 proxy,对应 IP 地址为 192.168.10.4。

(3) 邮件交换记录 mail,指向 www.shixun.com。

(4) 别名记录 ftp,指向 proxy.shixun.com。

分别在 Windows 和 Linux 中使用 nslookup 命令观察、测试配置的结果。试配置上述服务器的辅助 DNS 服务器并进行测试。

3. 实训总结

通过此次的上机实训,掌握了在 Linux 上安装与配置 DNS 服务器。

习　　　题

一、选择题

1. 如果需检查当前 Linux 系统是否已安装了 DNS 服务器,以下命令正确的是(　　　)。

    A. dpkg-q dns   B. dpkg -q bind

    C. apt list --installed ｜ grep bind9   D. apt ps aux ｜ grep dns

2. 启动 DNS 服务的命令是(　　　)。

    A. service bind restart   B. systemctl start bind

    C. systemctl start named   D. service named restart

3. 以下对 DNS 服务的描述正确的是(　　　)。

    A. DNS 服务的主要配置文件是/etc/named.config/nds.conf

    B. 配置 DNS 服务时,只需配置/etc/named.conf 即可

    C. 配置 DNS 服务时,通常需要配置/etc/named.conf 和对应的区域文件

    D. 配置 DNS 服务时时,正向和反向区域文件都必须配置才行

4. 检验 DNS 服务器配置是否成功以及解析是否正确的命令是(　　　)。

    A. ping   B. netstat

    C. ps -aux ｜ bind   D. nslookup

5. DNS 服务器中指针记录标记是(　　)。

    A. A   B. PTR   C. CNAME   D. NS

二、简答题

1. Linux 中的 DNS 服务器主要有哪几种类型?

2. 如何启动、关闭和重启 DNS 服务?

3. Bind 的配置文件主要有哪些? 每个文件的作用是什么?

4. 测试 DNS 服务器的配置是否正确的方法是什么?

5. 正向区域文件和反向区域文件分别由哪些记录组成?

第 11 章　Web 服务器配置与管理

Web 服务器是目前 Internet 应用最流行、最受欢迎的服务之一。Linux 平台使用最广泛的 Web 服务器是 Apache，它是目前性能最优秀、最稳定的服务器之一。本章将详细介绍在 Debian 11 操作系统中利用 Apache 软件架设 Web 服务器的方法。

本章学习任务：

- 了解 Apache 软件的技术特点；
- 掌握安装和启动 Apache 服务器的方法；
- 掌握配置和测试 Apache 服务器的方法。

11.1　Web 服务器软件概述

目前，Apache 和 Nginx 是 Linux 系统常用的两款 Web 服务器软件。

1. Apache

Apache 是一种开放源代码的 Web 服务器软件，其名称源于 A patchy server（一个充满补丁的服务器）。它起初由伊利诺伊大学厄本那—香槟分校的国家高级计算程序中心开发，后来 Apache 被开放源代码团体的成员不断地发展和加强。基本上所有的 Linux、UNIX 操作系统都集成了 Apache，无论是免费的 Linux、FreeBSD，还是商业的 Solaris、AIX，都包含 Apache 组件，所不同的是，在商业版本中对相应的系统进行了优化，并加入了一些安全模块。

1995 年，美国国家计算机安全协会（NCSA）的开发者创建了 NCSA 全球网络服务软件，其最大的特点是 HTTP 守护进程，它比当时的 CERN 服务器更容易由源代码来配置和创建，又由于当时其他服务器软件的缺乏，它很快流行起来。但是后来，该服务器的核心开发人员几乎都离开了 NCSA，一些使用者们自己成立了一个组织来管理他们编写的补丁，于是 Apache Group 应运而生。他们把该服务器软件称为 Apache。如今 Apache 已经慢慢地成为 Internet 上最流行的 Web 服务器软件。在所有的 Web 服务器软件中，Apache 占据绝对优势，远远领先排名第二的 Microsoft IIS。

2. Nginx

Nginx 是一款由俄罗斯人编写的、轻量级的 Web 服务器/反向代理服务器及电子邮件（IMAP/POP3/SMTP）代理服务器，其将源代码以类 BSD 许可证的形式发布，因它的稳定性、丰富的功能集、简单的配置文件和低系统资源的消耗而闻名。其特点是占用内存少,并发能力强,事实上 Nginx 的并发能力在同类型的网页服务器中表现较好。

两者最核心的区别在于 Apache 是同步多进程模型,一个连接对应一个进程,而 Nginx 是异步的,多个连接(万级别)可以对应一个进程。一般来说,需要高性能的 Web 服务,用 Nginx。如果不需要高性能只求稳定,可考虑 Apache;Apache 的各种功能模块实现效果比 Nginx 好,可配置项多,如 SSL 模块。

11.2　Apache 服务器的安装与启动

在配置 Web 服务器之前,首先应判断系统是否安装了 Apache 组件。如果没有安装,需要先进行安装。Debian 11 光盘自带的 Apache 是最新版本 2.4 版。也可以到 Apache 网站下载最新版本,其网址为 http://httpd.apache.org。

1. 安装 Apache

在进行 Apache 软件的配置操作之前,可使用下面的命令验证是否已安装了 Apache 软件。

```
#dpkg -l|grep apache
ii apache2          ...              //Apache 服务软件
ii apache2-bin      ...              //Apache 功能模块软件
ii apache2-data     ...              //Apache 通用软件
ii apache2-utils    ...              //Apache 服务支持软件
...
```

如果包含以上命令执行结果,表明系统已安装了 Apache 软件。如果未安装,可以用 apt 命令来安装或卸载 Apache 服务以及相关的软件包,具体操作如下:

```
#apt -y install apache2
```

2. 启动、停止 Apache 服务器

在 Debian 11 中,Apache 服务使用 apache2 进程,其启动、停止或重启可以使用以下命令:

```
#systemctl start apache2            //启动 Apache 服务
#systemctl status apache2           //查看 Apache 服务运行状态
#systemctl restart apache2          //重启 Apache 服务
#systemctl stop apache2             //停止 Apache 服务
```

3. 测试默认站点

由于 Apache 服务器配置了默认站点,在 Web 浏览器的地址栏输入本机的 IP 地址后,如果可以打开 Default Page(测试页面),如图 11-1 所示,表明 Apache 已安装并已启动。

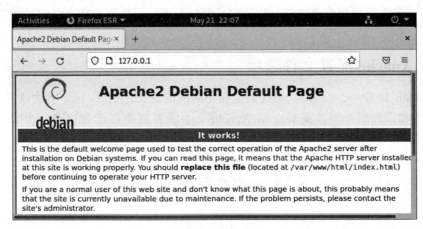

图 11-1　测试页面

11.3　Apache 配置文件

11.3.1　Apache 配置文件简介

Apache 守护进程 httpd 的主要配置文件是/etc/apache2/apache2.conf,主配置文件 (apache2.conf)设置了访问权限,并通过包含其他配置文件将各部分放在一起。其中包含 port.conf 配置文件以及/etc/apache2/conf-enabled/、/etc/apache2/mods-enabled/和/etc/ apache2/sites-enabled/三个目录,这三个目录中存放的链接文件对应于 * available/目录中 文件。常用配置文件见表 11-1。

表 11-1　常用配置文件

配置文件	含义
/etc/apache2/apache2.conf	Apache 服务器的主配置文件
/etc/apache2/port.conf	端口配置文件,用于定义侦听端口
/etc/apache2/conf-enabled/	存放已经被启用全局配置文件的目录
/etc/apache2/conf-available/	存放当前系统可用全局配置文件的目录
/etc/apache2/mods-enabled/	存放已经被启用的功能模块配置文件的目录
/etc/apache2/mods-available/	存放当前系统可用功能模块配置文件的目录
/etc/apache2/sites-enabled/	存放已经被启用虚拟主机配置文件的目录
/etc/apache2/sites-available/	存放当前系统可用虚拟主机配置文件的目录

Apache 启动时,会自动读取各配置文件中的内容,并根据配置命令影响 Apache 服务 器的运行。配置文件改变后,只有在启动或重新启动后才会生效。

配置文件中的内容分为注释行和服务器配置命令行。行首有"♯"的即为注释行,注释 行不能出现在命令的后面,除了注释行和空行外,服务器会认为其他的行都是配置命令行。

配置文件中的命令不区分大小写,但命令的参数通常是对大小写敏感的。对于较长的配置命令行,行末可使用反斜杠(\)换行,但反斜杠与下一行之间不能有任何其他字符(包括空白)。

11.3.2　Apache 配置文件选项

在 Debian 11 中,把不同的功能配置放在不同的配置文件中,Debian 认为这样可轻松地自动化更改和管理服务器。下面介绍 Apache 2.4 服务器中各配置文件一些常用的配置选项。

1. apache2.conf

apache2.conf 是 Apache 服务器的主配置文件,它包含控制服务器功能的配置命令。

1) ServerRoot "/etc/apach2"

ServerRoot 选项用于定义 Apache 服务器的根目录,即服务器目录树的最顶端,也即服务器配置文件默认存放的位置。注意,在定义时不要在目录路径的末尾添加斜杠。

2) Mutex file：＄{APACHE_LOCK_DIR} default

Mutex file：＄{APACHE_LOCK_DIR} default 定义互斥文件。只有当配置文件放置在网络上时,此选项才有作用。

3) DefaultRuntimeDir ＄{APACHE_RUN_DIR}

DefaultRuntimeDir ＄{APACHE_RUN_DIR}定义存储 shm 和 runtime 文件的目录。

4) PidFile ＄{APACHE_PID_FILE}

PidFile ＄{APACHE_PID_FILE}定义进程文件。进程文件用于服务器启动时记录进程标识号,需要在/etc/apache2/envvars 中进一步设置。

5) Timeout 300

Timeout 300 定义收发数据前的超时秒数。

6) KeepAlive On

KeepAlive On 定义是否允许持久连接。

7) MaxKeepAliveRequests 100

MaxKeepAliveRequests 100 定义持久连接期间允许的最大请求数。设置为 0 表示允许无限量请求。

8) KeepAliveTimeout 5

KeepAliveTimeout 5 定义在同一连接上等待来自同一客户端的下一个请求的秒数。

9) User ＄{APACHE_RUN_USER}和 Group ＄{APACHE_RUN_GROUP}

User ＄{APACHE_RUN_USER}和 Group ＄{APACHE_RUN_GROUP}定义启动 Apache 服务的用户和组。需要在/etc/apache2/envvars 中进一步设置。

10) HostnameLookups Off

HostnameLookups Off 定义是否启用 Apache 的主机名解析功能。

11) ErrorLog ＄{APACHE_LOG_DIR}/error.log

ErrorLog ＄{APACHE_LOG_DIR}/error.log 定义错误日志文件的位置。如果未在＜VirtualHost＞容器中指定 ErrorLog 命令,则与该虚拟主机相关的错误消息将记录在此处。如果在＜VirtualHost＞容器中定义了一个错误日志文件,那么该主机的错误将记录在＜VirtualHost＞容器中定义的文件中。

12）LogLevel warn

LogLevel warn 定义日志级别，用于控制记录到错误日志的消息的严重性。可用值为 trace8、……、trace1、debug、info、notice、warn、error、crit、alert、emerg。

13）IncludeOptional mods-enabled/ * .load 和 IncludeOptional mods-enabled/ * .conf

IncludeOptional mods-enabled/ * .load 和 IncludeOptional mods-enabled/ * .conf 定义功能模块文件和配置文件的位置。Apache 服务器是一个模块化程序，管理员可以通过选择模块让服务器实现相应的功能。

14）Include ports.conf

此处 Include 选项用于定义服务器侦听端口的配置文件。

15）<Directory />
   Options FollowSymLinks
   AllowOverride None
   Require alldenied
  </Directory>

以上配置选项设置 Apache 访问根目录时所执行的动作，即对根目录的访问控制。每个区域间可包含以下选项。

（1）Options：主要作用是控制特定目录将启用哪些服务器特性。Options 选项的可选参数及其功能见表 11-2。

表 11-2　Options 选项的可选参数及其功能

Options 参数	功 能 说 明
All	表示除 MultiViews 之外的所有特性，这也是 Options 命令的默认设置
ExceCGI	允许在此目录中使用 mod_cgi 模块执行 CGI 脚本
FollowSymLinks	服务器可使用符号链接到不在此目录中的指定的文件或目录，如果此参数设在<Location>区域中则无效
Includes	允许使用 mod_include 模块提供的服务器端包含功能
IncludesNOEXEC	允许服务器端包含，但不允许执行 CGI 程序中的 ♯exec 与 ♯include 命令
Indexes	如果输入的网址对应服务器上的一个文件目录，而此目录中又无有效 DirectoryIndex 命令，那么服务器会返回由 mod_autoindex 模块生成的一个格式化后的目录列表
MultiViews	允许使用 mod_negotiation 模块提供内容协商的"多重视图"。即由服务器和 Web 浏览器相互沟通后，决定网页传送的性质
None	不允许访问此目录
SymLinksIfOwnerMatch	如果符号链接所指向的文件或目录拥有者和当前用户账号相符，则服务器会通过符号链接访问不在该目录下的文件或目录，如果此参数设置在<Location>区域中则无效

（2）AllowOverride：指明 Apache 服务器是否去找.htaccess 文件作为配置文件，如果设置为 None，.htaccess 文件将被完全忽略；如果设置为 All，所有具有.htaccess 作用域的指令都允许出现在.htaccess 文件中。AllowOverride 配置项及其含义见表 11-3。

表 11-3　AllowOverride 配置项及其含义

控 制 项	典型可用命令	功 能
AuthConfig	AuthName、AuthType、AuthUserFile Require	进行认证、授权的命令
FileInfo	DefaultType、ErrorDocument、Sethander	控制文件处理方式的命令
Indexes	AddIcon、DefaultIcon、HeaderName DirectoryIndex	控制目录列表方式的命令
Limit	Allow、Deny、Order	进行目录访问控制的命令
Options	Options、XbitHack	启用不能在主配置文件中使用的各种选项
All	允许全部命令	允许全部命令
None	禁止使用全部命令	禁止处理 .htaccess 文件

（3）Require：用于设置访问控制列表。常见访问控制命令见表 11-4。

表 11-4　Require 常用访问控制命令

示 例	含 义
Require all granted	允许所有来源
Require all denied	拒绝所有来源
Require expr expression	允许表达式为 true 时访问
Require user userid［userid］...	允许特定用户
Require valid-user	允许有效的用户
Require ip 10 172.20 192.168.2	允许特定 IP 或 IP 段，多个 IP 或 IP 段间使用空格分隔
Require host.nete xample.edu	允许特定主机名或域名，多个对象间使用空格分隔

16）AccessFileName .htaccess

AccessFileName .htaccess 定义要在每个目录中查找其他配置命令的文件名。其与 AllowOverride 命令相关。

17）<FilesMatch "^\.ht">

　　　Require all denied

　　</FilesMatch>

以上配置选项定义 .htaccess 和 .htpasswd 文件不会被 Web 客户端查看。

18）LogFormat ...

LogFormat ...定义日志格式。

2. 000-default.conf

000-default.conf 配置文件保存在 /etc/apache2/sites-enabled 目录中，主要对虚拟主机进行配置。主要选项如下。

1）ServerName www.example.com

ServerName 命令定义用主机名和端口号标识自身的应用场景。对于默认虚拟主机，此命令没有什么作用。

2）ServerAdmin webmaster@localhost

ServerAdmin webmaster@localhost 设置 Apache 服务器管理员的邮件地址，当有问题

时会自动发送 E-mail 通知管理员。

3）DocumentRoot "/var/www/html"

DocumentRoot "/var/www/html"定义 Apache 放置网站文件的目录路径,除了重定向和别名可指向其他地方外,默认都放在此目录中。

4）ErrorLog ＄{APACHE_LOG_DIR}/error.log

ErrorLog ＄{APACHE_LOG_DIR}/error.log 设置错误日志文件的存放位置及文件名。

5）CustomLog ＄{APACHE_LOG_DIR}/access.log combined

CustomLog ＄{APACHE_LOG_DIR}/access.log combined 设置自定义日志文件的存放位置及文件名。

3. dir.conf

dir.conf 配置文件用来定义 Apache 服务提供的默认访问文件,即网站的主页文件。DirectoryIndex 命令后可以有多个文件名,中间用空格分隔。其内容如下。

```
<IfModule mod_dir.c>
  DirectoryIndex index.html index.cgi index.pl index.php index.htm
</IfModule>
```

11.4　Apache 的配置

本节通过一系列配置示例来说明 Apache 2.4 服务器的配置方法。

11.4.1　搭建基本的 Web 服务器

默认情况下,Apache 的基本配置参数在相关配置文件中已经存在,如果仅需架设一个具有基本功能的 Web 服务器,用户使用 Apache 的默认配置参数就能实现。其基本步骤如下。

（1）配置 TCP/IP,根据测试环境,需要给服务器规划配置静态 IP 地址、地址掩码、网关等参数,如配置 IP 地址为 192.168.1.100。

（2）安装 Apache 服务。

（3）配置 Apache 服务相关配置文件,根据需要对此文件进行一些更改后即可启动并运行一个简单的网站。需要确定的内容和涉及的配置文件如下。

① 确定网站侦听的地址及端口。可在/etc/apache2/ports.conf 文件中修改 Listen 配置项,定义 Apache 要监听页面请求的 IP 地址和端口。如果使用默认项,则会侦听服务器网络接口所有地址,也可指定侦听地址。例如:

```
Listen192.168.1.100:80
```

② 确定网站主目录。可在/etc/apache2/sites-enabled/000-default.conf 文件中使用 DocumentRoot 配置项指定存放网站文件的位置,可根据需要进行修改。Apache 默认存放网站的目录为/var/www/htm。例如:

```
DocumentRoot "/var/www/html"
```

③ 确定网站使用的主文档。可在/etc/apache2/mods-enabled/dir.conf 文件中使用 DirectoryIndex 配置项指定访问网站主目录中默认的文件,即主页文件,也可根据实际情况进行修改。Apache 默认使用 index.html、index.htm 等文件作为主文档。例如:

```
DirectoryIndex index.html index.htm
```

(4) 在网站主目录中创建主文档。例如,在/var/www/html 目录中创建 index.html 文件并编辑想显示的内容后保存并退出。例如:

```
#vim  /var/www/html/index.html
This is the basic website!!!
```

(5) 重启 Web 服务器使修改后的配置文件生效。

```
#systemctl restart apache2
```

(6) 在能够连通服务器的机器上的浏览器地址栏中输入 Web 服务器的 IP 地址从而进行测试,如 http://192.168.1.100,则会出现如图 11-2 所示的效果。

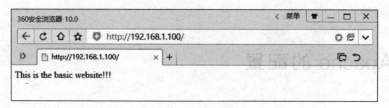

图 11-2　测试效果

11.4.2　配置用户 Web 站点

用户经常会见到某些网站提供个人主页服务,其实在 Apache 服务器上拥有用户账号的每个用户都能架设自己独立的 Web 站点。

如果希望每个用户都可以建立自己的个人主页,则需要为每个用户在其家目录中建立一个放置个人主页的目录。在 Apache 2.4 服务器中,其配置文件 userdir.conf 中的 UserDir 命令的默认值是 public_html,即为每个用户在其家目录中的网站目录。管理员可为每个用户建立 public_html 目录,然后用户把网页文件放在该目录下即可。此外,由于 Apache 2.4 服务器服务默认没有启用 userdir 功能模块,在搭建个人网站时需要将此功能模块启用。下面通过一个实例介绍具体配置步骤。

(1) 建立用户 zhang 的个人站点,首先创建本地用户。

```
#useradd zhang
```

(2) 在 zhang 的家目录下建立目录 public_html。

```
#mkdir /home/zhang/public_html
```

(3) 启用 userdir 功能模块。其实就是在/etc/apache2/mods-enabled/目录中创建一个与模块对应的链接文件。

```
#a2enmod userdir
```

（4）确认用户网站配置文件 userdir.conf 内容。默认选项已经打开访问权限，不用修改。

```
#vim /etc/apache2/mods-enabled/userdir.conf
<IfModule mod_userdir.c>
    UserDir public_html                 //启用用户 Web 站点目录
    UserDir disabled root               //不允许 root 用户使用自己的站点
    <Directory /home/*/public_html>
        AllowOverride FileInfo AuthConfig Limit Indexes
        Options Multiviews Indexes SymLinksIfOwnerMatch IncludesNoExec
        Require method GET POST OPTIONS
    </Directory>
</IfModule>
```

（5）编辑主页文件 index.html 并保存。

```
#vim /home/zhang/public_html/index.html
Welcome to zhang's website!!!
```

（6）重启 Apache 服务器。

```
#systemctl restart apache2
```

（7）测试用户个人 Web 站点。在能够连通服务器的机器上的浏览器地址栏中输入 http://服务器 IP 地址/~用户名/，如 http://192.168.1.100/~zhang/，则会出现如图 11-3 所示的效果。

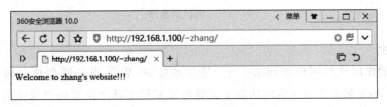

图 11-3　测试用户个人 Web 站点

11.4.3　别名和重定向

1. 别名

别名（alias）是一种将 Web 路径映射到文件系统路径，并用于访问不在 DocumentRoot 下的内容的方法。Apache 服务器通过设置别名可以使特定的目录不出现在网站根目录下面，即使网站根目录被攻破，也不会影响到特定目录里面的文件。其语法格式如下：

```
alias fakename realname
```

如果 fakename 以斜杠终止，则 realname 目录也必须以斜杠终止；如果 fakename 省略了尾部斜杠，则 realname 目录也必须省略它。

例如，现需指定/var/opt 目录别名为 temp，其实现的步骤如下。

（1）编辑/etc/apache2/mods-enabled/alias.conf 文件，在 alias 语句中进行相应的修改。

```
<IfModule alias_module>
    alias /temp "/var/opt"
    <Directory "/var/opt">
        Options followSymLinks
        AllowOverride None
        Require all granted
    </Directory>
</IfModule>
```

（2）重启 Apache 服务。

```
#systemctl restart apache2
```

（3）在/var/opt 目录中编辑网页文件 index.html。

```
#vim /var/opt/index.html
This is a alias test site!!!
```

（4）测试别名站点。在能够连通服务器的机器上的浏览器地址栏中输入 http://服务器 IP 地址/别名，如 http://192.168.1.100/temp，则会出现如图 11-4 所示的效果。

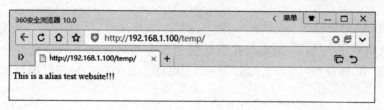

图 11-4　测试别名站点

2. 重定向

重定向的作用是当用户访问某一个 URL 地址时，Web 服务器会自动转向另外一个 URL 地址。Web 服务器的重定向功能主要针对原来位于某个位置的目录或文件发生改变的情况，可以利用重定向功能指向原来文档的位置。页面重定向使用了 Apache 2.4 服务器的 rewrite 功能模块，默认没有启用此功能模块。启用重定向模块后，需要配置/etc/apache2/mods-enabled/rewrite.load 文件，其语法格式如下：

```
Redirect　关键字<用户请求的目录>［重定向的 URL］
```

关键字：permanent 表示永久改变；temp 表示临时改变。

例如，将 http://192.168.10.100（本服务器 IP 地址）重定向到 http://192.168.10.200，并告知客户机该资源已被替换，可通过以下两步实现。

（1）启用 rewrite 功能模块。

```
#a2enmod rewrite
```

（2）在/etc/apache2/mods-enabled/rewrite.load 文件中添加以下语句。

```
#vim /etc/apache2/mods-enabled/rewrite.load
```

Redirect permanent/http://192.168.10.200

11.4.4　主机访问控制

Apache 2.4 服务器使用 Require 命令实现允许或禁止主机对指定目录的访问。在定义限制策略时，多个不带 not 的 Require 配置语句之间是"或"的关系，即满足任意一条 Require 配置语句的条件就可以访问；如果既出现了不带 not 的 Require 配置语句，又出现了带 not 的 Require 配置语句，则语句之间是"与"的关系，即只有满足所有 Require 配置语句的条件才可以访问。在使用"与"关系的语句时要将其置于＜RequireAll＞（拒绝优先）或＜RequireAny＞（允许优先）容器中，并在容器中指定相应的策略。

Require 命令访问列表形式较为灵活，主要有以下几种。

（1）all：表示所有主机。

（2）host：可以使用 FQDN 或区域名表示具体主机或域内所有主机，如 wl.net。

（3）IP：表示指定的 IP 地址或 IP 地址段。网段形如 192.168.1.0/24、192.168.1.0/255.255.255.0 等。

（4）user 或 group：表示指定的用户或用户组。

例 1：仅允许 IP 地址为 192.168.1.1 的主机访问，拒绝其他主机访问。

```
<Directory "/var/www/html">
    Options Indexes FollowSymLinks
    AllowOverride None
    Require ip 192.168.1.1
</Directory>
```

例 2：拒绝 192.168.1.0/24 网段的主机访问，允许其他主机访问。

```
<Directory "/var/www/html">
    Options Indexes FollowSymLinks
    AllowOverride None
  <RequireAll>
     Require all granted
     Require not ip 192.168.1.0/24
  </RequireAll>
</Directory>
```

例 3：只允许 IP 地址为 192.168.1.70 且主机名为 stu 和 sjzpt.edu.cn 域内的主机访问，拒绝其他主机访问。

```
<Directory "/var/www/html">
    Options Indexes FollowSymLinks
    AllowOverride None
    Require ip 192.168.1.70
    Require host stu
    Require host sjzpt.edu.cn
</Directory>
```

11.4.5　用户身份验证

用户在访问 Internet 网站时，有时需要输入正确的用户名和密码才能访问某页面，这就是用户身份验证。Apache 服务器能够在每个用户或组的基础上通过不同层次的验证控制对 Web 站点上的特定目录进行访问。如果要把验证命令应用到某一特定的目录上，可以把这些命令放置在一个 Directory 区域或者.htaccess 文件中。具体使用哪种方式，则通过 AllowOverride 命令来实现。

（1）AllowOverride AuthConfig 或 AllowOverride All：表示允许覆盖当前配置，即允许在文件.htaccess 中使用认证授权。

（2）AllowOverride None：表示不允许覆盖当前配置，即不使用文件.htaccess 进行认证授权。

这两种方法各有优劣，使用.htaccess 文件可以在不重启服务器的情况下改变服务器的配置，但由于 Apache 服务器需要查找.htaccess 文件，这将会降低服务器的运行性能。无论是哪种方式，都是通过以下几个命令来实现用户（组）身份验证。

（1）AuthName：设置认证名称，可以是任意定义的字符串。它会出现在身份验证的提示框中，与其他配置没有任何关系。

（2）AuthType：设置认证类型，有两种类型可选，一种是 Basic 基本类型；另一种是 Digest 摘要类型。由于摘要类型要求较为严格，当前浏览器不支持摘要类型，所以基本类型比较常用。

（3）AuthUserFile：指定验证时所采用的用户密码文件及位置。

（4）AuthGroupFile：指定验证时所采用的组文件及位置。

（5）Require：设置有权访问指定目录的用户。可以采用"Require user 用户名"或"Require group 组名"的形式来表明某特定用户（组）有权访问该目录，也可以采用 Require valid-user 的形式表示 AuthUserFile 指定的用户密码文件中所有用户都有权访问该目录。

下面说明使用其中一种方法实现用户身份验证的具体配置过程。

（1）在/var/www/html 目录下新建一个名为 index.html 的主页文件。

（2）编辑 Apache 配置文件/etc/apache2/apache2.conf。

```
<Directory "/var/www/html">
    Options Indexes FollowSymLinks
    AllowOverride AuthConfig
    AuthName "department of computer"
    AuthType Basic
    AuthUserFile /etc/apache2/passwd
    Require valid-user
</Directory>
```

（3）创建用户验证文件。要实现用户身份验证功能，必须建立保存用户名和密码的文件。Apache 自带的 htpasswd 命令提供建立、更新和存储用户名和密码文件的功能。该账号文件最好存放在 DocumntRoot 以外的地方，否则有可能被网络用户读取而造成安全隐患。例如：

```
#htpasswd -c /etc/apache2/passwd wu        //创建账号文件 passwd,并添加用户 wu
    New password:
    Re-type new password:
    Adding password for user wu
```

其中,选项-c 的作用是:无论/etc/httpd/passwd 文件是否存在,都将重新建立账号文件,原有账号文件中的内容将被删除,如果需要继续向该账号文件中添加用户,则不需要加-c 选项。

（4）重启 Apache 服务。

```
#systemctl restart apache2
```

（5）测试效果。在能够连通服务器的机器上的浏览器地址栏中输入"http://服务器 IP 地址",如 http://192.168.1.100。则会出现用户身份验证窗口,在此窗口中正确输入用户名和密码后才能显示该目录中的文档内容,如图 11-5 所示。

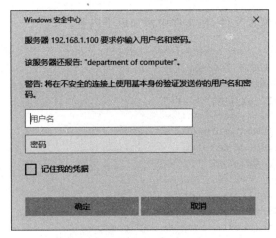

图 11-5　测试用户身份验证

11.5　配置虚拟主机

虚拟主机就是在一台 Apache 服务器中设置多个 Web 站点,在外部用户看来,每一台 Web 服务器都是独立的。Apache 支持两种类型的虚拟主机,即基于 IP 地址的虚拟主机和基于名称的虚拟主机。本节分别介绍这两种虚拟主机的配置方法。

11.5.1　基于 IP 地址的虚拟主机配置

在基于 IP 地址的虚拟主机中,需要在同一台服务器上绑定多个 IP 地址,然后配置 Apache,为每一台虚拟主机指定一个 IP 地址和端口号。这种主机的配置方法有两种:一种是端口号相同,但 IP 地址不同;另一种是 IP 地址相同,但端口号不同。下面分别介绍这两种基于 IP 地址的虚拟主机的配置方法。

1. 端口号相同,但 IP 地址不同的虚拟主机配置

在一台主机上配置不同的 IP 地址,既可以采用多个物理网卡的方案,也可采用在同一网卡上绑定多个 IP 地址的方案。下面的例子采用后一种方案,其配置过程如下。

（1）在一块网卡上绑定多个 IP 地址。

199

```
#nmcli connection modify ens33 +ipv4.addresses 192.168.1.100/24 ipv4.method manul
#nmcli connection modify ens33 +ipv4.addresses 192.168.1.200/24 ipv4.method manul
#nmcli connection up ens33                    //激活网卡
```

（2）建立两个虚拟主机的文档根目录及相应的网页文件内容。

```
#mkdir -p /var/www/vhost1
#mkdir -p /var/www/vhost2
#vim /var/www/vhost1/index.html
This is the first virtualhost website!!!
#vim /var/www/vhost2/index.html
This is the second virtualhost website!!!
```

（3）修改虚拟主机配置文件，在文件中添加以下内容。

```
#vim /etc/apache2/sites-enabled/000-default.conf
<VirtualHost 192.168.1.100:80>
    ServerAdmin admin@linux.net
    DocumentRoot "/var/www/vhost1"
    <Directory "/var/www/vhost1">
        Options FollowSymLinks
        AllowOverride None
        Require all granted
    </Directory>
    ServerName vhost1.linux.net
    ErrorLog "logs/vhost1-error-log"
    CustomLog "logs/vhost1-access-log" common
</VirtualHost>

<VirtualHost 192.168.1.200:80>
    ServerAdmin admin@linux.net
    DocumentRoot "/var/www/vhost2"
    <Directory "/var/www/vhost2">
        Options FollowSymLinks
        AllowOverride None
        Require all granted
    </Directory>
    ServerName vhost2.linux.net
    ErrorLog "logs/vhost2-error-log"
    CustomLog "logs/vhost2-access-log" common
</VirtualHost>
```

在上述配置语句中，＜VirtualHost ...＞容器用来定义虚拟主机，两个 VirtualHost 区域分别定义一个具有不同 IP 地址和相同端口号（采用 Web 服务器的默认端口号 80）的虚拟主机，它们具有不同的文档根目录、服务器名、错误日志和访问日志文件名。

（4）重启 Apache 服务，然后在客户机上进行虚拟主机测试。在 Web 浏览器地址栏中分别输入 http://192.168.1.100 和 http://192.168.1.200，观察显示的页面内容，如图 11-6 和图 11-7 所示。至此，具有相同端口号但不同 IP 地址的虚拟主机配置完成。

2. IP 地址相同，但端口号不同的虚拟主机配置

在同一主机上针对一个 IP 地址和不同的端口号来建立虚拟主机，即每个端口对应一个

200

图 11-6　基于 IP 地址的虚拟主机(1)

图 11-7　基于 IP 地址的虚拟主机(2)

虚拟主机,这种虚拟主机有时也被称为"基于端口的虚拟主机"。其配置过程如下。

(1) 为物理网卡配置一个 IP 地址。

```
#nmcli connection modify ens33 ipv4.addresses 192.168.1.100/24
```

(2) 编辑/etc/apache2/port.conf 文件,增加侦听端口号。

```
#vim /etc/apache2/port.conf
Listen 8080
Listen 8118              //增加监听的端口号 8080 和 8118
```

(3) 为两个虚拟主机建立文档根目录及相应网页文件内容(此步与前例相同,可省略)。

```
#mkdir -p /var/www/vhost1
#mkdir -p /var/www/vhost2
#vim /var/www/vhost1/index.html
#vim /var/www/vhost2/index.html
```

(4) 修改/etc/httpd/conf.d 目录中的虚拟主机配置文件内容。

```
#vim /etc/apache2/sites-enabled/000-default.conf
<VirtualHost *:8080>
   ServerAdmin admin@linux.net
   DocumentRoot "/var/www/vhost1"
   <Directory "/var/www/vhost1">
      Options FollowSymLinks
      AllowOverride None
      Require all granted
</Directory>
   ServerName vhost1.linux.net
   ErrorLog "logs/vhost1-error-log"
   CustomLog "logs/vhost1-access-log" common
</VirtualHost>
```

```
<VirtualHost *:8118>
    ServerAdmin admin@linux.net
    DocumentRoot "/var/www/vhost2"
    <Directory "/var/www/vhost2">
        Options FollowSymLinks
        AllowOverride None
        Require all granted
    </Directory>
    ServerName vhost2.linux.net
    ErrorLog "logs/vhost2-error-log"
    CustomLog "logs/vhost2-access-log" common
</VirtualHost>
```

在上述配置语句中,利用＜VirtualHost 192.168.1.100:端口号＞来定义两个自定义端口的虚拟主机,它们的管理员邮箱、文档根目录、错误日志文件名均不相同,但其 IP 地址相同,都是 192.168.1.100。

(5) 重启 Apache 服务,然后在客户机上进行虚拟主机测试。在 Web 浏览器地址栏中分别输入 http://192.168.1.100:8080 和 http://192.168.1.100:8118,观察显示的页面内容,如图 11-8 和图 11-9 所示。至此,具有相同 IP 地址,但不同端口号的虚拟主机配置完成。

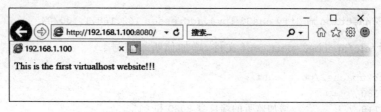

图 11-8　基于端口的虚拟主机(1)

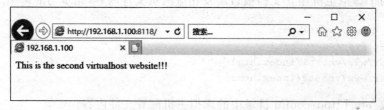

图 11-9　基于端口的虚拟主机(2)

11.5.2　基于名称的虚拟主机配置

使用基于 IP 地址的虚拟主机,用户被限制在数目固定的 IP 地址中,而使用基于名称的虚拟主机,用户可以设置支持任意数目的虚拟主机,而不需要额外的 IP 地址。即使用户的机器仅使用一个 IP 地址,仍然可以设置支持无限多数目的虚拟主机。

基于名称的虚拟主机就是在同一台主机上针对相同的 IP 地址和端口号来建立不同的虚拟主机。为了实现基于名称的虚拟主机,必须对每台主机执行 VirtualHost 命令和 NameVirtualHost 命令,以向虚拟主机指定用户要分配的 IP 地址。在 VirtualHost 命令中,使用 ServerName 选项为主机指定用户使用的域名。每个 VirtualHost 命令都使用在

NameVirtualHost 中指定的 IP 地址作为参数,用户也可以在 VirtualHost 命令块中使用 Apache 命令独立地配置每一个主机。

下面以一个实例介绍基于名称的虚拟主机的配置过程。

(1) 配置 DNS 服务器,在区域数据库文件中增加两条 A 记录和两条 PTR 记录,实现对不同的域名进行解析。

① 在 DNS 正向区域数据库文件/var/named/linux.net.zone 中增加的记录如下。

```
vhost1    A  192.168.1.100
vhost2    A  192.168.1.100
```

② 在 DNS 反向区域数据库文件/var/named/1.168.192.zone 中增加的记录如下。

```
100       PTR  vhost1.linux.net.
100       PTR  vhost2.linux.net.
```

③ 保存配置后,重启 DNS 服务器。

(2) 为两个虚拟主机建立文档根目录及相应网页文件内容(此步与前例相同,可省略)。

```
#mkdir -p /var/www/vhost1
#mkdir -p /var/www/vhost2
#vim /var/www/vhost1/index.html
#vim /var/www/vhost2/index.html
```

(3) 修改/etc/apache2/sites-enabled/目录中的虚拟主机配置文件的内容。

```
#vim /etc/apache2/sites-enabled/000-default.conf
<VirtualHost * :80>
   ServerAdmin admin@linux.net
   DocumentRoot "/var/www/vhost1"
   <Directory "/var/www/vhost1">
     Options FollowSymLinks
     AllowOverride None
     Require all granted
   </Directory>
   ServerName vhost1.linux.net
   ErrorLog "logs/vhost1-error-log"
   CustomLog "logs/vhost1-access-log" common
</VirtualHost>

<VirtualHost * :80>
   ServerAdmin admin@linux.net
   DocumentRoot "/var/www/vhost2"
<Directory "/var/www/vhost2">
     Options FollowSymLinks
     AllowOverride None
     Require all granted
</Directory>
   ServerName vhost2.linux.net
   ErrorLog "logs/vhost2-error-log"
   CustomLog "logs/vhost2-access-log" common
```

203

```
</VirtualHost>
```

上述两个基于名称的配置段与前面两种虚拟主机的主要区别在于：前两种采用的是 IP 地址，而基于名称的虚拟主机采用的是域名。从上述两个配置段可以看出，实际上这两个虚拟主机的 IP 地址和端口号是完全相同的，区分二者的是不同的域名。

（4）重启 Apache 服务，然后在客户机上进行虚拟主机测试。在 Web 浏览器地址栏中分别输入 vhost1.linux.net 和 vhost2.linux.net，观察显示的页面内容，如图 11-10 和图 11-11 所示。至此，具有相同 IP 地址和端口号，但域名不同的虚拟主机配置完成。

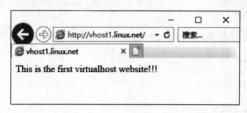

图 11-10　基于名称的虚拟主机（1）

图 11-11　基于名称的虚拟主机（2）

实　　训

1. 实训目的

掌握 Apache 服务器的配置与应用方法。

2. 实训内容

1）在 Apache 服务器中建立普通的 Web 站点

（1）备份配置文件/etc/httpd/conf/httpd.conf。

（2）编辑该配置文件，进行以下设置：

```
ServerAdmin shixun.com
```

ServerName 域名或 IP 地址。

（3）启动 Apache 服务。

（4）启动客户端浏览器，在地址栏中输入服务器的域名或者 IP 地址，查看结果。

2）设置用户主页

（1）利用 root 用户登录系统，修改用户主目录权限（# chmod 705/home/~username），让其他人有权进入该目录浏览。

（2）创建用户 user1，在其主目录下创建 public_html 目录，保证该目录也有正确的权限让其他人进入。

（3）修改 httpd.conf 中 Apache 默认的主页文件为 index.html。

（4）在客户端浏览器中输入 http://servername/～user1，测试配置效果。

3）配置用户认证授权

在/var/www/html 目录下创建一个 members 子目录。配置服务器，使用户 user1 可以通过密码访问此目录的文件，而其他用户不能访问。

（1）创建 members 子目录。

（2）利用 htpasswd 命令新建 passwords 密码文件，并将 user1 用户添加到该密码文件中。

（3）修改主配置文件/etc/httpd/conf/httpd.conf。

（4）重新启动 Apache 服务。

（5）在 members 目录下创建.htaccess 文件。

（6）在浏览器中测试配置的信息。

4）配置基于主机的访问控制

（1）重新编辑.htaccess 文件，对此目录进行访问，再进行基于客户机 IP 地址的访问控制，禁止从前面测试使用的客户机 IP 地址访问服务器。

（2）在浏览器中再次连接服务器，如果配置正确，则访问被拒绝。

（3）重新编辑.htaccess 文件，使局域网内的用户可以直接访问 members 目录，局域网外的用户可以通过用户认证方式访问 members 目录。

（4）在客户端浏览器再次连接服务器，观察配置效果。

3. 实训总结

通过此次的上机实训，掌握了如何在 Linux 上安装和配置 Apache 服务器。

习　　题

一、选择题

1. 以下（　　）是 Apache 的基本配置文件。

    A. httpd.conf   B. srm.conf

    C. mime.type   D. apache.conf

2. 以下关于 Apache 的描述正确的是（　　）。

    A. 不能改变服务端口   B. 只能为一个域名提供服务

    C. 可以给目录设定密码   D. 默认端口是 8080

3. 启动 Apache 服务器的命令是（　　）。

    A. systemctl start apache   B. server http start

    C. systemctl start httpd   D. service httpd reload

4. 如果要设置 Web 站点根目录的位置，应在配置文件中通过（　　）配置语句来实现。

    A. ServerRoot   B. ServerName

C. DocumentRoot   D. DirectoryIndex

5. 如果要设置站点的默认主页,可在配置文件中通过(　　　)配置项来实现。

A. RootIndex   B. ErrorDocument

C. DocumentRoot   D. DirectoryIndex

6. 对于 Apache 服务器,提供的子进程的默认用户是(　　　)。

A. root   B. apache

C. httpd   D. nobody

7. 在 Apache 基于用户名的访问控制中,生成用户密码文件的命令是(　　　)。

A. smbpasswd   B. htpasswd

C. passwd   D. password

二、简答题

1. 试述启动和关闭 Apache 服务器的方法。

2. 简述 Apache 配置文件的结构及其关系。

3. Apache 服务器可架设哪几种类型的虚拟主机？各有什么特点？

第 12 章　FTP 服务器配置与管理

FTP(file transfer protocol,文件传输协议)服务是 Internet 上最早提供的服务之一,应用广泛,至今仍是最基本的应用之一。FTP 可以在计算机网络上实现任意两台计算机相互上传和下载文件。FTP 操作简单,开放性好,在网络上传递和共享文件非常方便。本章将介绍 FTP 的基本概念、VSFTP 服务器的实际架设及访问 FTP 服务器的方法等。

本章学习任务:
- 了解 FTP 服务;
- 掌握安装和启动 VSFTP 服务;
- 了解 VSFTP 的两种运行模式;
- 掌握不同 FTP 服务器的配置方法。

12.1　FTP 简介

12.1.1　FTP 服务

FTP 的主要功能是实现文件从一台计算机传送到另一台计算机。该协议使用户可以在 Internet 上传输文件数据,即下载或者上传各种软件和文档等资料。FTP 是 TCP/IP 的一种具体应用,FTP 工作在 OSI 模型的应用层,FTP 使用传输层的 TCP,这样保证客户与服务器之间的连接是可靠、安全的,为数据的传输提供了可靠的保证。

12.1.2　FTP 工作原理

FTP 也是基于 C/S 模式而设计的。在进行 FTP 操作的时候,既需要客户应用程序,也需要服务器端程序。在用户自己的计算机中执行 FTP 客户应用程序,而在远程服务器中运行 FTP 服务器应用程序,这样就可以通过 FTP 客户应用程序和 FTP 服务进行连接。连接成功后,可以进行各种操作。在 FTP 中,客户机只提出请求服务,服务器只接收请求和执行服务。

在利用 FTP 进行文件传输之前,用户必须先连入 Internet,在自己的计算机上启动 FTP 用户应用程序,并且利用 FTP 应用程序和远程服务器建立连接,激活远程服务器上的 FTP 服务器程序。准备就绪后,用户首先向 FTP 服务器提出文件传输申请,FTP 服务器找到用户所申请的文件后,利用 TCP/IP 将文件的副本传送到用户的计算机上,用户的 FTP 程序再将接收到的文件写入自己的硬盘。文件传输完后,用户计算机与服务器的连接自动断开。

与其他的 C/S 模式不同的是,FTP 的客户机与服务器之间需要建立双重连接:一个是控制连接;另一个是数据连接。这样,在建立连接时就需要占用两个通信信道。

12.1.3　FTP 传输模式

用 FTP 传输数据时,传输模式将决定文件数据会以什么方式被发送出去。一般情况下,网络传输模式有 3 种,即将数据编码后传送,压缩后传送以及不做任何处理就进行传送。无论用什么模式进行传送,数据都是以 EOF 结尾。在 FTP 中定义的传输模式有以下几种。

1. 二进制模式

二进制模式就是将发送数据的内容转换为二进制表示后再进行传送。在这种传输模式下没有数据结构类型的限制。

在二进制模式中,发送方发送完数据后,会在关闭连接时标记 EOF。如果是文件结构,EOF 被表示为双字节,其中第一个字节为 0,而控制信息包含在后一个字节内。

2. 文件模式

文件模式就是以文件结构的形式进行数据传输。文件结构是指用一些特定标记来描述文件的属性以及内容。一般情况下,文件结构都有自己的信息头,其中包括计数信息和描述信息。信息头大多以结构体的形式出现。

计数信息:指明了文件结构中的字节总数。

描述信息:负责对文件结构中的一些数据进行描述。例如,其中的数据校验标记是为了在不同主机间交换特定的数据时,无论本地文件是否发生错误都进行发送。但在发送时发送方需要给出校验码,以确定数据发送到接收方时的完整性、准确性。

3. 压缩模式

在压缩模式下,需要传送的信息包括普通数据、压缩数据和控制命令。

(1) 普通数据:以字节的形式进行传送。

(2) 压缩数据:包括数据副本和数据过滤器。

(3) 控制命令:用两个转义字符进行传送。

用 FTP 传输数据时,发送方必须把数据转换为文件结构指定的形式再传送出去,而接收方则相反。因为转换速度很慢,所以在相同的系统中传送文本文件时一般采用二进制流表示。

12.1.4　FTP 连接模式

FTP 使用 2 个 TCP 端口,首先建立一个命令端口(控制端口),然后产生一个数据端口。FTP 的连接模式分为主动模式和被动模式两种,FTP 在主动模式下工作时使用 TCP 21 和 20 两个端口;而在被动模式下工作时使用大于 1024 随机端口。目前主流的 FTP 服务器都同时支持 port 和 pasv 两种方式,但是为了方便管理防火墙和设置 ACL,了解 FTP 服务器的 port 和 pasv 模式是很有必要的。

1. ftp port 模式(主动模式)

主动模式的 FTP 是这样的:客户端从一个任意的非特权端口 $N(N>1024)$ 连接到 FTP 服务器的命令端口(即 TCP 21 端口)。紧接着客户端开始监听端口 $N+1$,并发送 FTP 命令 port $N+1$ 到 FTP 服务器。最后服务器会从它自己的数据端口(20 端口)连接到客户端指定的数据端口($N+1$),这样客户端就可以和 FTP 服务器建立数据传输通道了。

对于 FTP 服务器前面的防火墙来说,必须允许以下通信才能支持主动模式 FTP。

(1) 客户端端口(>1024)到 FTP 服务器的 21 端口(入:客户端初始化的连接 C→S)。

(2) FTP 服务器的 21 端口到客户端端口(出:服务器响应客户端的控制端口 S→C)。

(3) FTP 服务器的 20 端口到客户端端口(出:服务器端初始化数据连接到客户端的数据端口 S→C)。

(4) 客户端端口到 FTP 服务器的 20 端口(入:客户端发送 ACK 响应到服务器的数据端口 C→S)。

2. ftp pasv 模式(被动模式)

在被动模式 FTP 中,命令连接和数据连接都由客户端发起。当开启一个 FTP 连接时,客户端打开两个任意的非特权本地端口($N>1024$ 和 $N+1$)。第一个端口连接服务器的 21 端口,但与主动方式的 FTP 不同,客户端不会提交 port 命令并允许服务器来回连接它的数据端口,而是提交 pasv 命令。这样做的结果是服务器会开启一个任意的非特权端口($P>1024$),并发送 port P 命令给客户端。然后客户端发起从本地端口 $N+1$ 到服务器的端口 P 的连接用来传送数据。

对于服务器端的防火墙来说,必须允许下面的通信才能支持被动模式的 FTP。

(1) 客户端端口(>1024)到服务器的 21 端口(入:客户端初始化的连接 C→S)。

(2) 服务器的 21 端口到客户端端口(出:服务器响应到客户端的控制端口的连接 S→C)。

(3) 客户端端口到服务器的端口大于 1024 端口(入:客户端初始化数据连接到服务器指定的任意端口 C→S)。

(4) 服务器的大于 1024 端口到远程的大于 1024 的端口(出:服务器发送 ACK 响应和数据到客户端的数据端口 S→C)。

ftp 的 port 和 pasv 模式最主要区别就是数据端口连接方式不同,ftp port 模式只要开启服务器的 21 和 20 端口,而 ftp pasv 需要开启服务器大于 1024 的所有 TCP 端口和 21 端口。从网络安全的角度来看,似乎 ftp port 模式较安全,而 ftp pasv 不太安全,那么为什么 RFC 要在 ftp port 的基础上再制订一个 ftp pasv 模式呢?因为 ftp port 使用固定的 20 端口传输数据,那么作为黑客很容易使用 sniffer 等探嗅器抓取 FTP 数据,从数据传输安全角度出发使用 pasv 方式来架设 FTP 服务器是较安全的方案。

12.2　配置 VSFTP 服务器

Linux 下的 FTP 服务器软件有很多,如 Serv-U、WS-FTP、LFTP、TFTP 和 VSFTP 等。这里将以 VSFTP 为例来介绍 FTP 服务的安装、配置和管理。

12.2.1　安装 VSFTP 服务

1. 安装 VSFTP 软件

在进行 VSFTP 服务的配置操作之前,可使用下面的命令验证是否已安装了 VSFTP 软件。

```
#dpkg -l|grep vsftpd
ii vsftpd 3.0.3-12+b1      ...          //vsftpd 服务软件
```

如果包含以上命令执行结果，表明系统已安装了 VSFTP 软件。如果未安装，可以用 apt 命令来安装或卸载 VSFTP 服务，具体操作如下：

```
#apt -y install vsftpd
```

2. 启动、停止 VSFTP 服务器

在 Debian 11 中，VSFTP 服务使用 vsftpd 进程，其启动、停止或重启可以使用以下命令：

```
#systemctl start vsftpd              //启动 VSFTP 服务
#systemctl status vsftpd             //查看 VSFTP 服务运行状态
#systemctl restart vsftpd            //重启 VSFTP 服务
#systemctl stop vsftpd               //停止 VSFTP 服务
```

3. 测试默认站点

由于 VSFTP 服务器配置了默认站点，可以在客户端使用 ftp 命令测试服务器的运行情况。默认情况下，需要先安装 ftp 命令再进行测试，具体步骤如下：

```
#apt -y install ftp                  //安装 ftp 命令
#ftp 192.168.1.100                   //连接 ftp 服务器(IP 地址为 192.168.1.100)
Connected to 192.168.1.100.
220 (vsFTPD 3.0.3)
Name (192.168.1.100:root):
```

如果出现上面的执行结果，证明 VSFTP 服务已安装并已经启动。

12.2.2　VSFTP 服务配置文件

1. VSFTP 服务相关的配置文件

VSFTP 服务相关的配置文件包括以下几个。

（1）/etc/vsftpd.conf：VSFTP 服务器的主配置文件。

（2）/etc/logrotate.d/vsftpd：VSFTP 服务器日志文件的配置文件。

（3）/etc/pam.d/vsftpd：主要用于加强 VSFTP 服务器的用户认证。

（4）/etc/ftpusers：在该文件中列出的用户清单将不能访问 FTP 服务器。

2. /etc/vsftpd/vsftpd.conf 文件的常用配置参数

为了让 FTP 服务器能够更好地按照需求提供服务，需要对/etc/vsftpd/vsftpd.conf 文件进行合理有效的配置。vsftpd 提供的配置参数较多，默认配置文件只列出了最基本的配置参数。在该配置文件中，每个选项分行设置，指令行格式如下：

```
配置项=参数值
```

每个配置项的"＝"两边不要有空格。下面将详细介绍配置文件中常用的配置项，其给出的选项值是默认值。

1）布尔选项

（1）allow_anon_ssl＝NO：只有激活了 ss1_enable 才可以启用此项。如果设为 YES，匿名用户将允许使用安全的 SSL 连接服务器。

（2）anon_mkdir_write_enable＝NO：如果设为 YES，将允许匿名用户在指定的环境下创建新目录。如果要让此项生效，那么必须激活 write_enable，并且匿名 FTP 用户必须在其父目录有写权限。

（3）anon_other_write_enable＝NO：如果设为 YES，匿名用户将被授予较大的写权限，如删除和改名。一般不建议这么做，除非想完全授权。也可以和 cmds_allowed 配合来实现控制，这样可以达到文件续传功能。

（4）anon_upload_enable＝NO：如果设为 YES，将允许匿名用户在指定的环境下上传文件。如果要让此项生效，那么必须激活 write_enable。并且匿名 FTP 用户必须在相应目录有写权限。

（5）anon_world_readable_only＝YES：启用时，只允许匿名用户下载完全可读的文件，这也就允许了 FTP 用户拥有对文件的所有权，尤其是在上传的情况下。

（6）anonymous_enable＝NO：控制是否允许匿名用户登录。如果允许，那么 ftp 和 anonymous 都将被视为 anonymous 账户而允许登录。

（7）ascii_download_enable＝NO：启用时，用户下载时将以 ASCII 模式传送文件。

（8）ascii_upload_enable＝NO：启用时，用户上传时将以 ASCII 模式传送文件。

（9）async_abor_enable＝NO：启用时，一个特殊的 FTP 命令 async ABOR 将允许被使用。只有不正常的 FTP 客户端要使用这一功能。由于这个功能难于操作，默认将它关闭。但是，有些客户端在取消一个传送的时候会被"挂死"（客户端无响应），只有启用这个功能才能避免这种情况。

（10）background＝YES：启用它且 vsftpd 是用 listen 模式启动时，vsftpd 将把监听进程置于后台。但访问 vsftpd 时，控制台将立即被返回 Shell。

（11）check_shell＝YES：这个选项只对非 PAM 结构的 vsftpd 有效。如果关闭，vsftpd 将不检查/etc/shells 以判定本地登录的用户是否有一个可用的 Shell。

（12）chmod_enable＝YES：该选项为 YES 时，允许本地用户使用 chmod 命令改变上传的文件的权限。注意，这只能用于本地用户，匿名用户不能使用。

（13）chown_uploads＝NO：如果启用，所有匿名用户上传文件的所有者将变成在 chown_username 里指定的用户。这对管理 FTP 很有用，也对安全有益。

（14）chroot_list_enable＝NO：如果激活，要提供一个用户列表，表内的用户将在登录后被放在其 home 目录，锁定在虚根下（进入 FTP 后，pwd 一下，可以看到当前目录是"/"，这是虚根，是 FTP 的根目录，并非 FTP 服务器系统的根目录）。如果 chroot_local_user 设为 YES，其含义会发生变化，即这个列表内的用户将不被锁定在虚根下。

（15）chroot_local_user＝NO：如果设为 YES，本地用户登录后将被（默认地）锁定在虚根下，并被放在他的 home 目录下。

（16）connect_from_port_20＝NO：这用来控制服务器是否使用 20 端口来传输数据。为了安全起见，有些客户坚持启用。相反，关闭这一项可以让 vsftpd 更加大众化。

（17）debug_ssl＝NO：该选项为 YES 时，将会把 OpenSSL 连接的诊断信息存储在日志文件中。

（18）delete_failed_uploads＝NO：当设置为 YES 时，在上传文件失败时删除该文件。

（19）deny_email_enable＝NO：如果激活，要提供一个关于匿名用户的密码 E-mail 列表（匿名用户将邮件地址作为密码）以阻止以这些密码登录的匿名用户。这个列表文件可以通过 banned_email_file 选项来设置。

（20）dirlist_enable＝YES：如果设置为 NO，所有的列表命令（如 ls）都将被返回 permission denied 提示。

（21）dirmessage_enable＝NO：如果启用，FTP 服务器的用户在首次进入一个新目录时将被显示一段信息。默认情况下，会在这个目录中查找.message 文件，但也可以通过更改 message_file 来改变默认值。

（22）download_enable＝YES：如果设为 NO，下载请求将被返回 permission denied。

（23）dual_log_enable＝NO：如果启用，会产生两个 log 文件，默认的是/var/log/xferlog 和/var/log/vsftpd.log。前一个是 wu-ftpd 格式的 log 文件，能被通用工具分析；后一个是 vsftpd 的专用 log 文件。

（24）force_dot_files＝NO：如果激活，即使客户端没有使用-a 选项，FTP 里以"."开始的文件和目录都会显示在目录资源列表里。但是不会显示"."和".."。（即 Linux 下的当前目录和上级目录不会以"."或".."方式显示）。

（25）force_anon_data_ssl＝NO：仅在 ssl_enable 为 YES 时可用，当该选项为 YES 时所有匿名用户登录时都要求使用 SSL 连接进行数据传输。

（26）force_anon_logins_ssl＝NO：仅在 ssl_enable 为 YES 时可用，当为 YES 时，所有匿名用户登录时都要求使用 SSL 链接进行密码传输。

（27）force_local_data_ssl＝YES：只有在 ssl_enable 激活后才能启用。如果启用，所有的非匿名用户将被强迫使用安全的 SSL 连接以在数据链路上收发数据。

（28）force_local_logins_ssl＝YES：只有在 ssl_enable 激活后才能启用。如果启用，所有的非匿名用户将被强迫使用安全的 SSL 登录以发送密码。

（29）guest_enable＝NO：如果启用，所有的非匿名用户登录时都将被视为"游客"，其名字将被映射为 guest_username 里所指定的名字。

（30）hide_ids＝NO：如果启用，目录资源列表里所有用户和组的信息都将显示为 ftp。

（31）implicit_ssl＝NO：当为 YES 时，进行所有 FTP 连接的第一件事就是 SSL 握手。

（32）listen＝NO：如果启用，vsftpd 将以独立模式（standalone）运行，也就是说可以不依赖 inetd 或者类似的进程启动。运行一次 vsftpd 的可执行文件，然后 vsftpd 就自己去监听和处理连接请求了。

（33）listen_ipv6＝NO：类似于 listen 参数的功能。但有一点不同，启用后 vdftpd 会去监听 IPv6 套接字而不是 IPv4 的套接字。这个设置和 listen 的设置互相排斥。

（34）local_enable＝NO：用来控制是否允许本地用户登录。如果启用，/etc/passwd 里正常用户的账号将被用来登录。

（35）lock_upload_files＝YES：设置当用户上传文件时是否锁住上传的文件。这个可以被用来恶意阻止续传。

（36）log_ftp_protocol＝NO：启用后，如果 xferlog_std_format 没有被激活，所有的

FTP 请求和反馈信息都将被记录。这常用于调试(debugging)。

(37) ls_recurse_enable＝NO：如果启用,ls -R 将被允许使用。这是为了避免安全风险。因为在一个大的站点内,在目录顶层使用这个命令将消耗大量资源。

(38) mdtm_write＝YES：允许使用 MDTM 设置修改的时间。

(39) no_anon_password＝NO：如果启用,vsftpd 将不会向匿名用户询问密码。匿名用户将直接登录。

(40) no_log_lock＝NO：启用时,vsftpd 在写入 log 文件时将不会把文件锁住。这一项一般不启用。它对一些工作区操作系统问题,如 Solaris/Veritas 文件系统共存时有用。因为在试图锁定 log 文件时,有时候看上去像被"挂死"(无响应)了。

(41) one_process_model＝NO：设置一个连接是否只用一个进程。用于 FTP 的性能管理。

(42) passwd_chroot_enable＝NO：如果启用,同 chroot_local_user 一起使用,就会基于每个用户创建限制目录,每个用户限制的目录源于/etc/passwd 中的主目录。

(43) pasv_addr_resolve＝NO：如果想使用主机名,就设置为 YES。

(44) pasv_enable＝YES：如果不想使用被动方式获得数据连接,请设为 NO。

(45) pasv_promiscuous＝NO：如果想关闭被动模式安全检查(这个安全检查能确保数据连接源于同一个 IP 地址),就设为 YES。

(46) port_enable＝YES：如果想关闭以端口方式获得数据连接,请关闭它。

(47) port_promiscuous＝NO：为 YES 时,将禁用 port 安全检查,这个检查将确保数据传输到客户端。只有在自己清楚在做什么时才启用。

(48) require_cert＝NO：如果设置为 YES,则所有的 SSL 客户端连接都需要提供证书,有效的证书在 validate_cert 中指定。

(49) require_ssl_reuse＝YES：当设置为 YES 时,所有的 SSL 数据连接都需要检阅 SSL 会话安全,尽管该选项默认是安全的,但是它可能会破坏许多 FTP 客户端,所以用户可能会禁用它。

(50) run_as_launching_user＝NO：如果想让一个用户启动 vsftpd,可以设为 YES。当 root 用户不能启动 vsftpd 时会很有用(不是 root 用户没有权限启动 vsftpd,而是因为别的原因,不能以 root 身份直接启动 vsftpd)。

(51) secure_email_list_enable＝NO：如果只接受以指定 E-maiL 地址登录的匿名用户,请启用它。这一般用在不需要用虚拟用户而以较低的安全限制去访问较低安全级别的资源的情况下。如果启用它,匿名用户除非将在 email_password_file 里指定的 E-mail 作为密码,否则不能登录。这个文件的格式是一行密码,而且没有额外的空格。

(52) session_support＝NO：设置是否让 vsftpd 尝试管理登录会话。如果 vsftpd 管理会话,它会尝试并更新 utmp 和 wtmp。如果使用 PAM 进行认证,它也会打开一个 PAM 会话(pam_session),直到 logout 才会关闭它。如果不需要会话纪录,或者要 vsftpd 运行更少的进程,或者让它更大众化,可以关闭它。utmp 和 wtmp 只在有 PAM 的环境下才支持。

(53) setproctitle_enable＝NO：如果启用,vsftpd 将在系统进程列表中显示会话状态信息。换句话说,进程名字将变成 vsftpd 会话当前正在执行的动作。为了安全,可以关闭这一项。

（54）ssl_enable＝NO：如果启用，vsftpd 将启用 openSSL，通过 SSL 支持安全连接。这个设置用来控制连接（包括登录）和数据线路。同时，客户端也要支持 SSL 才行。vsftpd 不保证 OpenSSL 库的安全性，因此启用此项前，必须确信安装的 OpenSSL 库是安全的。

（55）ssl_request_cert＝YES：设置 SSL 连接时是否需要认证。

（56）ssl_sslv2＝NO：要激活 ssl_enable 才能启用它。如果启用，将允许 SSL v2 协议的连接。TLS v1 连接将是首选。

（57）ssl_sslv3＝NO：要激活 ssl_enable 才能启用它。如果启用，将允许 SSL v3 协议的连接。TLS v1 连接将是首选。

（58）ssl_tlsv1＝YES：要激活 ssl_enable 才能启用它。如果启用，将允许 TLS v1 协议的连接。TLS v1 连接将是首选。

（59）strict_ssl_read_eof＝NO：该选项为 YES 时，在上传数据时需要通过 SSL 连接的终端，而不是端口上的一个 EOF。

（60）strict_ssl_write_shutdown＝NO：当设置为 YES 时，在下载数据时需要通过 SSL 连接的端口，而不是端口上的一个 EOF。

（61）syslog_enable＝NO：如果启用，系统 log 将取代 vsftpd 的 log 输出到/var/log/vsftpd.log。vsftpd 的 log 工具将不再工作。

（62）tcp_wrappers＝NO：如果启用，vsftpd 将被 tcp_wrappers 所支持。进入的连接将被 tcp_wrappers 访问控制所反馈。如果 tcp_wrappers 设置了 VSFTPD_LOAD_CONF 环境变量，那么 vsftpd 将尝试调用这个变量所指定的配置。

（63）text_userdb_names＝NO：默认情况下，在文件列表中，数字 ID 将被显示在用户和组的区域。可以编辑这个参数以使数字 ID 变成文字。为了保证 FTP 性能，默认情况下，此项被关闭。

（64）tilde_user_enable＝NO：如果启用，vsftpd 将试图解析类似于～chris/pics 的路径名（"～用户路径"）。

注意：vsftpd 有时会一直解析路径名"～"和"～/"（在这里，"～"被解析成内部登录目录）。"～用户路径"只有在当前虚根下找到/etc/passwd 文件时才被解析。

（65）use_localtime＝NO：如果启用，vsftpd 在显示目录资源列表时，会显示本地时间。而默认的是显示 GMT（格林尼治时间）。

（66）use_sendfile＝YES：一个用于测试在平台上使用 sendfile() 系统调用的内部设置。

（67）userlist_deny＝YES：这个设置在 userlist_enable 被激活后才能被验证。如果设置为 NO，那么只有在 userlist_file 里明确列出的用户才能登录。如果是被拒绝登录，那么在被询问密码前，用户就将被系统拒绝。

（68）userlist_enable＝NO：如果启用，vsftpd 将在 userlist_file 里读取用户列表。如果用户试图以文件里的用户名登录，那么在被询问用户密码前，他们就将被系统拒绝。这将防止明文密码被传送。

（69）userlist_log＝NO：设置是否开启记录在 userlist_file 里面指定的用户登录失败的日志。

（70）validate_cert＝NO：如果设置为 YES，所有的 SSL 客户端都需要合法的认证证书。

（71）virtual_use_local_privs＝NO：如果启用，虚拟用户将拥有和本地用户一样的权限。默认情况下，虚拟用户就拥有和匿名用户一样的权限，而后者往往有更多的限制（特别是写权限）。

（72）write_enable＝NO：这决定是否允许一些 FTP 命令去更改文件系统。这些命令是 STOR、DELE、RNFR、RNTO、MKD、RMD、APPE 和 SITE 等。

（73）xferlog_enable＝NO：如果启用，一个 log 文件将详细记录上传和下载的信息。默认情况下，这个文件是/var/log/vsftpd.log，但也可以通过更改 vsftpd_log_file 来指定其默认位置。

（74）xferlog_std_format＝NO：如果启用，log 文件将以标准的 xferlog 格式记录（wu-ftpd 使用的格式），以便于用现有的统计分析工具进行分析。默认情况下，log 文件是/var/log/xferlog。可以通过修改 xferlog_file 来指定新路径。

（75）isolate_network＝YES：如果启用，使用 CLONE_NEWNET 隔离不受信任的进程，以使它们不能执行任意 connect()操作，而必须请求特权进程提供套接字（必须禁用 port_promiscuous）。

（76）isolate＝YES：如果启用，使用 CLONE_NEWPID 和 CLONE_NEWIPC 将进程隔离到其 ipc 和 pid 名称空间，以使独立的进程不能相互影响。

2）数字选项

（1）accept_timeout＝60：以 s 为单位，设定远程用户以被动模式建立连接时最大尝试建立连接的时间。

（2）anon_max_rate＝0：对于匿名用户，设定允许的最大传送速率，单位为 B/S。0 为无限制。

（3）anon_umask＝077：为匿名用户创建的文件设定权限。

注意：如果想输入八进制的值，那么其中的 0 不同于十进制的 0。

（4）chown_upload_mode＝0600：设置匿名用户上传文件时使用 chown 强制改变文件的权限值。

（5）connect_timeout＝60：以 s 为单位，设定远程用户必须回应 port 类型数据连接的最大时间。

（6）data_connection_timeout＝300：以 s 为单位，设定数据传输延迟的最大时间。时间一到，远程用户将被断开连接。

（7）delay_failed_login＝1：设置登录失败时要延迟 1s 后才可以再次连接。

（8）delay_successful_login＝0：设置登录成功后的延迟时间，单位是 s。

（9）file_open_mode＝0666：对于上传的文件设定权限。如果想被上传的文件可被执行，umask 要改成 0777。

（10）ftp_data_port＝20：设定 port 模式下的连接端口（需要 connect_from_port_20 被激活）。

（11）idle_session_timeout＝300：以 s 为单位，设置远程客户端在两次输入 FTP 命令间的最大时间。时间一到，远程客户将被断开连接。

（12）listen_port＝21：如果 vsftpd 处于独立运行模式下，这个端口设置将监听的 FTP

连接请求。

(13) local_max_rate＝0：为本地认证用户设定最大传输速度，单位为 B/S。0 为无限制。

(14) local_umask＝077：设置本地用户创建文件的权限。

注意：如果想输入八进制的值，那么其中的 0 不同于十进制的 0。

(15) max_clients＝0：如果 vsftpd 运行在独立运行模式下，这里设置了允许并发连接的最大客户端数。再后来的用户端将得到一个错误信息。0 为无限制。

(16) max_login_fails＝3：设置在 3 次连接失败后终止会话。

(17) max_per_ip＝0：如果 vsftpd 运行在独立运行模式下，这里设置了每个 IP 地址的最大并发连接数目。如果超过了最大限制，将得到一个错误信息。0 为无限制。

(18) pasv_max_port＝0：指定为被动模式数据连接分配的最大端口。可用来指定一个较小的范围以配合防火墙。0 为可使用任何端口。

(19) pasv_min_port＝0：指定为被动模式数据连接分配的最小端口。可用来指定一个较小的范围以配合防火墙。0 为可使用任何端口。

(20) trans_chunk_size＝0：一般不需要改这个设置。但也可以尝试改为 8192 去减小带宽限制的影响。

3）字符串选项

(1) anon_root＝：设置一个目录，在匿名用户登录后，vsftpd 会尝试进入这个目录。如果失败则略过。

(2) banned_email_file＝/etc/vsftpd.banned_emails：deny_email_enable 启动后，匿名用户如果使用这个文件里指定的 E-mail 密码登录，将被拒绝。

(3) banner_file＝：设置一个文本，在用户登录后将显示文本内容。如果设置了 ftpd_banner，ftpd_banner 将无效。

(4) ca_certs_file＝：设置加载认证证书的文件。

(5) chown_username＝root：改变匿名用户上传文件的所有者。需设定 chown_uploads。

(6) chroot_list_file＝/etc/vsftpd.chroot_list：这项提供了一个本地用户列表，列表内的用户登录后将被放在虚根下，并锁定在 home 目录中。这需要 chroot_list_enable 项被启用。如果 chroot_local_user 项被启用，这个列表就变成一个不将列表里的用户锁定在虚根下的用户列表。

(7) cmds_allowed＝：以逗号分隔的方式指定可用的 FTP 命令（USER、PASS 和 QUIT 是始终可用的命令），其他命令将被屏蔽。这是一个强有力的锁定 FTP 服务器的手段，如 cmds_allowed＝PASV,RETR,QUIT（只允许检索文件）。

(8) cmds_denied＝：指定一系列由“,”隔开的不允许使用的 FTP 命令。

(9) deny_file＝：设置一个文件名或者目录名式样以阻止任何情况下对它们的访问。并不是隐藏它们，而是拒绝任何试图对它们进行的操作（下载、改变目录或其他有影响的操作）。这个设置很简单，而且不会用于严格的访问控制，文件系统权限将优先生效。这个设置对确定的虚拟用户设置很有用。特别是如果一个文件能被多个用户名访问（可能是通过软连接或者硬连接），那就要拒绝所有的访问。建议使用文件系统权限设置一些重要的安全策略以获取更高的安全性，如 deny_file＝{ * .mp3, * .mov,.private}。

（10）dsa_cert_file＝：指定加载 DSA 证书的文件名。

（11）dsa_private_key_file＝：指定包含 DSA 私钥的文件。

（12）email_password_file＝/etc/email_passwords：在设置了 secure_email_list_enable 后，这个设置可以用来提供一个备用文件。

（13）ftp_username＝ftp：这是用来控制匿名 FTP 的用户名。这个用户的 home 目录是匿名 FTP 账户的根。

（14）ftpd_banner＝：当一个连接首次接入时将显示一个欢迎界面。

（15）guest_username＝ftp：设定了游客进入后，其将会被映射的名字。

（16）hide_file＝：设置了一个文件名或者目录名列表，这个列表内的资源会被隐藏，不管是否有隐藏属性。但如果用户知道了它的存在，将能够对它进行完全的访问。hide_file 里的资源和符合 hide_file 指定的规则表达式的资源将被隐藏。vsftpd 的规则表达式很简单，如 hide_file＝{ * .mp3,.hidden,hide * ,h?}。

（17）listen_address＝：如果 vsftpd 运行在独立模式下，本地接口的默认监听地址将被这个设置代替。需要提供一个 IPv4 地址。

（18）listen_address6＝：如果 vsftpd 运行在独立模式下，要为 IPv6 指定一个监听地址（如果 listen_ipv6 被启用）。需要提供一个 IPv6 格式的地址。

（19）local_root＝：设置一个本地（非匿名）用户登录后，vsftpd 试图让他进入的一个目录。如果失败，则略过。

（20）message_file＝.message：当进入一个新目录时，会查找这个文件并显示文件里的内容给远程用户。dirmessage_enable 需启用。

（21）nopriv_user＝nobody：设定服务执行者为 nobody。nobody 是 vsftpd 推荐使用的一个权限很低的用户，没有家目录（/dev/null），没有登录 Shell（/sbin/nologin），系统更安全。这是 vsftpd 作为完全无特权的用户的名字。

（22）pam_service_name＝ftp：设定 vsftpd 将要用到的 PAM 服务的名字。

（23）pasv_address＝：当使用 PASV 命令时，vsftpd 会用这个地址进行反馈。需要提供一个数字化的 IP 地址。默认将取自进来（incoming）的连接的套接字。

（24）rsa_cert_file＝/usr/share/ssl/certs/vsftpd.pem：此设置指定了 SSL 加密连接需要的 RSA 证书的位置。

（25）rsa_private_key_file＝：指出 FTP 的 RSA 私钥文件所在的位置。

（26）secure_chroot_dir＝/usr/share/empty：此设置指定了一个空目录，这个目录不允许 FTP 用户写入。在 vsftpd 不希望文件系统被访问时，目录为安全的虚根所使用。

（27）ssl_ciphers＝DES-CBC3-SHA：此设置将选择 vsftpd 为加密的 SSL 连接所用的 SSL 密码。

（28）user_config_dir＝：此设置允许覆盖一些默认指定的配置项（基于单个用户）。例如，把 user_config_dir 赋值为/etc/vsuser.conf，那么当以 chen 用户登录时，vsftpd 将调用配置文件/etc/vsuser.conf/chen。

（29）user_sub_token＝：这个设置将依据一个模板为每个虚拟用户创建 home 目录。例如，如果真实用户的 home 目录通过 guest_username 为/home/virtual/ $ USER 指定，并且 user_sub_token 设置为＄USER，那么虚拟用户 fred 登录后将被锁定在/home/virtual/fred 下。

（30）userlist_file＝/etc/vsftpd/user_list：当 userlist_enable 被激活后，系统将去这里调用文件。

（31）vsftpd_log_file＝/var/log/vsftpd.log：只有 xferlog_enable 被设置，而 xferlog_std_format 没有被设置时，此项才生效。这是被生成的 vsftpd 格式的 log 文件的名字。dual_log_enable 和这个设置不能同时启用。如果启用了 syslog_enable，那么这个文件不会生成，而只产生一个系统 log。

（32）xferlog_file＝/var/log/xferlog：设定生成 wu-ftpd 格式的 log 的文件名。只有启用了 xferlog_enable 和 xferlog_std_format 后才能生效。但不能和 dual_log_enable 同时启用。

12.3　管理 VSFTP 服务器

一般而言，用户必须经过身份验证才能登录 VSFTP 服务器，然后才能访问和传输 FTP 服务器上的文件，VSFTP 服务器分为匿名账号 FTP 服务器、本地账号 FTP 服务器和虚拟账号 FTP 服务器。

1. 匿名账号 FTP 服务器

使用匿名用户登录的服务器采用 anonymous 或 ftp 账户，以用户的 E-mail 地址作为口令或使用空口令登录。默认情况下，匿名用户对应的系统中的实际账号是 ftp，其主目录是/var/ftp，所以每个匿名用户登录后实际上都在/var/ftp 目录下。为了减轻 FTP 服务器的负载，一般情况下，应关闭匿名账号的上传功能。

2. 本地账号 FTP 服务器

使用本地用户登录的服务器采用系统中的合法账号登录，一般情况下，合法用户都有自己的主目录，每次登录时默认都登录到各自的主目录中。本地用户可以访问整个目录结构，从而对系统安全构成极大威胁，所以除非特殊需要，应尽量避免用户使用真实账号访问 FTP 服务器。

3. 虚拟账号 FTP 服务器

使用 guest 用户登录的服务器的登录用户一般不是系统中的合法用户，与匿名用户相似之处是全部虚拟用户也仅对应一个系统账号，即 guest。但与匿名用户不同之处是虚拟用户的登录名称可以任意取，而且每个虚拟用户都可以有自己独立的配置文件。guest 登录 FTP 服务器后，不能访问除宿主目录以外的内容。

12.3.1　配置匿名账号的 FTP 服务器

下面通过一个配置实例来体验匿名 FTP 服务器的配置及效果，要求如下。

在主机（IP 地址为 192.168.1.100）上配置只允许匿名用户登录的 FTP 服务器，使匿名用户具有以下权限。

（1）允许上传、下载文件。

（2）将上传文件的所有者改为 wu。

（3）允许创建子目录，改变文件名称或删除文件。

（4）设置匿名用户的最大传输速率为 50kb/s。

（5）设置同时连接 FTP 服务器的并发用户数为 100。

（6）设置每个用户同一时段并发下载文件的最大线程数为 2。

（7）设置采用 ASCII 方式传送数据。

（8）设置欢迎信息为"Welcome to FTP Service!"。

配置过程如下。

（1）编辑 vsftpd 的主配置文件/etc/vsftpd.conf，对文件中相关的配置项进行修改、添加，其他配置采用默认选项即可。需要配置的内容如下。

```
anonymous_enable=YES              //允许匿名用户(FTP 或 anonymous)登录
#local_enable=YES                 //不使用本地用户登录,所以把它注释掉
write_enable=YES                  //允许本地用户的写权限,因为本地用户的登录已经
                                    被注释掉,所以无论是 YES 还是 NO 都不会起作用
anon_upload_enable=YES            //允许匿名用户上传文件
anon_mkdir_write_enable=YES       //允许匿名用户创建目录
anon_other_write_enable=YES       //允许匿名用户改名和删除文件。需手动添加本行
anon_max_rate=50000               //设置匿名用户的最大传输速率为 50kb/s
max_clients=100                   //设置同时连接 FTP 服务器的并发用户数为 100
max_per_ip=2                      //设置每个 IP 同一时段并发下载线程数为 2 或同时
                                    只能下载两个文件
chown_uploads=YES                 //允许匿名用户修改上传文件的所有权
chown_username=wu                 //将匿名用户上传文件的所有者改为 wu
ascii_upload_enable=YES           //允许使用 ASCII 格式上传文件,默认值是 YES,但
                                    该命令是被注释掉的,所以默认是没有启用的
ascii_download_enable=YES         //允许使用 ASCII 格式下载文件
ftpd_banner=Welcome to FTP Service!  //设置欢迎信息
```

（2）创建用户 wu。

```
#useradd wu
```

（3）重启 vsftpd 服务。

```
#systemctl restart vsftpd
```

（4）测试 vsftpd 服务。

无论是在 Linux 环境中还是在 Windows 环境中都有 3 种访问 FTP 服务器的方法：一是使用浏览器，二是使用专门的 FTP 客户端软件，三是使用 ftp 命令。利用命令登录的过程如下。

```
#ftp 192.168.1.100
Connected to 192.168.1.100 (192.168.1.100).
220 Welcome to FTP Service!
Name(192.168.1.100:root):ftp          //输入用户名
331 Please specify the password.
Password:                             //输入密码,可为空
Remote system type is UNIX.
```

```
Using binary mode to transfer files.
ftp>cd pub                          //切换到 pub 目录
250 Directory successfully changed.
ftp>ls                              //显示 pub 目录列表
ftp>get test1.txt                   //下载 test1.txt 文件
ftp>!dir                            //查看 test1.txt 文件是否下载到本地
ftp>!                               //退出登录
```

12.3.2　配置本地账号的 FTP 服务器

默认情况下 VSFTP 服务器允许本地用户登录，并直接进入该用户的主目录，但此时用户可以访问 FTP 服务器的整个目录结构，这对系统的安全来说是一个很大的威胁，同时本地用户数量有时很大，其权限也不相同，所以为了安全起见，应进一步完善本地账号 FTP 服务器的功能。下面介绍两种常用的访问控制。

1. 用户访问控制

VSFTP 具有灵活的用户访问控制功能。在具体实现中，VSFTP 的用户访问控制分为两类：一类是传统用户列表文件，在 Debian 11 中，其文件名是/etc/ftpusers，凡在此文件中列出的用户都没有登录此 FTP 服务器的权限；另一类是改进的用户列表文件/etc/user_list，该文件中的用户能否登录 FTP 服务器由/etc/vsftpd.conf 中的参数 userlist_deny 来决定，这样做更加灵活。

下面通过一个配置实例来体验本地账号 FTP 服务器的配置及效果，要求如下。

在主机(IP 地址为 192.168.1.100)上配置 FTP 服务器，实现以下功能。

(1) 只允许本地用户 wu、jack 和 root 登录 VSFTP 服务器。

(2) 更改登录端口号为 8021，把每个本地用户的最大传输速率设为 1Mb/s。

配置过程如下。

(1) 编辑/etc/vsftpd.conf。

```
#vi /etc/vsftpd.conf
local_max_rate=1000000              //设置本地用户的最大传输速率为 1Mb/s
listen_port=8021                    //更改 FTP 登录端口号为 8021
userlist_enable=YES                 //启用用户列表文件
userlist_file=/etc/user_list        //指定用户列表文件名称和路径
userlist_deny=NO                    //为 NO 时，则只允许 user_list 文件中的用户登录
...
```

确认在文件中存在以上几条命令，如果没有则需要手工添加，其他默认设置无须改动。

(2) 编辑/etc/ftpusers 文件。

```
#vi /etc/ftpusers
daemon
bin
...
```

这个文件被称为 FTP 用户的黑名单，即在该文件中的本地用户都不能登录 FTP 服务器，所以应确认 wu、jack 和 root 这 3 个用户名不要出现在该文件中。

(3) 编辑/etc/user_list 文件。

```
#vi /etc/user_list
root
wu
jack
```

（4）添加 wu、jack 用户为本地用户。

```
#useradd wu
#useradd jack
```

（5）重启 vsftp 服务。

```
#systemctl restart vsftpd
```

（6）测试。可在文本模式中输入以下命令：

```
#ftp 192.168.1.100 8021
```

然后分别用 root、wu 和 jack 用户进行测试。

说明：如果在 ftpusers 和 user_list 文件中同时出现某个用户名，当 vsftpd.conf 文件中 userlist_deny＝NO 时，是不会允许这个用户登录的，即只要在 ftpusers 出现就是被禁止的。当 userlist_deny＝YES 时，只要在 user_list 文件中的用户都是被拒绝的，而其他用户如果不在该文件和 ftpusrs 中，就是被允许的。

其实很简单，当禁止某些用户时，可以只启用 ftpusers 文件，即在此文件中的用户都是被拒绝的。当只允许某些用户时，首先保证这些用户在 ftpusers 中没有出现，然后设置 userlist_deny＝NO，并在 user_list 中添加上允许的用户名即可（此时将体会到 userlist_deny＝YES 时，user_list 文件的作用和 ftpusers 文件的作用一样）。

2. 目录访问控制

用户访问控制是不安全的，因为只对用户的访问进行了控制，而只要用户能登录 FTP，便可以从自己的主目录切换到其他任何目录中。vsftpd 提供了 chroot 命令，可以将用户访问的范围限制在各自的主目录中。在具体实现时，针对本地用户进行目录访问控制可以分为两种情况：一种是针对所有的本地用户都进行目录访问控制；另一种是针对指定的用户列表进行目录访问控制。需要注意的是，因为 chroot 命令比较危险，如果要使用，要确保用户的家目录没有写权限。

配置示例：要求除本地用户 wu 外，其他本地用户在登录 VSFTP 服务器后都被限制在各自的主目录中，不能切换到其他目录。

（1）编辑/etc/vsftpd.conf 文件，确保以下命令起作用（去掉注释符号"#"）。

```
#vi /etc/vsftpd.conf
chroot_local_user=YES              //把所有的本地用户限制在各自的主目录中
chroot_list_enable=YES             //激活用户列表文件，用于指定用户不受 chroot 限制
chroot_list_file=/etc/vsftpd.chroot_list       //指定用户列表文件名及路径
...
```

（2）创建/etc/chroot_list 文件，在该文件中添加用户名 wu。

```
#vi /etc/vsftpd.chroot_list
wu
```

221

（3）测试。

```
#useradd zhang              //添加用户用于跟 wu 用户进行比较
#passwd zhang
# chmod u-w zhang           //去掉 zhang 用户对自己目录的写权限
# systemctl restart vsftpd  //重启服务
# ftp 192.168.1.100
Connected to 192.168.1.100.
Name (192.168.1.100:root):wu   //使用 wu 用户登录
Password:
ftp>pwd                        //查看当前目录
257 "/home/zhao" is the current directory
ftp>cd /
250 Directory successfully changed.
ftp>pwd
257 "/" is the current directory
```

由测试结果可以发现，除 wu 用户外，其他所有用户登录 VSFTP 服务器后，执行 pwd 命令后发现返回的目录是"/"。很明显，chroot 功能起作用了，虽然用户仍然登录自己的主目录，但此时的家目录都已经被临时改变为"/"目录，如果再改变目录，则命令执行失败，即无法访问主目录之外的地方，被限制在了自己的家目录中，这时也就消除了上面所讲的安全隐患。

12.3.3　配置虚拟账号的 FTP 服务器

在实际环境中，如果 FTP 服务器开启本地账号访问功能，因本地账号具有登录系统的权限，就会给 FTP 服务器带来潜在的安全隐患。为了保证 FTP 服务器的安全，VSFTP 服务提供了对虚拟用户的支持，它采用 PAM 认证机制实现了虚拟用户的功能。可以把虚拟账号 FTP 服务看作一种特殊的匿名 FTP 服务，它拥有登录 FTP 服务的用户名和密码，但是它所使用的用户名不是本地用户（即它的用户名只能用来登录 FTP 服务，而不能用来登录系统），并且所有的虚拟用户名都是在映射为一个真实的账号之后才登录 FTP 服务器。这个真实账号可以登录系统，即它和本地用户在性质上是一样的。下面通过实例来介绍虚拟账号 FTP 服务的配置。

配置实例：要求创建两个虚拟用户用于登录 FTP 服务器，其用户名为 user1 和 user2，登录密码分别为 123 和 321。user1 只能登录/var/ftp 目录，且具有全部的权限；user2 只能登录/var/web 目录，且只有下载的权限。

配置过程如下。

（1）创建虚拟用户数据库文件。

① 创建用户文本文件。按照格式要求创建一个存放虚拟用户账号的文本文件，文本文件的文件名可自定，例如：

```
#vi /etc/vuser.txt
user1
123
user2
321              //奇数行是虚拟用户名,偶数行是相应的登录密码
```

② 生成用户数据库文件。由于文本文件无法被系统账号直接调用,需执行以下命令生成虚拟用户的数据库文件。

```
#apt -y install db5.3-util
#db5.3_load -T -t hash -f /etc/vuser.txt /etc/vsftpd.db
```

(2) 创建 PAM 认证文件。PAM 模块负责对虚拟用户进行身份认证,需要编辑 PAM 认证文件/etc/pam.d/vsftpd,在文件中添加以下内容(为了防止冲突,需将其他内容清空或注释掉):

```
#vi /etc/pam.d/vsftpd
auth      required  pam_userdb.so  db=/etc/vsftpd
account  required  pam_userdb.so  db=/etc/vsftpd
```

该 PAM 认证配置文件中共有两条规则:第一条是设置利用 pam_userdb.so 模块来进行身份认证,主要是接受用户名和口令,进而对该用户的口令进行认证,并负责设置用户的一些秘密信息;第二条是检查账号是否被允许登录系统,账号是否过期以及是否有时间段的限制等。这两条规则都采用了数据库/etc/vsftpd/vsftpd.db(规则最后的 vsftpd 省略了.db 后缀)。

(3) 创建虚拟用户所对应的本地账号及其所登录的目录,并设置权限。

```
#mkdir /var/vftp
#useradd -d /var/vftp vftp              //这里的目录与账号的命名都是任意的
```

(4) 编辑/etc/vsftpd.conf 文件,使其包含以下内容:

```
#vi /etc/vsftpd.conf
pam_service_name=vsftpd                 //设置 PAM 认证时所采用的文件。它的值来自
                                          第(2)步创建的 PAM 认证文件名
guest_enable=YES                        //激活虚拟用户的登录功能
guest_username=vftp                     //指定虚拟用户对应的本地用户,本地用户名来
                                          自第(3)步中添加的用户
user_config_dir=/etc/vsftpd/vconf       //指定虚拟用户配置文件的存放目录
```

(5) 建立虚拟用户配置文件的存放位置。

```
#mkdir /etc/vsftpd/vconf
```

(6) 设置虚拟用户权限。虚拟用户配置文件名需以用户名来命名,可根据要求逐个创建虚拟用户配置文件,对各个虚拟用户分别设置不同的权限。

① 配置 user1 用户。

```
#mkdir -p /var/ftp/pub                  //创建登录目录与可写子目录
#chmod o+w /var/ftp/pub                 //赋予写文件权限
#vi /etc/vconf/user1                    //编辑用户配置文件
local_root=/var/ftp                     //指定用户根目录
write_enable=YES                        //赋予写权限
anon_world_readable_only=NO             //只要 FTP 用户对文件有读权限即可下载
anon_upload_enable=YES                  //赋予上传功能
```

223

```
anon_mkdir_write_enable=YES                    //赋予新建目录权限
anon_other_write_enable=YES                    //赋予删除及重命名的权限
```

② 配置 user2 用户。

```
#mkdir -p /var/web
#vi /etc/vconf/user2
local_root=/var/web
anon_world_readable_only=NO
```

（7）重启 VSFTP 服务。

```
#systemctl restart vsftpd
```

（8）测试。

```
#ftp 192.168.1.100
Connected to 192.168.1.100(192.168.1.100).
220 (vsFTPd 3.0.3)
530 Please login with USER and PASS.
name(192.168.1.100:root): user1            //使用用户 user1 登录
331 Please specify the password.
Password:                                  //输入用户 user1 的密码
230 Login successful.
Using binary mode to transfer files.
ftp>pwd
257 "/" is the current directory
```

由以上可以看到，虚拟用户 user1 登录成功。需要说明的是：

① VSFTP 指定虚拟用户登录后，本地用户就不能登录了。

② 虚拟用户在某种程度中更接近匿名用户，包括上传、下载和删除文件以及修改文件名等配置所使用的命令与匿名用户的命令是相同的。例如，如果要允许虚拟用户上传文件，则需要采用 annon_upload_enable＝YES 命令。

实　　训

1. 实训目的

掌握 Linux 下 VSFTP 服务器的架设办法。

2. 实训内容

练习 VSFTP 服务器的安装和各种配置。

（1）配置一个允许匿名用户上传的 FTP 服务器，在客户机验证 FTP 服务。

① 设置匿名账号具有上传、创建目录权限。

② 设置将本地用户都锁定在/home 目录中。

③ 锁定匿名用户登录后的目录为/var/ftp/share。

（2）配置一个允许指定的本地用户（用户名为 user1）访问，而其他本地用户不可访问的 FTP 服务器，在客户机验证 FTP 服务。

（3）配置服务器日志和欢迎信息为"Welcome！！！"。

（4）设置匿名用户的最大传输速率为 2Mb/s。

3. 实训总结

通过此次的上机实训，掌握在 Linux 上如何安装与配置 FTP 服务器。

习　　题

一、选择题

1. 以下文件中，不属于 VSFTP 配置文件的是（　　　）。

　　A. /etc/vsftpd/vsftp.conf　　　　　　　　B. /etc/vsftpd/vsftpd.conf

　　C. /etc/vsftpd/ftpusers　　　　　　　　　D. /etc/vsftpd/user_list

2. 安装 VSFTP 服务器后，如果要启动该服务，则正确的命令是（　　　）。

　　A. server vsftpd start　　　　　　　　　B. systemctl start vsftpd

　　C. service vsftpdstart　　　　　　　　　D. /etc/rc.d/init.d/vsftpd restart

3. 如果使用 VSFTPD 的默认配置，使用匿名账户登录 FTP 服务器，所处的目录是（　　　）。

　　A. /home/ftp　　　　　B. /var/ftp　　　　　C. /home　　　　　D. /home/vsftpd

4. 在 vsftpd.conf 配置文件中，用于设置不允许匿名用户登录 FTP 服务器的配置命令是（　　　）。

　　A. anonymou_enable＝NO　　　　　　　B. no_anonymous_login＝YES

　　C. local_enable＝NO　　　　　　　　　　D. anonymous_enable＝YES

5. 如果要禁止所有 FTP 用户登录 FTP 服务器后，切换到 FTP 站点根目录的上级目录，则相关的配置应是（　　　）。

　　A. chroot_local_user＝NO　　　　　　　B. chroot_local_user＝YES

　　　　chroot_list_enable＝NO　　　　　　　　chroot_list_enable＝NO

　　C. chroot_local_user＝YES　　　　　　　D. chroot_local_user＝NO

　　　　chroot_list_enable＝YES　　　　　　　　chroot_list_enable＝YES

6. FTP 服务使用的端口号是（　　　）。

　　A. 21　　　　　　　　B. 23　　　　　　　　C. 25　　　　　　　　D. 53

7. 修改文件 vsftpd.conf 中的（　　　）可以实现 vsftpd 服务独立启动。

　　A. listen＝YES　　　　　　　　　　　　B. listen＝NO

　　C. boot＝standalone　　　　　　　　　　D. ♯listen＝YES

二、简答题

1. FTP 的工作模式有哪几种？它们有何区别？

2. 如何测试 FTP 服务？

第 13 章 DHCP 服务器配置与管理

TCP/IP 网络上的每台计算机都必须有唯一的 IP 地址,用于标识主机及其连接的子网。将计算机移动到不同的子网时,必须更改 IP 地址才能正确联网。DHCP(dynamic host configuration protocol,动态主机配置协议)允许通过本地网络上的 DHCP 服务器中的 IP 地址数据库为客户端动态指派 IP 地址;对于基于 TCP/IP 的网络,DHCP 降低了重新配置计算机的难度,减少了管理的工作量。

本章学习任务:
- 了解 DHCP 的基本概念;
- 熟悉 DHCP 的配置文件;
- 掌握 DHCP 服务器的配置过程。

13.1 DHCP 工作机制

DHCP 是一种用于简化主机 IP 配置管理的标准。通过采用 DHCP 标准,可以使用 DHCP 服务器为网络上启用 DHCP 的客户端分配动态 IP 地址和管理相关配置。

1. DHCP 服务简介

DHCP 前身是 BOOTP,属于 TCP/IP 的应用层协议。使用 DHCP 在管理网络配置方面很有作用,特别是当一个网络的规模较大时,使用 DHCP 可极大减轻网络管理员的工作量。另外,对于移动 PC(如笔记本电脑和其他手持设备),由于使用的环境经常变动,IP 地址也就可能需要经常变动,如果每次都手工修改移动 PC 的 IP 地址,使用起来就很麻烦。这时,如果客户端设置使用 DHCP,则当移动 PC 接入不同环境的网络时,只要该网络有 DHCP 服务器,就可获取一个该网络的 IP 地址,自动联入网络。

DHCP 分为两部分:一个是服务器端;另一个是客户端。服务器端负责集中管理可动态分配的 IP 地址集,并负责处理客户端的 DHCP 请求,给客户端分配 IP 地址。而客户端负责向服务器端发出请求 IP 地址的数据包,并获取服务器分配的 IP 地址,为客户机设置分配的 IP 地址。因此,使用 DHCP 服务需要对服务器端和客户端分别进行简单设置。

2. DHCP 服务的工作过程

DHCP 客户端为了获取合法的动态 IP 地址,需在不同工作阶段与服务器之间交互不同的信息。客户端是否是第一次登录网络,DHCP 的工作过程会有所不同。

(1)寻找及服务器。当 DHCP 客户端第一次登录网络时,也就是客户端发现本机上没有 IP 设置,它会向网络发出一个 DHCPdiscover 封包。因为客户端还不知道自己属于哪一个网络,所以封包的源地址会为 0.0.0.0,而目的地址则为 255.255.255.255,然后附上 DHCPdiscover 的信息,向网络进行广播。网络上每一台安装了 TCP/IP 的主机都会接收到这种广播信息,但只有 DHCP 服务器才会做出响应。

DHCPdiscover 的等待时间预设为 1s,也就是当客户端将第一个 DHCPdiscover 封包送出去之后在 1s 之内没有得到回应的话就会进行第二次 DHCPdiscover 广播。在得不到回应的情况下客户端一共会进行 4 次 DHCPdiscover 广播,除了第一次会等待 1s 之外其余 3 次的等待时间分别是 9s、13s、16s。如果都没有得到 DHCP 服务器的回应。客户端则会显示错误信息,宣告 DHCPdiscover 的失败。之后基于使用者的操作系统会继续在 5min 之后再重发一次 DHCPdiscover 的要求。

(2) 提供 IP 租用地址。当 DHCP 服务器监听到客户端发出的 DHCPdiscover 广播后,它会从那些还没有租出的地址范围内,选择最前面的空置 IP,连同其他 TCP/IP 选项,回应给客户端一个 DHCPoffer 封包。由于客户端在开始的时候还没有 IP 地址,所以在其 DHCPdiscover 封包内会带有其 MAC 地址信息,并且有一个 XID 编号来辨别该封包。DHCP 服务器回应的 DHCPoffer 封包则会根据这些资料传递给要求租约的客户。根据服务器端的设置,DHCPoffer 封包会包含一个租约期限的信息。

(3) 接受 IP 租约。如果客户端收到网络上多台 DHCP 服务器的回应,只会挑选其中一个 DHCPoffer(通常是最先抵达的那个),并且会向网络发送一个 DHCPrequest 广播封包,告诉所有 DHCP 服务器它将指定接受哪一台服务器提供的 IP 地址。之所以要以广播方式回答,是为了通知所有的 DHCP 服务器,它将选择某台 DHCP 服务器所提供的 IP 地址。同时,客户端还会向网络发送一个 ARP 封包,查询网络上有没有其他机器使用该 IP 地址,如果发现该 IP 已经被占用,客户端则会送出一个 DHCPdecline 封包给 DHCP 服务器,拒绝接受其 DHCPoffer,并重新发送 DHCPdiscover 信息。事实上,并不是所有 DHCP 客户端都会无条件接受 DHCP 服务器的 offer,尤其是安装有其他 TCP/IP 相关的客户软件的主机。客户端也可以用 DHCPrequest 向服务器提出 DHCP 选择,而这些选择会以不同的号码填写在 DHCPOptionField 里面。换言之,客户端未必全都接受在 DHCP 服务器上面的设置,客户端可以保留自己的一些 TCP/IP 设置。主动权永远在客户端。

(4) 确认阶段。即 DHCP 服务器确认所提供的 IP 地址的阶段。当 DHCP 服务器收到 DHCP 客户机回答的 DHCPrequest 请求信息之后,它便向 DHCP 客户机发送一个包含它所提供的 IP 地址和其他设置的 DHCPack 确认信息,告诉 DHCP 客户机可以使用它所提供的 IP 地址。然后 DHCP 客户机便将其 TCP/IP 与网卡绑定,另外,除 DHCP 客户机选中的服务器外,其他的 DHCP 服务器都将收回提供的 IP 地址。

(5) 重新登录。以后 DHCP 客户机每次重新登录网络时,就不需要再发送 DHCPdiscover 发现信息了,而是直接发送包含前一次所分配的 IP 地址的 DHCPrequest 请求信息。当 DHCP 服务器收到这一信息后,它会尝试让 DHCP 客户机继续使用原来的 IP 地址,并回答一个 DHCPack 确认信息。如果此 IP 地址已无法再分配给原来的 DHCP 客户机使用(如此 IP 地址已分配给其他 DHCP 客户机使用),则 DHCP 服务器给 DHCP 客户机回答一个 DHCPnack 否认信息。当原来的 DHCP 客户机收到此 DHCPnack 否认信息后,它就必须重新发送 DHCPdiscover 信息来请求新的 IP 地址。

(6) 更新租约。DHCP 服务器向 DHCP 客户机出租的 IP 地址一般都有一个租借期限,期满后 DHCP 服务器便会收回出租的 IP 地址。如果 DHCP 客户机要延长其 IP 租约,则必须更新其 IP 租约。当 DHCP 客户机启动或 IP 租约期限过一半时,DHCP 客户机都会自动向 DHCP 服务器发送更新其 IP 租约的信息,如果此时得不到 DHCP 服务器的确认,客户机还可以继续使用该 IP;然后在剩余租约期限再过一半时(即租约的 75%),如果还得不到确认,那么客户机就不能拥有这个 IP 地址了。

13.2 DHCP 服务的安装与配置

13.2.1 安装 DHCP 服务

在进行 DHCP 服务的配置操作之前,可使用下面的命令验证是否已安装了 DHCP 组件。

```
#dpkg -l|grep dhcp
ii isc-dhcp-client      4.4.1-2.3    ...      //DHCP 客户端
ii isc-dhcp-common      4.4.1-2.3    ...      //相关操作说明
ii isc-dhcp-server      4.4.1-2.3    ...      //DHCP 服务器
```

如果包含以上命令执行结果,表明系统已安装了 DHCP 组件。如果未安装 isc-dhcp-server,可以用 apt 命令来安装或卸载 DHCP 服务,具体操作如下:

```
#apt -y install isc-dhcp-server
```

13.2.2 启动、停止 DHCP 服务

DHCP 服务使用 isc-dhcp-server 进程,其启动、停止或重启可以使用以下命令。

1. 启动 DHCP 服务

```
#systemctl start isc-dhcp-server
```

2. 停止 DHCP 服务

```
#systemctl stop isc-dhcp-server
```

3. 重新启动 DHCP 服务

```
#systemctl restart isc-dhcp-server
```

4. 查看 DHCP 服务的运行状态

```
#systemctl status isc-dhcp-server
```

13.2.3 DHCP 服务配置

在 Debian 11 中,DHCP 服务的配置涉及/etc/default/isc-dhcp-server 和/etc/dhcp/dhcpd.conf 两个文件。

1. /etc/default/isc-dhcp-server

此文件主要用于配置 DHCP 服务监听的接口和监听的协议,监听接口是必须要配置的,而监听协议是可选的。因此要根据实际情况配置监听的网卡。具体内容如下。

228

```
#vi /etc/default/isc-dhcp-server
...
INTERFACESv4="ens33"                    //需要监听的 IPv4 接口
INTERFACESv6=""                         //需要监听的 IPv6 接口
```

2. /etc/dhcp/dhcpd.conf

默认情况下此文件并没有给出合适的配置,在使用时,需要根据实际环境进行编辑。下面列出此文件内容及其说明。

```
#vi /etc/dhcp/dhcpd.conf
option domain-name "example.org";                   //为 DHCP 客户设置 DNS 域
option domain-name-servers ns1.example.org, ns2.example.org;
                                                    //为 DHCP 客户设置 DNS 服务器地址
default-lease-time 600;                             //为 DHCP 客户设置默认地址租期,单位为 s
max-lease-time 7200;                                //为 DHCP 客户设置最长地址租期
ddns-update-style none;                             //定义所支持的 DNS 动态更新类型
authoritative;                                      //设置为授权的服务器
log-facility local7;                                //DHCP 日志信息

subnet 10.254.239.0 netmask 255.255.255.224 {       //定义作用域网段
range 10.254.239.10 10.254.239.20;                  //设置 IP 地址段范围
option routers rtr-239-0-1.example.org, rtr-239-0-2.example.org;
                                                    //设置网关地址

}

host fantasia {                                     //定义主机 fantasia 的保留地址
  hardware ethernet 08:00:07:26:c0:a5;              //绑定主机 MAC 地址
  fixed-address fantasia.example.com;

}

class "foo"{                                        //定义一个类,按设备标识下发 IP 地址
  match if substring (option vendor-class-identifiler, 0, 4) ="SUNW";

}

shared-network 224-29 {                             //定义超级作用域
  subnet 10.17.224.0 netmask 255.255.255.0 {
    option routers rtr-224.example.org;

  }
  subnet 10.0.0.29.0 netmask 255.255.255.0 {
    option routers rtr-29.example.org;

}
  pool {
    //定义可分配的 IP 地址池,允许属于 foo 这个类的设备获取 range 10.17.24.10 10.17.
      224.250 的地址
    allow members of "foo";
    range 10.17.224.10 10.17.224.250;

}
  pool {
    //定义一个池,禁止属于 foo 这个类的设备获取 range 10.0.29.10 10.0.29.230 里的地址
    deny members of "foo";
```

```
    range 10.0.29.10 10.0.29.230;
    }
}
```

通过上面的内容可以看出,DHCP 配置文件/etc/dhcp/dhcpd.conf 由声明、参数和选项 3 大类语句构成,格式如下:

```
选项/参数                                    //这些选项/参数全局有效
声明{
选项/参数                                    //这些选项/参数局部有效
}
```

各部分说明如下。

(1) 声明:描述网络的布局与客户,提供客户端的地址,或者把一组参数应用到一组声明中。常见的声明语句及其功能见表 13-1。

表 13-1   dhcpd.conf 常见的声明语句及其功能

声　明	功　能
shared-network 名称{...}	定义超级作用域
subnet 网络号　netmask　子网掩码 {...}	定义子网(定义作用域)
range 起始 IP 地址　终止 IP 地址	定义作用域(或子网)范围
host 主机名{...}	定义主机信息
group{...}	定义一组参数

注意:如果要给一个子网里的客户动态分配 IP 地址,那么在 subnet 声明里必须有一个 range 声明,用于说明地址范围。如果有多个 range,必须保证多个 range 所定义的 IP 范围不能重复。DHCP 服务器的 IP 地址必须与其中一个 range 声明在同一网段中。

(2) 参数:表明是否要执行任务,如何执行任务,或者把需要哪些网络配置选项发送给客户端。常见的参数语句及其功能见表 13-2。

表 13-2   dhcpd.conf 常见的参数语句及其功能

参　　数	功　能
ddns-update-style 类型	定义所支持的 DNS 动态更新类型
allow/ignore client-updates	允许/忽略客户端更新 DNS 记录
default-lease-time 数字	指定默认地址租期
max-lease-time 数字	指定最长地址租期
hardware 硬件类型 MAC 地址	指定硬件接口类型和硬件接口地址
fixed-address IP 地址	为 DHCP 客户指定一个固定 IP 地址
server-name 主机名	通知 DHCP 客户服务器的主机名

(3) 选项:配置 DHCP 的可选选项,以 option 关键字开头;而参数配置的是必选的或控制 DHCP 服务器行为的值。表 13-3 列出常见的选项语句及其功能。

表 13-3　dhcpd.conf 常见的选项语句及其功能

选　　项	功　　能
subnet-mask 子网掩码	为客户端指定子网掩码
domain-name 域名	为客户指明 DNS 域名
domain-name-servers IP 地址	为客户指明 DNS 服务器的地址
host-name 主机名	为客户指明主机名字
Routers IP 地址	为客户设置默认网关
broadcast-address 广播地址	为客户设置广播地址
netbios-name-servers IP 地址	为客户设置 WINS 服务器的 IP 地址
netbios-node-type 节点类型	为客户设置节点类型
ntp-servers IP 地址	为客户设置网络时间服务器的 IP 地址
nis-servers IP 地址	为客户设置 NIS 服务器的 IP 地址
nis-domain 名称	为客户设置所属的 NIS 域的名称
time-offset 偏移差	为客户设置与格林尼治时间的偏移差

13.2.4　配置实例

下面列举一些具体的应用示例,在已确定监听接口的情况下通过配置/etc/dhcp/dhcpd.conf 文件内容以实现相应功能。

例 1:要求 DHCP 服务器给子网 192.168.1.0 提供 192.168.1.10~192.168.1.50 的 IP 地址。

```
subnet 192.168.1.0 netmask 255.255.255.0 {
range 192.168.1.10  192.168.1.50;                //IP 地址的范围
}
```

例 2:要求 DHCP 服务器给子网 192.168.1.0 提供多个地址范围。

```
subnet 192.168.1.0 netmask 255.255.255.0 {
range 192.168.1.10  192.168.1.50;                //多个 IP 地址范围
range 192.168.1.100  192.168.1.150;
}
```

例 3:要求 DHCP 服务器给子网 192.168.1.0 租用的时间作一个限制。

```
subnet 192.168.1.0 netmask 255.255.255.0 {
default-lease-time 600;                //设置默认租用时间为 10min
max-lease-time 3600;                   //设置最大租用时间 1h
range 192.168.1.10  192.168.1.50;      //IP 地址范围
}
```

例 4:要求 DHCP 服务器提供的 IP 地址范围是 192.168.1.100~192.168.1.150;子网掩码是 255.255.255.0;默认网关是 192.168.1.4;DNS 域名服务器的地址是 192.168.1.1。

```
subnet 192.168.1.0 netmask 255.255.255.0 {
  option routers  192.168.1.4;                //指定网关
```

```
option subnet-mask  255.255.255.0;          //指定子网信息
option domain-name-servers 192.168.1.1;     //指定 DNS
option domain-name  "shixun.com";           //指定主机所在的域
range 192.168.1.100  192.168.1.199;
default-lease-time 600;
max-lease-time 3600;
}
```

13.3 分配多网段的 IP 地址

一般同一个网段设置一个作用域就可以了,但是如果有多个域,且是跨网段的,使用中继代理就可以实现 DHCP 服务器分配 IP 地址。中继代理配合超级作用域以实现 DHCP 服务器跨网段的 IP 地址的分配工作。

- 中继代理:设置一台 PC 使其成为中继代理服务器,转发不同网段的 DHCP 数据流量,有几个网段就增添几块网卡,用来转发数据。
- 超级作用域:将多个作用域组成单个实体,实现统一管理和操作。只需一块网卡就可以实现(如果是多作用域就需要多块网卡)。

现在通过一个例子来说明 DHCP 分配多网段的 IP 地址的过程:在 DHCP 服务器上设置超级作用域,管理 192.168.1.0 和 192.168.2.0 两个网段,它们的默认网关分别是 192.168.1.1 和 192.168.2.1;DHCP 服务器放在 192.168.1.0 网段,同时在连接两个子网的主机上设置 DHCP 中继代理,实现 192.168.2.0 网段的地址正常分配。操作方法如下。

1. 多网卡配置

由于 Debian 11 同时使用 network 和 NM 管理网络,当新增网卡后,并没有自动生成 network 或 NM 所需的配置文件,因此需要按照以下步骤进行配置。

(1) 使用 ifconfig 或 nmcli 命令观察新增网卡设备名。

```
#nmcli
```

(2) 编辑/etc/network/interfaces 文件。在此文件中设置网卡相关信息后,network 将替代 NM 接管网卡管理。

```
#vi /etc/network/interfaces
auto lo
iface lo inet loopback

auto ens33                      //自动加载设备名为 ens33 的网卡
iface ens33 inet static         //定义 ens33 网卡获取 IPv4 地址的方式
    address 192.168.1.100       //指定 ens33 网卡的 IP 地址
    netmask 255.255.255.0       //指定子网掩码
    gateway 192.168.1.1         //指定网关

iface ens35inet static          //定义 ens35 网卡获取 IPv4 地址的方式
    address 192.168.2.100
    netmask 255.255.255.0
```

```
        gateway 192.168.2.1
```

（3）重启服务或系统使配置生效。

```
# systemctl restart networking
```

2. 设置超级作用域

修改 DHCP 服务器上的 dhcpd.conf 配置文件,加入以下格式的配置,共享一个物理网络。

```
shared-network 名称{
    subnet 子网 1 ID netmask 子网掩码{
    ...
    }
    subnet 子网 2 ID netmask 子网掩码{
    ...
    }
}
```

具体配置内容如下:

```
shared-network test {
    subnet 192.168.1.0 netmask 255.255.255.0 {
        range 192.168.1.10   192.168.1.100;
        option routers 192.168.1.1;
        }
    subnet 192.168.2.0 netmask 255.255.255.0{
        range 192.168.2.10   192.168.2.100;
        option routers 192.168.2.1;
    }
}
```

3. 设置 DHCP 中继代理

DHCP 的中继代理服务器由连接多个子网的计算机实现,因此承担 DHCP 中继代理的计算机要有多块网卡,每块网卡配置一个静态 IP 以连接一个子网,在 DHCP 服务器的 dhcp.conf 配置文件中需要配置跟连接子网对应的 subnet 作用域。

假设上例中的 DHCP 服务器位于网络接口 ens33 的子网 192.168.1.0 中,而子网 192.168.2.0 使用网络接口 ens35 连接到服务器,这就需要启用 DHCP 中继代理服务向 ens35 连接子网 192.168.2.0 提供服务,具体配置步骤如下。

（1）安装 dhcp 中继代理服务 dhcrelay。

```
# apt install isc-dhcp-relay -y
```

（2）编辑/etc/sysctl.conf 文件,打开 DHCP 中继服务器路由转发功能。

```
# vi /etc/sysctl.conf
net.ipv4.ip_forward=1              //将此行的注释符号"#"去掉
```

（3）执行 sysctl 命令使路由功能生效。

```
# sysctl -p                        //选项-p 表示加载配置文件中的设置
net.ipv4.ip_forward=1
```

（4）编辑/etc/default/isc-dhcp-relay 文件，配置 DHCP 中继服务。

```
#vi /etc/default/isc-dhcp-relay
SERVERS="192.168.1.100"          //DHCP 服务器的 IP 地址是 192.168.1.100
INTERFACES="ens35"               //提供 DHCP 中继服务的接口
```

（5）开启 DHCP 中继服务。

```
#systemctl start isc-dhcp-relay
```

（6）编辑/etc/default/isc-dhcp-server 文件，配置 DHCP 服务监听端口。

```
#vi /etc/default/isc-dhcp-server
INTERDACESv4="ens33 ens35"
```

（7）重启 DHCP 服务。

```
#systemctl restart isc-dhcp-server
```

（8）通过客户端测试效果。

13.4　配置 DHCP 客户端

DHCP 的客户端既可以是 Windows 系统，也可以是 Linux 系统，在两种系统中都可以使用图形界面配置，因较为简单，在此不再赘述。下面介绍 Linux 客户端的文本配置方法。

（1）在 Debian 文本状态下，可以输入 nmtui 工具，选择 Edit a connection 功能进行配置，也可以直接编辑网卡的配置文件/etc/NetworkManager/system-connetions/'Wired connection 1'，如下：

```
#vi /etc/NetworkManager/system-connetions/'Wired connection 1'
...
[ipv4]
method=dhcp
...
```

（2）修改保存网卡配置文件后，可以执行以下命令使配置生效：

```
#nmcli device connect ens33
```

（3）在使用过程中，可以执行以下命令刷新（renew）IP 地址。

```
#dhclient
```

（4）测试 Linux 的 DHCP 客户端是否已经获取 IP 地址，可以使用 nmcli 或 ifconfig 命令进行查看。命令如下：

```
#ifconfig eth0
eth0    Link encap:Ethernet Hwaddr 00:0c:29:b4:72:B2
        inet addr:192.168.1.80 Bcast:192.168.1.255 Mask:255.255.255.0
...
```

结果显示在网卡的 inet addr 后看到分配的 IP 地址,则表示 DHCP 客户端已经设置好。

(5) 如果要释放(release)获得的 IP 地址,可以执行以下命令:

```
#dhclient -r
```

实　　训

1. 实训目的

掌握 Linux 下 DHCP 服务器及 DHCP 中继代理的安装和配置方法。

2. 实训内容

1) DHCP 服务器的配置

配置 DHCP 服务器,为子网 A 内的客户机提供 DHCP 服务。具体参数如下。

(1) IP 地址段:192.168.11.10~192.168.11.100。

(2) 子网掩码:255.255.255.0。

(3) 网关地址:192.168.10.4。

(4) 域名服务器:192.168.0.1。

(5) 子网所属域的名称:shixun.com。

(6) 默认租约有效期:1 天。

(7) 最大租约有效期:3 天。

2) DHCP 中继代理的配置

配置 DHCP 服务中继代理,使子网 A 内的 DHCP 服务器能够同时为子网 A 和子网 B 提供 DHCP 服务。子网 A 参数同上,子网 B 参数如下。

(1) IP 地址段:192.168.10.10~192.168.10.100。

(2) 子网掩码:255.255.255.0。

(3) 网关地址:192.168.10.4。

(4) 域名服务器:192.168.0.2。

(5) 子网所属域的名称:daili.com。

(6) 默认租约有效期:1 天。

(7) 最大租约有效期:3 天。

3. 实训总结

通过此次的上机实训,掌握了在 Linux 上如何安装与配置 DHCP 服务器及其客户端。

习　　题

一、选择题

1. DHCP 是动态主机配置协议的简称,其作用是可以使网络管理员通过一台服务器来管理一个网络系统,自动地为一个网络中的主机分配(　　　)地址。

    A. 网络　　　　　　　　B. MAC　　　　　　　　C. TCP　　　　　　　　D. IP

2. DHCP 服务器的主配置文件是（   ）。

   A. /etc/dhcp.conf

   B. /etc/dhcp/dhcpd.conf

   C. /etc/dhcp

   D. /usr/share/doc/dhcp-4.1.1/dhcpd.conf.sample

3. 启动 DHCP 服务器的命令有（   ）。

   A. systemctl start dhcp

   B. systemctl status dhcp

   C. systemctl start dhcpd

   D. systemctl stop dhcpd

4. 以下对 DHCP 服务器的描述中，错误的是（   ）。

   A. 启动 DHCP 服务的命令是 systemctl start dhcpd

   B. 对 DHCP 服务器的配置，均可通过 /etc/dhcp.conf 完成

   C. 在定义作用域时，一个网段通常定义一个作用域，可通过 range 语句指定可分配的 IP 地址范围，使用 option routers 语句指定默认网关

   D. DHCP 服务器必须指定一个固定的 IP 地址

二、简答题

1. 说明 DHCP 服务的工作过程。

2. 如何在 DHCP 服务器中为某一计算机分配固定的 IP 地址？

3. 如何将 Windows 和 Linux 机器配置为 DHCP 客户端？

参 考 文 献

[1] 顾喜梅,顾宝根. Linux 虚拟文件系统实现机制研究[J]. 微机发展,2012,12(1)：60-63.

[2] 王金今. Linux 安全管理系统的设计与实现[D]. 南京：南京大学,2016.

[3] 李善平,陈文智. 边学边干——Linux 内核指导[M]. 杭州：浙江大学出版社,2002.

[4] 钟小平. Linux 系统管理与运维[M]. 北京：人民邮电出版社,2019.